Bistatic ISAR High-resolution Imaging Technology for Space Targets

空间目标双基地ISAR高分辨成像技术

郭宝锋　胡文华　马俊涛
孙慧贤　史　林　薛东方　著

北京理工大学出版社
BEIJING INSTITUTE OF TECHNOLOGY PRESS

内 容 简 介

本书以三轴稳定空间目标为研究对象，采用理论分析和仿真实验相结合的方法，比较全面系统地论述了双基地 ISAR 成像原理、双基地 ISAR 成像算法、双基地 ISAR 回波建模、成像平面空变特性、双基地角时变下的越分辨单元徙动校正算法等理论和方法。

本书可为雷达信号处理领域的一线科研人员、相关领域的研究者和高校的人才培养提供智力支持，为雷达成像（尤其是双基地 ISAR 成像）提供理论和方法支撑。

图书在版编目(CIP)数据

空间目标双基地 ISAR 高分辨成像技术／郭宝锋等著
. -- 北京：北京理工大学出版社，2022.3(2024.12 重印)
ISBN 978-7-5763-1096-2

Ⅰ. ①空… Ⅱ. ①郭… Ⅲ. ①逆合成孔径雷达－雷达成像 Ⅳ. ①TN958

中国版本图书馆 CIP 数据核字(2022)第 039782 号

责任编辑：曾　仙　　**文案编辑**：曾　仙
责任校对：周瑞红　　**责任印制**：李志强

出版发行／北京理工大学出版社有限责任公司
社　　址／北京市丰台区四合庄路 6 号
邮　　编／100070
电　　话／(010) 68944439（学术售后服务热线）
网　　址／http://www.bitpress.com.cn

版 印 次／2024 年 12 月第 1 版第 2 次印刷
印　　刷／廊坊市印艺阁数字科技有限公司
开　　本／710 mm×1000 mm　1/16
印　　张／12
彩　　插／10
字　　数／173 千字
定　　价／78.00 元

前　言

空间目标主要包括人造卫星、宇宙飞船、空间站、空间碎片等轨道目标。随着空间技术的发展，人类空间活动越来越频繁，空间目标的数量急剧增长，空间环境日趋复杂。对空间目标进行监视、跟踪和识别，具有重要的社会价值与实际意义。双基地逆合成孔径雷达（ISAR）可用于对空间目标的观测成像，以获得其结构特征，这是一种有效的空间目标识别手段。

本书以三轴稳定空间目标为研究对象，采用理论分析与仿真实验相结合的方法，比较全面系统地论述了双基地 ISAR 成像原理、双基地 ISAR 成像算法、双基地 ISAR 回波建模、成像平面空变特性、双基地角时变下的越分辨单元徙动校正算法等理论和方法，可为空间目标双基地 ISAR 成像处理提供理论和方法支撑。

本书共分为 6 章。第 1 章是绪论部分，阐述了空间目标监视的重要意义及双基地雷达所具有的优势，综述了雷达成像技术的发展概况，介绍了国内外双基地 ISAR 成像的研究情况。第 2 章是基础理论部分，阐述了双基地 ISAR 成像的基本原理、双基地雷达的作用距离、双基地 ISAR 的二维分辨率，介绍了双基地 ISAR 常用的成像算法，并采用常用的成像算法进行了成像仿真。第 3 章主要介绍二体运动模型的三轴稳定空间目标双基地

ISAR 回波建模方法及脉内速度补偿算法。第 4 章主要介绍双基地 ISAR 成像平面的空变特性。第 5 章介绍双基地角时变下的 ISAR 越分辨单元徙动校正算法。第 6 章为总结与展望。

由于笔者水平有限，书中难免有不妥之处，敬请读者批评指正。

郭宝锋

2022 年 1 月

于陆军工程大学石家庄校区

目　录

第1章 绪论

1.1 空间目标双基地 ISAR 成像的意义

空间目标主要包括两类，即在轨道运行的航天器和空间碎片[1-2]。航天器担负着特定的空间任务，按照轨道力学规律在空间运行；空间碎片是指沿轨道运行的失效人造物体。1957 年 10 月，世界上第一颗人造地球卫星发射升空，这意味着人类进入空间探索的新时代。几十年来，各国的空间目标发射次数大于 4000，而对空间目标进行跟踪观测的数量超过 26 000，在发射的卫星中，约有一半已经陨落或解体，仍有一半留在太空中执行着各项空间探索任务。目前，空间目标中只有一小部分是航天器，其余是空间碎片[3]。随着人类空间探索活动的愈发频繁，空间环境日趋恶化，若空间碎片与在轨高速运行的航天器发生碰撞，将导致航天器损坏甚至解体，造成巨大的经济损失[4-7]，并产生新的空间垃圾。为了人类航天活动的正常进行，应首先保证航天器的安全，因此需要对空间目标进行监视、跟踪和识别[8-9]。此外，随着空间技术的发展，其在军事、政治、经济以及社会生活中的战略地位日益提高，目前在轨的航天器中近一半具有军事用途，空间信息的利用对赢得未来战争起着关键作用。

雷达是空间监视的重要设备，在空间防御的预警探测、跟踪及识别等环节具有不可替代的重要作用。逆合成孔径雷达（inverse synthetic aperture radar，ISAR）成像技术是雷达技术的一个分支，其通过宽带信号的脉冲压缩获取目标距离向超分辨，通过雷达与目标之间的相对转动实现多普勒高分辨[10-12]。利用 ISAR 技术对空间目标成像，可以提供目标的二维结构特征及尺寸信息，因此其在空间目标监视、跟踪及识别中的地位逐步提升，可为空间目标的姿态控制提供新的思路和方法。

双基地 ISAR 是收发双站分开放置的 ISAR 成像系统，由于接收系统仅被动接收目标反射的回波，因而可大大增强系统的抗干扰能力，在对“四抗特性”[13-14]上具有明显优势。双基地 ISAR 成像时，利用的是目标非后向散射回波，其成像结果是另一个视角的图像显示，有利于目标的分类、识别[15-16]；而且，当目标运动方向与雷达视线一致时，单基地模式无法成像，而双基地雷达不受此限制，即双基地 ISAR 具有更高的成像概率[17]。此外，由于双基地 ISAR 的收发天线异地放置，因此天线波束的交集很小，这能在很大程度上抑制方向性杂波[18]，且降低受副瓣干扰的影响，从而使得双基地 ISAR 有更强的抗干扰能力[19]。

综上所述，双基地 ISAR 收发分置配置模式能增强系统的灵活性、提高成像概率，并在接收机前置时提高作用距离，而且其在对抗“四大威胁”方面具有先天优势。利用双基地雷达实现对空间目标的监视、跟踪、成像和识别，对空间技术发展以及赢得未来战争都具有非常重要的意义。

1.2 雷达成像技术发展概况

20 世纪 50 年代就有了合成孔径的概念，1951 年，Sherwin 等[20]给出了利用多普勒分析提高雷达角度分辨的结论。1953 年，Sherwin 领导的研究小组将该理论付诸行动，建成了一部 X 波段的合成孔径雷达（synthetic aperture radar，SAR）成像系统，并得到了第一幅聚焦型 SAR 图像。1957

年，美国密歇根大学的 Willow Run 实验室通过光信号处理成功解决了宽带信号处理存在的数据处理量极大的问题，并得到了大面积聚焦 SAR 图像[21]，不过该图像的聚焦方法所采用的是光学方法，实现过程极其复杂，难以适应高分辨成像的要求。

20 世纪 60 年代，宽带技术和相参技术逐步成熟，Brown 等[22]利用宽带相参雷达对转台上的缩比目标模型进行成像。同时，该时期的数据处理方法开始部分采用数字处理技术，需要先将信号记录在光学胶片中，而后使用计算机完成信号处理，得到 SAR 图像。

20 世纪 70 年代，美国空军研制了世界上第一台真正意义上的数字处理系统，至此，SAR 成像处理方法由光学处理过渡到了数字信号处理[23]。随着科技的进步，诸多新的雷达体制不断涌现，成像能力及成像质量不断提高。成像平台由单一的机载 SAR 发展到星载 SAR；成像模式由条带 SAR 发展到聚束 SAR；成像分辨率由早期的米（m）级发展到后来的分米（dm）级，直至现在的厘米（cm）级高分辨；成像算法趋于多样化，由距离 - 多普勒（range - Doppler，RD）算法发展到经典的反向投影（back projection，BP）时域成像算法，再到极坐标格式算法（polar format algorithm，PFA）、线频调变标算法（chirp scaling algorithm，CSA）等。在信号模式上，早期的 SAR 只采用单一极化模式工作，不利于获取目标的散射特性及表面粗糙度等，多极化 SAR 应运而生，由于其具有获取更丰富的目标信息、增强杂波抑制能力、避免目标信息的不确定性、分析目标的散射机制等优势[24]，大量机载极化 SAR 成功研制并投入使用[25]。

ISAR 成像技术利用目标转动形成的虚拟孔径实现方位高分辨[10]，其基本原理与 SAR 一致，发展略晚于 SAR。ISAR 成像的研究要追溯到 20 世纪 60 年代初期，美国密歇根大学的 Willow Run 实验室在对 SAR 研制的同时，首次开展了对旋转目标的距离 - 多普勒成像研究，这实际上就是 ISAR 成像。20 世纪 70 年代开始，Ausherman 等[21]继续该研究，将距离 - 多普勒算法系统化，并针对越距离单元徙动（migration through range cell，

MTRC）问题开发了 ISAR 的 PFA 算法。同时期，美国海军海洋系统中心以及太平洋导弹测试中心相关人员也对旋转目标成像进行了深入研究[26]。20 世纪 70 年代初期，研究人员发现空间目标具有沿固定轨道运动的特性，这与 SAR 成像很相似，促进了用类似 SAR 的算法对空间目标成像的研究，并取得了突破性进展，著名的就是美国国防高级研究计划局（Defense Advanced Research Projects Agency，DARPA）通过林肯实验室建造的第一部宽带成像雷达 ALCOR（ARPA Lincoln C－band Observation Radar），获得了世界上第一幅近地空间目标图像。这使得雷达对空间目标的监测、识别从窄带上升到宽带，开启了宽带雷达对空间目标成像的新时代。此后，DARPA 在林肯实验室开展了系列远距离成像雷达的研制，并使 ISAR 成像能力得到很大提升[21]。

空间探测的目标可分为合作目标与非合作目标两类。合作目标是指被探测目标的真实位置信息除了传感器可以直接量测之外，还可以通过其他合作渠道获得，比如某个固定目标的位置是事先已知的，或者友机通过无线电不断报告其自身精确的导航位置等。非合作目标是指被探测目标的真实位置信息除了传感器可以直接量测之外，再无任何其他技术手段能够获取目标的准确位置，如来袭导弹、敌机、失效（或故障）航天器、空间碎片等。在轨运行的空间目标属于合作目标，从 20 世纪 70 年代末期，对 ISAR 成像的研究转到了非合作目标及复杂目标上。1980 年，Chen 等[27-28]针对非合作目标的 ISAR 成像问题进行了系统研究，提出了运动补偿算法，并通过实验雷达得到了飞机的 ISAR 图像。1992 年，Jain 等[29]针对机动目标的成像问题，提出了长时间成像段分解的思想，保证了短时间内目标的平稳性。此后的几年，对飞机、舰船等 ISAR 成像的结果出现了不少报道[30-31]。近年来，ISAR 研究主要集中于干涉式 ISAR 成像[32-36]、频带合成及数据融合的宽带 ISAR 成像[37-39]、多目标 ISAR 成像[40-42]、机动目标成像[43-44]等方面。由于 ISAR 成像在民用及军事上具有重要用途，现在很多国家都发展了自己的 ISAR 试验系统，其在战术中的应用趋于实用化。

1.3　空间目标 ISAR 成像技术发展概况

随着科技的发展，各国相继深入发展自己的空间技术并进入太空开发领域，地球空间的争夺正不断加剧。20 世纪 90 年代，美国为加强对空间资源的控制，明确提出了获取太空主动权的目标[45]，同时，为实现对导弹的截获和对空间碎片、卫星的跟踪，美国建立了以雷达为主体的空间防御体系，并逐步趋于完善。面对新的军事斗争形式，雷达因其能够实现对空域的全天候观测，并提供精确的目标信息，对空间目标的跟踪监视起着关键作用[46-49]。目前，以美国和俄罗斯为首的航天大国，具有强大的空间目标监视能力和完善的跟踪网络。美国空间监视网[50]包括地基探测系统和天基监视系统，可以探测到长度在 1 m 以上的深空目标及 10 cm 以上的近地目标，并能对长度在 30 cm 以上的空间目标进行编目管理[45,50-55]。20 世纪 80 年代，苏联就建立了地基弹道导弹防御网[56]，“第聂伯河”雷达和“达里亚尔”雷达是其重要组成部分，近年来，俄罗斯建立了以雷达探测网和光电探测网为组成部分的空间监视系统，该系统可用于导弹预警及远程监视[57]。

美国从 20 世纪 60 年代开始研制对空间目标的成像雷达，其中 ALCOR 是世界上最早的宽带雷达之一，如图 1-1（a）所示。该雷达发射宽带线性调频（linear frequency modulation，LFM）信号，工作于 C 波段，带宽为 512 MHz，距离分辨率为 0.5 m[58]，其任务之一是对卫星进行跟踪和成像。20 世纪 70 年代，ALCOR 成功获得金星表面的雷达图像；1970 年，该雷达对我国发射的“东方红”卫星成像，获得高分辨近地空间目标图像；1971 年，得到了苏联“礼炮-1 号”空间站的成像结果；1973 年，林肯实验室利用 ALCOR 对天空实验室（Skylab）空间站进行了成像，图 1-1（b）(c）所示分别为 Skylab 的光学照片和 ISAR 图像。林肯实验室 2009 年度报告指出，Skylab 曾出现电池帆板不能正常展开的故障，美国国家航空航天局

(National Aeronautics and Space Administration, NASA) 对通过 ALCOR 获得的 ISAR 图像进行故障解析，从图像上发现 Skylab 的左侧太阳能帆板故障，研究人员对其进行修复并使其恢复了正常工作[59]。ALCOR 是宽带成像技术成熟应用于近地空间目标成像的开端，使雷达对空间目标的识别从窄带识别上升到了宽带成像识别。

(a)

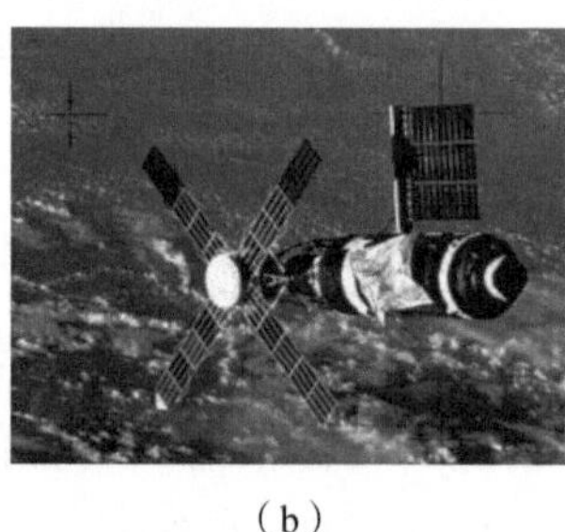
(b)

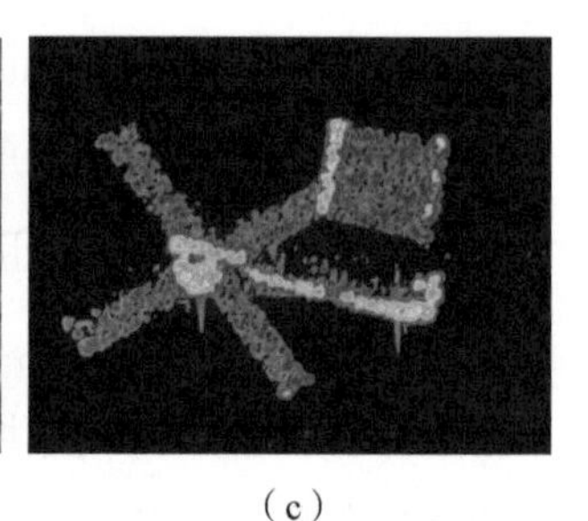
(c)

图 1-1 ALCOR 雷达实物照片及 ISAR 图像（附彩图）

(a) ALCOR 雷达；(b) Skylab 的光学图像；(c) Skylab 的 ISAR 图像

1964 年，林肯实验室研制成功 Haystack（即“干草堆”）雷达，这是一部用于射电天文、通信和雷达研究的设备，位于美国马萨诸塞州的 Tyngsborough。1978 年，在 DARPA 主持下林肯实验室对 Haystack 雷达进行升级改造，改造后该雷达的理论距离分辨率为 0.25 m；方位分辨率在雷达参数固定时只与目标转过的角度有关，当目标转过 3.44°时，可达到 0.25 m的方位分辨率[60]。为了进一步提高距离分辨率和脉冲重复频率，并增加对空间目标的观测时间，林肯实验室于 1993 年研制成功 Ku 波段的 Haystack 辅助雷达——HAX，这是世界上第一部带宽达到 2 GHz 的逆合成孔径雷达，能得到更清晰的卫星图像。为了对微小空间目标进行探测和成像，林肯实验室近年来开展了对 Haystack 雷达的超宽带改造，增加了 W 波段支路（92～100 GHz），瞬时信号带宽达 8 GHz，信号占空比在 20% 以上，称之为 HUSIR（Haystack Ultrawideband Satellite Imaging Radar）。

德国研制了名为 TIRA（Tracking and Imaging Radar）的空间目标监视与成像雷达系统。该系统由 L 波段的跟踪雷达和 Ku 波段的成像雷达构成，采用宽窄结合的工作体制，即窄带信号用于跟踪、宽带回波用于成像。

1990年，该雷达对“礼炮-7号”空间站进行了探测成像，并得到了该空间站的尺寸、运动姿态等信息。图1-2（a）所示为TIRA雷达获得的“和平号”空间站二维图像，图1-2（b）所示为该雷达获得的航天飞机的ISAR图像。2013年，TIRA对ATV-4进行了成像，并利用ISAR图像进行故障检测。随着ISAR成像技术的发展，TIRA的成像能力也在不断提高。

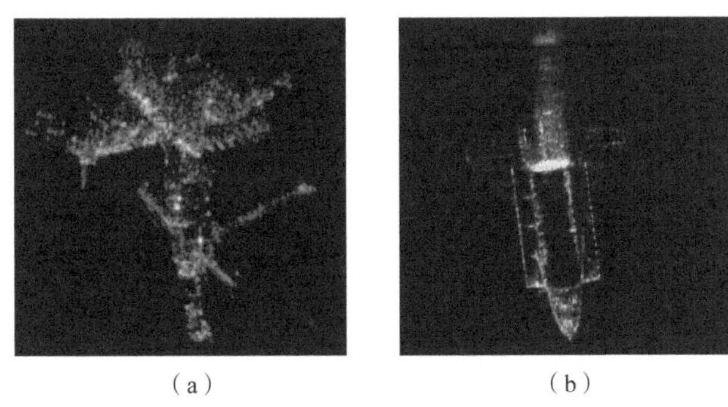

（a） （b）

图1-2 TIRA获得的ISAR图像[61]（附彩图）

（a）“和平号”空间站的ISAR图像；（b）航天飞机的ISAR图像

出于弹道导弹防御的需要，美国研制了一系列相控阵雷达，包括地基雷达（GBR）、末段高空区域防御雷达（THAAD，即FBX-T）、海基X波段雷达（SBX），既可以对弹道导弹也可以对空间目标作二维ISAR成像。

ISAR研究及相关应用在俄罗斯也受到了重视。俄罗斯研制了相控阵Ruza雷达，工作频段为Ka波段，该雷达在Sary-Shagan测试场完成了对空间目标的成像试验[62]。

表1-1列出了国外的部分空间目标观测ISAR系统。

表1-1 国外空间目标观测ISAR系统（部分）

雷达型号	国别	体制	工作能力	部署地点
GAIR	美国	窄带、宽带	跟踪，ISAR成像	密歇根环境研究所
ALCOR	美国	窄带、宽带	跟踪、ISAR成像；可对中等高度的卫星进行成像；能确定卫星的尺寸、配置、方向及稳定性，若发现异常，还可以评估卫星是否损坏	夸贾林环礁（Kwajalein Atoll）

续表

雷达型号	国别	体制	工作能力	部署地点
MMW	美国	宽带	跟踪、ISAR 成像（性能高于 ALCOR）	夸贾林环礁
TRADEX	美国	窄带、宽带	跟踪、ISAR 成像；与 ALCOR 和 ALTAIR 组成美国空间监视网（SSN）	夸贾林环礁
Haystack	美国	窄带、宽带	可跟踪 200 ~ 40 000 km 高度卫星，能对同步卫星检测、跟踪和成像（近实时）	马萨诸塞州 Tyngsborough
HAX	美国	宽带	跟踪和 ISAR 成像，带宽达 2 GHz，能产生很清晰的卫星图像	马萨诸塞州 Tyngsborough
GBR - P	美国	窄带、中带、宽带	跟踪、成像，是弹道导弹地基反导雷达的原型样机	夸贾林环礁
FBX - T	美国	窄带、中带、宽带	跟踪、成像，是弹道导弹地基前置反导雷达	移动
SBX	美国	窄带、中带、宽带	跟踪、成像，是海基弹道导弹地基反导雷达	移动
TIRA	德国	窄带、宽带	宽带：ISAR 成像 窄带：获取目标距离、速度、方向、轨道参数、RCS，能估计目标姿态，在极少数情况下能获得目标形状和尺寸估计	Wachtberg - Werthhoven

我国的 ISAR 成像研究从 20 世纪 80 年代开始，主要参与的机构有中国电子科技集团公司第十四研究所、中国航天科工集团第二研究院二十三所、中国科学院电子学研究所、西安电子科技大学、国防科技大学、哈尔滨工业大学、北京航空航天大学和北京理工大学等。目前，我国的宽带地基成像雷达研制正处于发展阶段，ISAR 成像技术从理论研究已逐步走向实际应用，针对空间目标的 ISAR 成像也取得了一些研究成果。

1.4 双基地 ISAR 成像发展概况

1.4.1 国外概况

双基地 ISAR 是发射站和接收站分开放置的 ISAR 系统，它利用接收的目标非后向散射回波进行成像，能比单基地雷达获取更丰富的目标信息，同时具备“四抗”特性[63-64]。双基地 ISAR 的研究发展要晚于单基地，进入 21 世纪后才有比较系统的研究报道。

国外方面，意大利比萨大学的 Martorella 等[65]建立了双基地 ISAR 回波模型，从波数域角度给出了成像原理，并通过仿真实验说明了目标向着发射站视线运动时双基地 ISAR 依然能够成像的结论，分析了双基地角时变及同步误差对成像的影响[66]，研究了双基地 ISAR 旋转矢量估计及图像定标方法[67]，同时研究了双/多基地雷达的放置位置对成像的影响，认为多接收站的 ISAR 系统能够极大地提高成像概率[68]。此外，Martorella 带领的研究小组还研究了空时自适应处理（space time adaptive processing, STAP），在双基地中将 STAP 与 ISAR 技术结合，获得了非合作目标聚焦良好的二维图像[69]。俄亥俄州立大学的 Burkholder 等[70]和 Simon 等[71]从电磁散射的角度分析了双基地角对成像的影响，并进行了暗室成像试验。Pastina 等[72]研究了机载多基地 ISAR，并获得了横向高分辨的 ISAR 图像。雷达电波在非自由空域传播时，距离水面较近的雷达会产生多径效应，双/多基地雷达波束一般比较宽，更容易出现这种效应，意大利比萨大学的 Berizzi 等[73-75]分析了多径效应对 ISAR 成像的影响，并研究了多径效应的抑制方法。单基地 ISAR 通过算法或硬件改造可以实现双基地功能，部分学者对这方面进行了研究，典型的就是伪双基地 ISAR 技术。澳大利亚昆士兰大学的 Palmer 等[76]对此进行了研究，并利用多径效应给出了货轮的成像结果，伪双/多基地 ISAR 利用多径效应成像，无须增加复杂的硬件就能对同一观测目标提供多雷达视线选择，且能避免双站的雷达同步和信号相参性等系列问题。

1.4.2 国内概况

国内方面，单、双基地 ISAR 的研究开始时间基本相同，早在 20 世纪 80 年代末，北京理工大学就开始了双基地 ISAR 成像理论的研究[77]，该研究以积分形式建立了双基地 ISAR 的回波模型，分析了转台成像的原理，并将信号外推方法与双基地 ISAR 结合，得到了适用于大转角情况下转台目标的成像方法，最后进行了仿真验证，说明了理论分析研究的正确性。最终，受制于单基地 ISAR 研究的深度，双基地 ISAR 的研究不能继续深入，此后若干年都没有双基地 ISAR 的文献报道，直至 21 世纪初，随着单基地 ISAR 研究的不断深入和各类复杂情况下 ISAR 成像研究的不断成熟，更鉴于双基地 ISAR 所具有的先天优势，研究人员又转入了对双基地 ISAR 的探索。

国内对双基地 ISAR 研究的机构主要有国防科技大学、西安电子科技大学、空军工程大学、北京理工大学、电子科技大学、哈尔滨工业大学等，这些单位在 2005 年之后对双基地 ISAR 的研究报道开始大量出现。国防科技大学的吴勇[78]从原理上研究了双基地 ISAR 的转台成像，推导了距离和方位分辨率的表达式，并针对目标运动对双基地 ISAR 的影响，基于散射重心跟踪法完成了运动补偿；该单位的朱玉鹏等[79]从双站模式的非后向电磁散射特性出发，研究了其回波模拟方法，通过微波暗室得到了转台目标的成像结果。西安电子科技大学的高昭昭等[80]从波数域角度分析了双基地 ISAR 模型，得到了成像分辨率表示，重点分析了双基地角及雷达等效视线对成像的影响，并对双基地雷达的观测区域进行划分，据此可确定不同区域的成像算法。上海交通大学的黄艺毅[81]对双基地 ISAR 的包络对齐（最大互相关法）和相位校正（最小熵法）方法进行了研究，仿真实验验证了算法性能。空军工程大学的朱仁飞等[82-83]针对双基地ISAR的转角计算问题，利用转台模型，研究了方位分辨率的计算方法，并将距离-瞬时多普勒（range instantaneous Doppler，RID）成像算法应用到了双基地ISAR中。电子科技大学的张顺生等[84]针对复杂运动目标，将基于最小熵准则的分数阶傅里叶变换应用到距离向高分辨中，而后基于频率平滑度（frequency smooth degree，FSD）实现了方位的自聚焦。此外，他还提出了基于压缩感知技术的双基地ISAR成像新框架，该框架可以准确重构双基地ISAR图像的距离和方位信息[85]。

北京理工大学高梅国领导的课题小组以空间目标为研究对象，对双基地ISAR的相关理论进行了深入探索，其研究重点集中在双基地ISAR速度补偿、成像面分析、分段相参成像技术、双站雷达的同步技术、运动补偿等方面[86-90]，在一定程度上推进了双基地ISAR的发展。

此外，哈尔滨工业大学的曹星慧等[91]利用多径效应研究了伪双基地干涉式ISAR成像，中国科学院的谢晓春等[92]、国防科技大学的朱玉涛等[93]均研究了多输入多输出（multi-input multi-output，MIMO）雷达的ISAR成像技术，北京理工大学的赵莉芝等[94-95]研究了双基地三维干涉式ISAR成像。

总的来说，由于双基地雷达的复杂性，双基地ISAR的分析研究还不够深入。在成像仿真上，大都基于简单的目标运动模型，且认为目标运动轨迹在双基地平面上；目前对双基地ISAR成像平面的研究还很少，尤其是在空间目标成像方面，还不能有效结合空间目标实际，不能充分利用空间目标的合作性深入研究分析；在成像算法方面，现在普遍认为能应用于双基地ISAR实测数据的成像算法是RD算法，但该算法存在越分辨单元徙动问题，影响成像质量，尤其是双基地角时变下，该情形要比单基地雷达复杂得多，即成像质量还有待提高。

第2章

双基地 ISAR 成像原理及常用成像算法

2.1 引　言

成像原理和成像算法研究是 ISAR 成像的两项基本内容，成像原理解释为什么能成像的问题，而成像算法解决的是如何成像的问题。在成像原理上，单/双基地 ISAR 都是通过发射宽带 LFM 信号经匹配滤波来实现距离向的高分辨，通过目标转动引起的多普勒信息来实现方位向的高分辨。文献［96］对双基地 ISAR 的成像理论进行研究，基于转台模型分析了双基地 ISAR 的回波形式，并给出了其成像原理，研究了双基地 ISAR 的成像分辨率、目标尺寸要求和采样率要求，得到了严格的数学解。空军工程大学的朱仁飞等[83]从双基地 ISAR 的二维分辨率着手，详细推导了距离和方位分辨率的表达式，研究了收发双站位置对分辨率的影响，并分析了目标速度矢量对方位分辨率的影响，结合仿真结果，得到了双基地 ISAR 有更广的成像范围且对目标运动轨迹限制较小的结论。在成像算法上，尽管双基地 ISAR 起步相对较晚，但由于单/双基地 ISAR 回波的相似性，相应的单基地 ISAR 成像算法也可推广至双基地情况下，经过近些年的发展，双基地 ISAR 成像算法的研究也有不少文献报道[80,97-99]。

2.2 节将基于平稳运动目标模型给出双基地 ISAR 的成像原理；2.3 节

将推导双基地 ISAR 成像的作用距离和二维分辨率；2.4 节将介绍常用的成像算法，结合双基地 ISAR 的成像实际，分析它们的优缺点及适用范围；2.5 节将给出双基地 ISAR 成像仿真结果。

2.2 双基地 ISAR 成像原理

假设目标运动轨迹与收发双站在同一平面上，建立图 2－1 所示的双基地 ISAR 平稳运动目标成像模型。图中，T 为双基地雷达的发射站，R 为接收站，L 为雷达基线长度，点 Q 为双基地雷达成像系统的等效单基地雷达位置[100]。成像起始时刻记为 t_1，双基地角为 β_1，以目标质心 O_1 点为原点建立右手坐标系 $x_1O_1y_1$，其中 y_1 轴指向为双基地角平分线方向，x_1 轴与 y_1 轴垂直，散射点 P_1 在 $x_1O_1y_1$ 平面内，且在 $x_1O_1y_1$ 坐标系中的坐标为 (x_p,y_p)，设 O_1P_1 长度为 d，与 x_1 轴的夹角为 α_1，目标质心 O_1 到发射站、接收站的距离分别为记为 R_{t1}、R_{r1}，散射点 P_1 到发射站、接收站的距离分别记为 R_{tp1}、R_{rp1}。经过若干脉冲重复周期，在成像时刻 t_m，目标质心运动

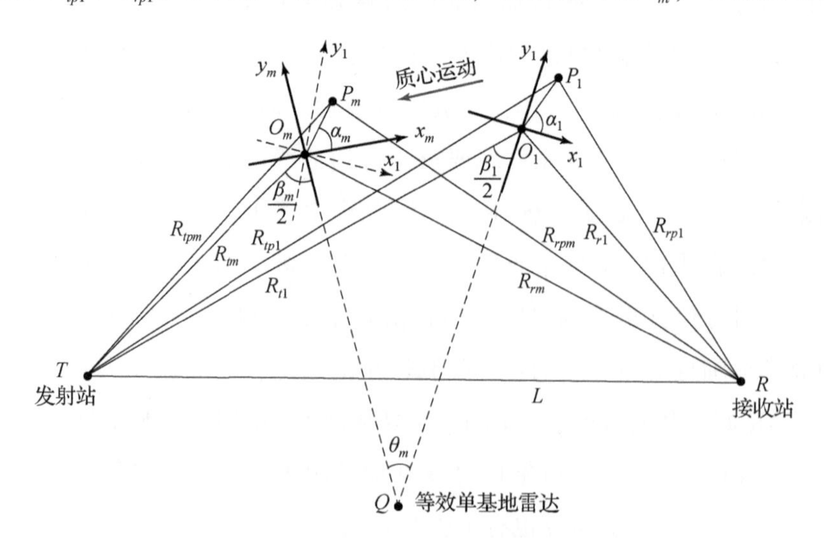

图 2－1 双基地 ISAR 平稳运动目标成像模型

至 O_m 点，以目标质心为原点建立右手坐标系 $x_mO_my_m$，其中 y_m 轴指向为双基地角平分线方向，x_m 轴与 y_m 轴垂直，此时的双基地角为 β_m，散射点由 P_1 运动至 P_m，O_mP_m 与 x_m 轴夹角为 α_m，等效单基地雷达视角变化为 θ_m，目标质心 O_m 到发射站、接收站的距离分别记为 R_{tm}、R_{rm}，散射点 P_m 到发射站、接收站的距离分别记为 R_{tpm}、R_{rpm}。

双基地雷达系统中，目标尺寸一般在米（m）级或十米（10 m）级，远小于目标到双站雷达的距离，则 P_m 到发射站、接收站的距离可分别表示为

$$R_{tpm}=R_{tm}+d\cos\left(\frac{\pi}{2}-\frac{\beta_m}{2}-\alpha_m\right) \tag{2-1}$$

$$R_{rpm}=R_{rm}+d\cos\left(\frac{\pi}{2}+\frac{\beta_m}{2}-\alpha_m\right) \tag{2-2}$$

容易看出，坐标系 $x_mO_my_m$ 由坐标系 $x_1O_1y_1$ 旋转得到，由几何关系易得，其旋转角度大小为等效单基地雷达的视角变化量 θ_m，该角度是有方向性的，并定义旋转的正方向为逆时针转动方向，负方向为顺时针转动方向。t_m 时刻的坐标系 $x_mO_my_m$ 由 $x_1O_1y_1$ 逆时针旋转得到，此时 θ_m 为正，并且角度关系满足 $\alpha_m=\alpha_1-\theta_m$。$P_m$ 到收发双站的距离和 R_{pm} 为

$$\begin{aligned}R_{pm}&=(R_{tm}+R_{rm})+2d\sin\alpha_m\cos\frac{\beta_m}{2}\\&=(R_{tm}+R_{rm})+2d(-\cos\alpha_1\sin\theta_m+\sin\alpha_1\cos\theta_m)\cos\frac{\beta_m}{2}\\&=(R_{tm}+R_{rm})+2(-x_p\sin\theta_m+y_p\cos\theta_m)\cos\frac{\beta_m}{2}\end{aligned} \tag{2-3}$$

式中，$x_p=d\sin\alpha_1$；$y_p=d\cos\alpha_1$。

令 $R_m=R_{tm}+R_{rm}$ 为 t_m 时刻目标质心 O_m 到收发双站的距离和，则式（2-3）可表示为

$$R_{pm}=R_m+2(-x_p\sin\theta_m+y_p\cos\theta_m)\cos\frac{\beta_m}{2} \tag{2-4}$$

散射点 P_m 到收发双站的距离和 R_{pm} 与目标质心 O_m 到收发双站的距离和 R_m 之差 ΔR_{pm} 为

$$\Delta R_{pm} = R_{pm} - R_m = 2(-x_p \sin\theta_m + y_p \cos\theta_m)\cos\frac{\beta_m}{2} \tag{2-5}$$

令 P_m 在 $x_mO_my_m$ 坐标系下的坐标为（x_{pm}, y_{pm}），由于 θ_m 很小，$\sin\theta_m \approx 0$，$\cos\theta_m \approx 1$，故式（2-5）可表示为

$$\Delta R_{pm} = 2y_{pm}\cos\frac{\beta_m}{2} \tag{2-6}$$

即 ΔR_{pm} 是矢量 $\overrightarrow{O_mP_m}$ 在双基地角平分线方向投影长度 y_{pm} 的 $2\cos(\beta_m/2)$ 倍。

设发射站雷达以脉冲重复周期（PRT）发射宽带 LFM 信号为

$$s_t(\hat{t}, t_m) = \mathrm{rect}\left(\frac{\hat{t}}{T_\mathrm{p}}\right)\exp\left[\mathrm{j}2\pi\left(f_\mathrm{c}t + \frac{1}{2}\mu\hat{t}^2\right)\right] \tag{2-7}$$

式中，rect(·)——矩形窗函数，当 $|x| \leqslant 0.5$ 时，$\mathrm{rect}(x) = 1$，当 $|x| > 0.5$ 时，$\mathrm{rect}(x) = 0$；

t_m——发射时刻，称作慢时间，$t_m = m\mathrm{PRT}$，$m = 0, 1, 2, \cdots$；

t——全时间；

$\hat{t}$——快时间，$\hat{t} = t - t_m$；

T_p——发射信号脉宽；

f_c——信号载频；

μ——调频斜率。

发射信号对应的基频信号为

$$s_\mathrm{b}(\hat{t}, t_m) = \mathrm{rect}\left(\frac{\hat{t}}{T_\mathrm{p}}\right)\exp(\mathrm{j}\pi\mu\hat{t}^2) \tag{2-8}$$

设成像期间，散射点 P_m 的散射系数恒为 σ_P，则 t_m 时刻，接收站雷达接收到 P_m 的回波信号为

$$s_\mathrm{r}(\hat{t}, t_m) = \sigma_P \cdot \mathrm{rect}\left(\frac{\hat{t} - R_{pm}/c}{T_\mathrm{p}}\right)\exp\left\{\mathrm{j}2\pi\left[f_\mathrm{c}\left(t - \frac{R_{pm}}{c}\right) + \frac{1}{2}\mu\left(\hat{t} - \frac{R_{pm}}{c}\right)^2\right]\right\} \tag{2-9}$$

式中，c——光速。

经过相参本振下变频至零中频，散射点 P_m 的回波为

$$s_{if}(\hat{t}, t_m) = \sigma_P \cdot s_\mathrm{b}\left(\hat{t} - \frac{R_{pm}}{c}, t_m\right)\exp\left(-\mathrm{j}2\pi f_\mathrm{c}\frac{R_{pm}}{c}\right) \tag{2-10}$$

回波频谱为

$$S_{if}(f,t_m)=\sigma_P\cdot S_b(f)\exp\left(-j2\pi f\frac{R_{pm}}{c}\right)\exp\left(-j2\pi f_c\frac{R_{pm}}{c}\right)$$
$$=\sigma_P\cdot S_b(f)\exp\left(-j2\pi\frac{f+f_c}{c}R_{pm}\right) \quad (2-11)$$

式中，$S_b(f)$ ——$s_b(\hat{t},t_m)$ 的频谱。

对回波信号脉冲压缩后，可得到 ISAR 成像的高分辨一维距离像。在此所使用的匹配滤波器 $H(f)$ 是基频信号式的频域共轭，即 $H(f)=S_b^*(f)$，脉冲压缩后散射点 P_m 的回波及其频谱可表示为

$$s_{if_c}(\hat{t},t_m)\approx\sigma_P\sqrt{\mu}T_p\cdot\mathrm{sinc}\left[\mu T_p\left(\hat{t}-\frac{R_{pm}}{c}\right)\right]\exp\left(-j2\pi f_c\frac{R_{pm}}{c}\right) \quad (2-12)$$

$$S_{if_c}(f,t_m)=\sigma_P\cdot|S_b(f)|^2\exp\left[-j2\pi(f_c+f)\frac{R_{pm}}{c}\right] \quad (2-13)$$

式中，R_{pm}——慢时间的函数；

　　sinc(·)——辛格函数，$\mathrm{sinc}(x)=\sin(\pi x)/(\pi x)$。

观察脉冲压缩后的时域表示式（式（2-12））和频谱表示式（式（2-13））可以看出，双基地 ISAR 脉冲压缩结果与单基地 ISAR[11] 在形式上并无差异，式中 sinc 函数的峰值代表了散射点脉压后的位置，散射点的慢时间多普勒信息体现在指数项 $\exp(-j2\pi f_c R_{pm}/c)$ 的相位中。

对一维距离像以目标中心点进行理想的运动补偿（包括包络对齐和相位校正），此时目标相对雷达的运动只有等效转动，运动补偿后的一维距离像可表示为

$$s_{if_c}(\hat{t},t_m)=\sigma_P\sqrt{\mu}T_p\cdot\mathrm{sinc}\left[\mu T_p\left(\hat{t}-\frac{\Delta R_{pm}}{c}\right)\right]\exp\left(-j2\pi f_c\frac{\Delta R_{pm}}{c}\right) \quad (2-14)$$

假设该等效转动为匀速转动，即 $\theta_m=\omega t_m$（ω 为旋转角速度），且认为成像过程中双基地角恒为 β，由于雷达视角变化很小，累积转角可作如下

近似：$\sin\theta_m \approx \theta_m$，$\cos\theta_m \approx 1$。因此，将式（2-5）近似后代入式（2-14），一维距离像可表示为

$$s_{if_c}(\hat{t},t_m) = \sigma_P \sqrt{\mu} T_p \cdot \mathrm{sinc}\left[\mu T_p\left(\hat{t} - \frac{2y_p}{c}\cos\frac{\beta}{2}\right)\right] \cdot \exp\left[-\mathrm{j}2\pi f_c \frac{2(-x_p\omega t_m + y_p)}{c}\cos\frac{\beta}{2}\right] \tag{2-15}$$

对慢时间作傅里叶变换，即可得到目标的二维图像：

$$\mathrm{ISAR}(\hat{t},f_d) = A \cdot \mathrm{sinc}\left[\mu T_p\left(\hat{t} - \frac{2y_p}{c}\cos\frac{\beta}{2}\right)\right]\mathrm{sinc}\left(f_d - \frac{2f_c\omega x_p}{c}\cos\frac{\beta}{2}\right) \tag{2-16}$$

式中，f_d——慢时间多普勒，用于方位向分辨；

A——复幅度。

对式（2-16）取模值，即可得到 ISAR 二维图像。

2.3 双基地 ISAR 的作用距离和成像分辨率

双基地 ISAR 的作用距离和成像分辨率是雷达探测成像的重要性能参数。双基地雷达探测距离由其量能关系决定，2.3.1 节通过双基地雷达方程对其进行分析，2.3.2 节结合双基地 ISAR 的成像原理进行公式推导，分析双基地 ISAR 成像的二维分辨率。

2.3.1 双基地雷达作用距离

记 R_T、R_R 分别为发射站、接收站到目标的距离，发射站的峰值功率为 P_t，接收站的最小可检测信号功率为 $P_{R\min}$，λ 为发射信号载波波长，G_T、G_R 分别为发射、接收天线增益，$\sigma_B(\beta)$ 为与双基地角相关的目标雷达截面积（RCS）函数，L_T 为发射站雷达的损耗因子，L_R 为接收站雷达的损耗因

子，$L_s = L_T L_R$ 为由发射站和接收站共同决定的损耗因子，$L_s > 1$。借鉴单基地雷达方程的推导方法[101]，省略推导过程，双基地雷达方程可表示为

$$(R_T R_R)^2_{max} = \frac{P_t G_T G_R \lambda^2 \sigma_B(\beta)}{(4\pi)^3 P_{Rmin} L_s} \tag{2-17}$$

如果已知雷达所需接收机最小接收信噪比 $(S/N)_{min}$，并考虑宽带接收机可能进行的脉冲压缩和检测积累处理，则 P_{Rmin} 可以表示为

$$P_{Rmin} = kT_0 B_n F_n \frac{(S/N)_{min}}{MP_{cr}\eta_1\eta_2} \tag{2-18}$$

式中，k——玻尔兹曼常数，$k = 1.38\times10^{-23}$ J/K；

B_n——接收机的噪声带宽，一般由中放决定；

F_n——接收机噪声系数；

T_0——标准室温，一般取290 K；

M——脉冲积累个数，当使用单个脉冲回波进行检测时，$M=1$；

P_{cr}——宽带接收机的脉冲压缩比，$P_{cr} = P_w \times B_n$，P_w 为信号时宽；

η_1——脉冲压缩失配系数；

η_2——积累损失系数。

设 R_M 为“等效单基地作用距离”（具有相同发射机和接收机参数的单基地雷达的作用范围），k_B 为双基地雷达的最大距离积。易见如下关系：

$$(R_M)^2 = (R_T R_R)_{max} = k_B \tag{2-19}$$

假定发射站在单基地方式下工作时的最大作用距离为 R_{TM}，并假设损耗因子 L_s 不变，根据式（2-17）可将单基地方式下的雷达方程表示为

$$R_{TM}^4 = \frac{P_t G_T^2 \lambda^2 \sigma}{(4\pi)^3 P_{Tmin} L_s} \tag{2-20}$$

式中，P_{Tmin}——发射站雷达接收机最小可检测信号功率，一般假设 $P_{Tmin} = P_{Rmin}$；

σ——单基地雷达截面积。

结合式（2-17）和式（2-20），可得

$$(R_T R_R)^2_{max} = R_{TM}^4 \cdot \frac{G_R}{G_T} \cdot \frac{\sigma_B(\beta)}{\sigma} \cdot \frac{P_{Tmin}}{P_{Rmin}} = R_{TM}^4 \cdot \frac{G_R}{G_T} \cdot C_\sigma(\beta) \cdot \frac{P_{Tmin}}{P_{Rmin}} \tag{2-21}$$

式中，$C_\sigma(\beta)$ ——双基地 RCS 衰减因子，

$$C_\sigma(\beta)=\frac{\sigma_{\mathrm{B}}(\beta)}{\sigma} \tag{2-22}$$

双基地雷达有效截面积 $\sigma_{\mathrm{B}}(\beta)$ 是收发基地视线角和双基地角的函数。双基地情况下目标 RCS 基本可以分为以下几个区域[13,102]：准单基地区；双基地区；前向散射区。准单基地区（$\beta<5°$，或 $<10°$），复杂目标的双基地 RCS 变小，为双基角平分线上的等效单基地 RCS 的 $\cos(\beta/2)$ 倍；前向散射区（$135°<\beta\leqslant180°$），由于 Barbinet 原理造成的目标前向散射现象，双基地 RCS 较单基地增大很多，但前向散射区的雷达目标成像机理与普通 ISAR 有较大不同，且在该区域中目标的尺寸分辨率和多普勒分辨率下降很大，因此空间目标 ISAR 成像应该尽量避免该区域；双基地区（$5°\leqslant\beta\leqslant135°$），双基地 RCS 比双基地角平分线上的等效单基地 RCS 小，一般小 2 ~7 dB[102]。

在三维空间，双基地雷达的最大作用范围是一个卡西尼卵形曲面，其方程可以表示为[13]

$$(x^2+y^2+z^2)^2-2\left(\frac{L}{2}\right)^2(x^2-y^2-z^2)=R_{\mathrm{M}}^4-\left(\frac{L}{2}\right)^4 \tag{2-23}$$

卡西尼卵形是到两个定点距离积为定值的动点轨迹，即满足 $\overline{MF_1}\cdot\overline{MF_2}=a^2$ 的点 M 的轨迹。其中，点 F_1、F_2 为固定焦点，焦点间距离 $\overline{F_1F_2}=2c$ 为焦距，a 为常数。式（2－23）为双基地最大卡西尼卵形线的表达式。实际上，双基地雷达的等信噪比曲线也是卡西尼卵形。

定义双基地雷达常数为

$$K_{\mathrm{B}}=\frac{P_{\mathrm{t}}G_{\mathrm{T}}G_{\mathrm{R}}\lambda^2\sigma_{\mathrm{B}}(\beta)}{(4\pi)^3kT_0B_{\mathrm{n}}F_{\mathrm{n}}L_{\mathrm{s}}} \tag{2-24}$$

因此，式（2－21）可写为

$$(R_{\mathrm{T}}R_{\mathrm{R}})^2_{\max}=\frac{K_{\mathrm{B}}}{(S/N)_{\min}} \tag{2-25}$$

去掉式（2－25）中的下标 max 和 min，可得

$$(R_{\mathrm{T}}R_{\mathrm{R}})^2=\frac{K_{\mathrm{B}}}{(S/N)} \tag{2-26}$$

式中，S/N——对应距离积（$R_{\mathrm{T}}R_{\mathrm{R}}$）时的信噪比（SNR）。

结合式（2－19）和式（2－25），可得 K_{B} 与双基地雷达最大距离积的关系为

$$K_{\mathrm{B}}=k_{\mathrm{B}}^2(S/N)_{\min} \tag{2-27}$$

当（S/N）$>(S/N)_{\min}$时，每个等信噪比值都将确定一个卡西尼卵形等信噪比曲线。对比前面定义的单基地等效作用距离 R_{M}，由式（2－19）、式（2－26）和式（2－27），可得到以下关系：

$$(R_{\mathrm{T}}R_{\mathrm{R}})^2=\frac{k_{\mathrm{B}}^2(S/N)_{\min}}{(S/N)}=\frac{R_{\mathrm{M}}^4(S/N)_{\min}}{(S/N)} \tag{2-28}$$

使用式（2－28）可以方便地得到雷达的等信噪比曲线。假设发射站放置于城市 A，接收站放置于城市 B，此时，雷达基线长度 $L=1350$ km，假设（S/N）$_{\min}=12$ dB 时，单基地方式下工作时的最大作用距离为 $R_{\mathrm{TM}}=2500$ km，$G_{\mathrm{R}}=G_{\mathrm{T}}$，双基地损失 $C_{\sigma}(\beta)$ 为 5 dB，表 2－1 给出了不同检测信噪比情况下双基地雷达对应等效单基地雷达的作用距离，图 2－2 所示为 LFM 体制下空间目标探测等信噪比曲线分布。图中的红色点为发射站、绿色点为接收站，随着信噪比不断增大，等信噪比曲线逐渐向内收缩为围绕发射站和接收站的分裂的卡西尼卵形。

表 2－1　双基地模式下不同检测信噪比对应的等效单基地雷达作用距离

接收机最小检测信噪比（S/N）$_{\min}$/dB	12	17	22	27	32
等效单基地雷达作用距离 R_{M}/km	1874.7	1405.9	1054.2	790.6	592.8

2.3.2　双基地 ISAR 成像分辨率

ISAR 成像的距离向分辨是通过发射大带宽 LFM 信号而后经过脉冲压缩实现的，与单基地雷达类似，双基地雷达的径向距离分辨率同样受带宽

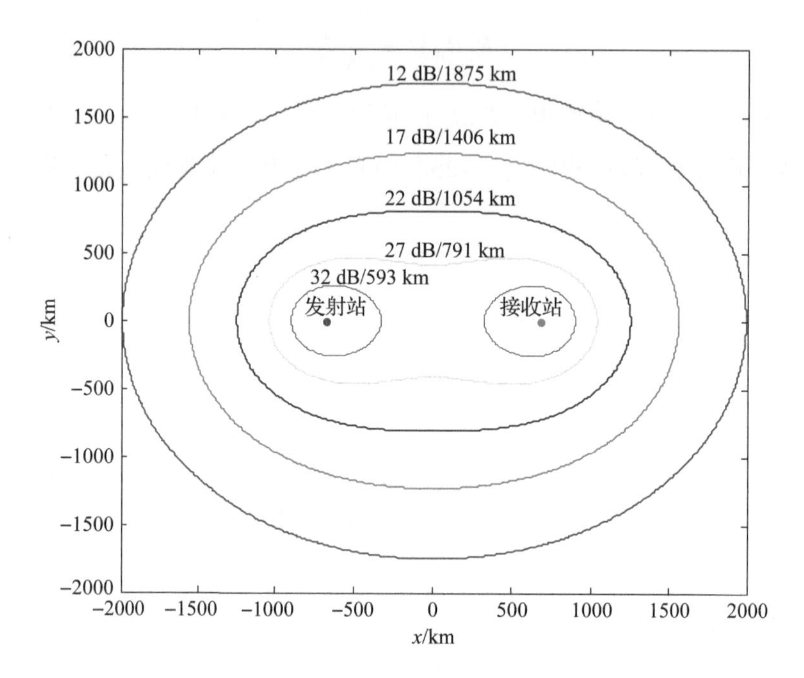

图 2－2 城市 A－城市 B 空间目标探测双基地雷达等信噪比曲线（附彩图）

制约。LFM 信号脉冲压缩之后的时域分辨率为 $1/B$（单位为 s），设双基地 ISAR 的距离分辨率为 δ_y，根据式（2－16）可得

$$\frac{2\delta_y}{c}\cos\frac{\beta}{2}=\frac{1}{B} \tag{2-29}$$

则双基地 ISAR 的距离分辨率为

$$\delta_y=\frac{c}{2B\cos(\beta/2)} \tag{2-30}$$

ISAR 成像的方位分辨率取决于慢时间对应的多普勒，由式（2－16）可得散射点对应的多普勒信息为

$$f_{\mathrm{d}}=\frac{2f_{\mathrm{c}}\omega x_p}{c}\cos\frac{\beta}{2} \tag{2-31}$$

多普勒分辨率由相参积累时间 T（这里指成像积累时间）决定，设双基地 ISAR 的方位分辨率为 δ_x，令

$$\frac{2f_c\omega\delta_x}{c}\cos\frac{\beta}{2}=\frac{1}{T} \tag{2-32}$$

可得方位分辨率为

$$\delta_x=\frac{c}{2f_c\omega T\cos(\beta/2)}=\frac{\lambda}{2\Delta\theta\cos(\beta/2)} \tag{2-33}$$

式中，λ——载波波长；

$\Delta\theta$——成像期间的累积转角。

式（2-30）和式（2-33）给出了双基地 ISAR 成像的距离分辨率和方位分辨率，对比单基地 ISAR 可知，由于双基地角的存在，双基地的分辨率较单基地多出了 $1/\cos(\beta/2)$ 项，并且 $\cos(\beta/2)<1$，即由于收发分置的配置，双基地 ISAR 成像的分辨率较相同条件下的单基地分辨率有所下降。

双基地雷达的角等值线是一系列圆心在双基地基线垂直平分线上，且过发射站、接收站的圆弧[13]。这些圆弧的半径为

$$r_\beta=L/(2\sin\beta) \tag{2-34}$$

圆心距离基线的距离为

$$d_\beta=L/(2\tan\beta) \tag{2-35}$$

图 2-3 给出了城市 A 为发射站、城市 B 为接收站的双基地雷达最大作用范围与双基地角分布情况。图中的细实线表示不同信噪比对应的雷达最大作用范围卡西尼卵形的分布；粗实线表示同一坐标系下，双基地角等值线的分布，角等值线的交点分别是发射站和接收站，实际空间中的角等值曲面是角等值线绕基线旋转而成的。

从图 2-3 可以看出，同样的高度上，当目标机动至双基地雷达基线垂直平分线时，在该高度上的双基地角达到最大；而当目标远离这一区域时，双基地角减小。从提高距离分辨率和多普勒分辨率的角度看，若信噪比足够大，则应选择双基地角小的区域，即远离基线垂直平分线位置对目标成像。此外，目标轨道越低，成像时目标越接近双基地基线中点的天顶，目标的双基地角越大，距离分辨率和多普勒分辨率就越差。需要注意

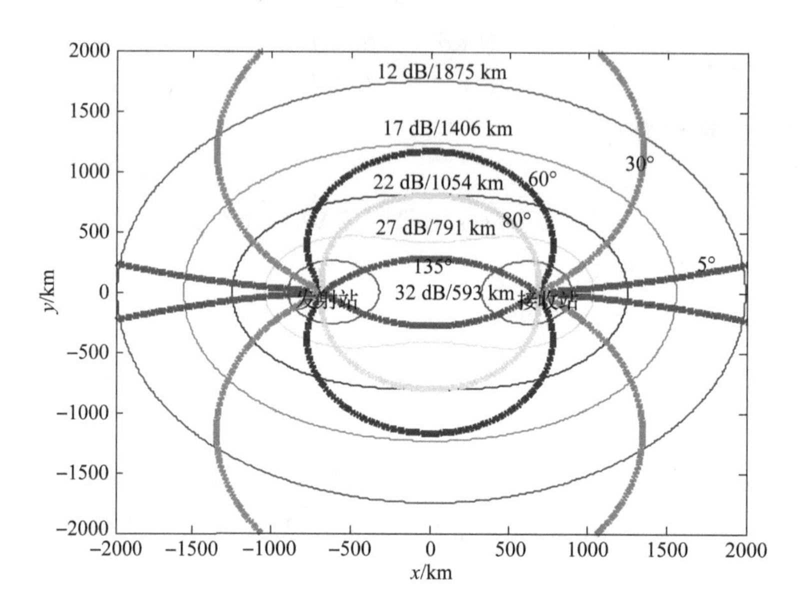

图 2-3 城市 A-城市 B 空间目标探测双基地雷达双基地角分布（附彩图）

的是，在实际成像时，脉压失配、距离和方位向加窗、双基地雷达收发双站分离带来的发射机与接收机参数误差、非同步等因素，以及双基地角等非线性变化都会使成像的分辨特性降低。

2.4 双基地 ISAR 常用成像算法

由前文的成像原理公式推导过程可知，双基地 ISAR 回波模型与单基地模式下的类似，而单基地 ISAR 成像研究已经比较成熟，因此可将单基地 ISAR 成像算法应用到双基地 ISAR 成像中[81,103]。但两者又有区别，双基地雷达由于收发分置的特性，成像过程会引入双基地角的影响，因此应根据双基地雷达的特性进行相应的改进。

常见的 ISAR 成像方法有 RD 算法、大转角成像算法（如 PFA 算法、BP 算法等）、RID 算法，此外还有将其他技术与 ISAR 成像相结合的成像算法，如参数化谱估计、压缩感知（compressive sensing，CS）技术等与成像算法结合形成的超分辨成像算法。

本节对双基地 ISAR 常用成像算法进行介绍，并重点分析各算法的优缺点及适用范围。

2.4.1　RD 算法

RD 算法[104-105]是成像领域的经典算法，该算法通过发射宽带 LFM 信号实现距离向的高分辨，通过目标转动产生的多普勒信息实现方位向的高分辨，由于 RD 算法不需要目标的精确运动信息，因此具有广泛的适用范围。RD 算法的数据处理流程如图 2-4 所示，其中，包络对齐是指将同一散射点的脉冲压缩峰值位置对齐到同一个距离分辨单元内，常用的包络对齐方法有包络互相关、累积包络互相关、最小熵以及模-2 方法等，而相位校正是为了补偿各次回波中的平动分量所表现的初相，常用的相位校正算法有单特显点法、多特显点法、多普勒中心跟踪法及相位梯度自聚焦（phase gradient autofocus，PGA）算法等。

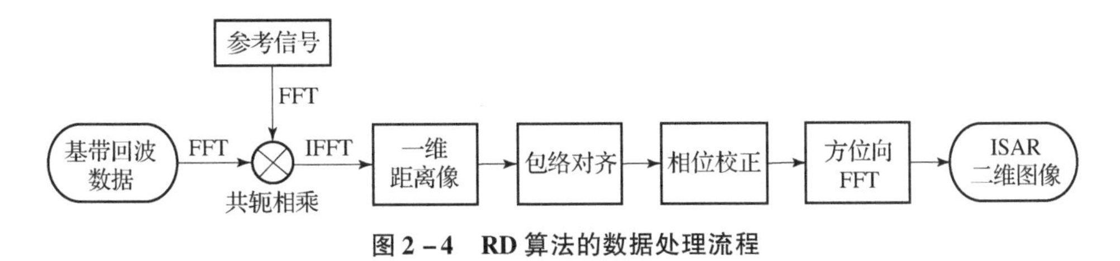

图 2-4　RD 算法的数据处理流程

RD 算法物理意义明确、简单易行，但在成像脉冲积累期间，目标上的散射点随目标产生相对雷达视线的转动，当目标尺寸较大或累积转角过大，散射点的转动就不再在一个分辨单元内了，会引起越分辨单元徙动现象，影响成像质量[106-107]。设成像目标的距离向和方位向的尺寸分别为 L_y、L_x，距离分辨率和方位分辨率分别为 δ_y、δ_x，成像累积转角为 $\Delta\theta$，则不产生越距离单元徙动和越多普勒单元徙动的条件分别为

$$L_x \Delta\theta < \delta_y \tag{2-36}$$

$$L_y \Delta\theta < \delta_x \tag{2-37}$$

由式（2－33）可得

$$\Delta\theta = \frac{\lambda}{2\delta_x \cos(\beta/2)} \tag{2-38}$$

将式（2－38）分别代入式（2－36）和式（2－37），可得目标尺寸与成像分辨率的关系为

$$L_x < \frac{2\delta_x \delta_y \cos(\beta/2)}{\lambda} \tag{2-39}$$

$$L_y < \frac{2\delta_x^2 \cos(\beta/2)}{\lambda} \tag{2-40}$$

若实际成像时，雷达发射宽带 LFM 信号，信号载频为 10 GHz，信号带宽为 1 GHz，成像累积转角 $\Delta\theta$ 为 3°，双基地角 β 为 60°，则成像的距离分辨率 δ_y 为 0.17 m，方位分辨率 δ_x 为 0.33 m。为避免发生越分辨单元徙动现象，目标距离向和方位向的尺寸需满足 $L_y < 6.30$ m、$L_x < 3.25$ m，当目标尺寸不满足上述要求时，散射点的越分辨单元徙动现象会使成像结果散焦。对于一般的空间目标，其尺寸在米（m）级甚至十米（10 m）级，成像时有可能发生越分辨单元徙动现象。

2.4.2 BP 算法

BP 算法[108-109]源于计算机层析成像技术，是一种精确的时域成像方法，即该算法实现时对雷达回波的相参性有严格要求。BP 算法被广泛应用于 SAR 成像中，这是因为在 SAR 过程中，雷达相对目标的运动信息是精确已知的，可以满足时域精确成像的条件。

BP 算法实施时，首先划定成像区域，计算成像区域内每一点到天线的时延，进而进行相位的精确补偿，而后对回波数据相干叠加，使来自相同像素点的回波信号相位相同，从而使信号幅度得到加强，而来自其他像素点的回波信号的相位则是随机的，累加结果趋近于零，依次循环，从而实现整个成像区域的聚焦成像。BP 算法的数据处理流程如图 2－5 所示。

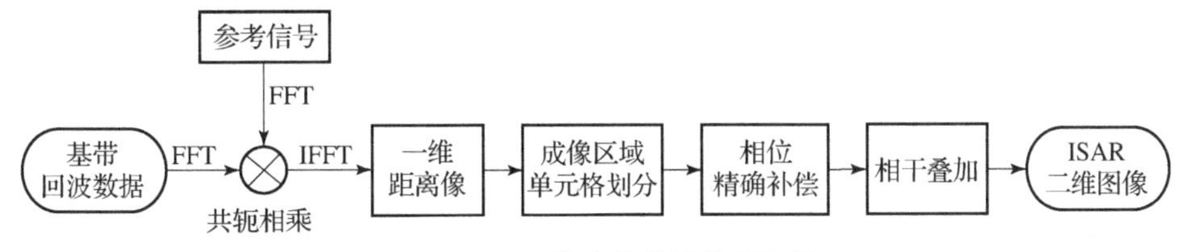

图 2-5　BP 算法的数据处理流程

该算法能够很好地恢复目标的原始形状，且不存在越分辨单元徙动问题，但该算法实现时需要根据距离信息完成相位的精确补偿过程，具有相参性要求。然而，在 ISAR 成像期间，目标的运动信息和位置信息很难精确获得，这大大限制了 BP 算法的应用，尤其是双基地 ISAR 成像时，收发双站分开放置，又会引入空间同步、时间同步、频率同步等问题，时间同步和频率同步均会影响回波的相参性，这使得 BP 算法很难应用到双基地 ISAR 的实际成像中。

2.4.3　PFA 算法

PFA 算法[110-111]是聚束 SAR 中研究较深入的一种成像算法。该算法认为目标数据在空间中以极坐标形式录取，极坐标格式的回波数据是目标点散射函数的傅里叶变换。二维内插是 PFA 算法实现的重要过程，内插的精度直接影响算法效率及成像质量[112]。PFA 算法的数据处理流程如图 2-6 所示。

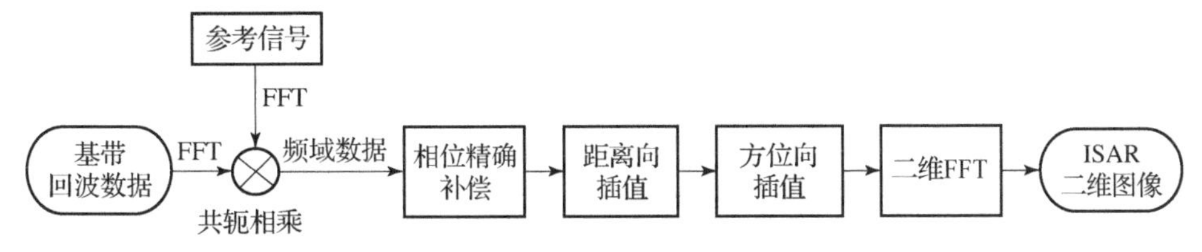

图 2-6　PFA 算法的数据处理流程

该算法适用于大转角条件下的 ISAR 成像，且从根本上消除了 ISAR 成像的越分辨单元徙动问题，但是该算法隐含了目标运动情况精确已知的假设，对数据的相参性要求很高，需要知道目标的精确运动信息进行数据的相位精确补偿。

2.4.4 RID 算法

RID 算法[113-114]与 RD 算法类似，对回波数据脉冲压缩后都需要进行包络对齐和相位校正处理，不同的是，在作方位压缩时，RID 算法不再简单采用傅里叶变换的方式，而采用时频分析的方法。RID 算法的数据处理流程如图 2-7 所示。

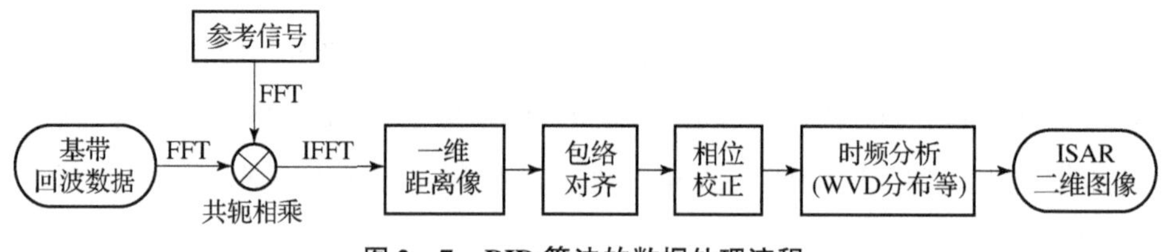

图 2-7 RID 算法的数据处理流程

RID 算法的核心是时频分析，适用于非匀速转动目标的 ISAR 成像，能够解决非匀速转动引起的频谱展宽问题。最常见的时频分析方法是短时傅里叶变换（又称滑窗傅里叶变换），但是对时窗宽度的要求是矛盾的，为了突出信号的“局域性”，宽度应尽可能短，但短的时窗会使频谱的分辨率变差，若时窗取得过长，就不能体现出频谱的瞬时性。Wigner-Ville 分布（Wigner-Ville distribution，WVD）是一种常用的二次型时频分布，特别适合对 LFM 信号作时频分析，但由于二次型的叠加原理，多分量信号的 WVD 会产生交叉项，严重干扰自身项的识别。为减小交叉项，出现了多种 WVD 的变型，常见的就是伪 Wigner-Ville 分布（PWVD）和平滑伪 Wigner-Ville 分布（SPWVD）等[115]。

目前，寻求一种低交叉项、信噪比要求低、运算量小且算法稳健、分辨率高的时频分析方法是 RID 算法的研究热点。

2.4.5 超分辨成像算法

为提高分辨力，进而实现雷达对目标的高分辨，超分辨成像方法被提出，其实质是利用现代谱估计方法进行宽带频谱外推，进而增加信号有效带宽或增大有效累积转角。常用的超分辨成像算法[116]有基于 Prony 方法的成像算法[117]、基于 Capon 估计的成像算法[118]、基于自回归（auto regression，AR）模型的数据外推的成像算法、基于多信号分类（multiple signal classification，MUSIC）的成像算法[119]、基于旋转不变技术（estimating signal parameters via rotational invariance techniques，ESPRIT）的成像算法[120]等，这类算法在应用时对信噪比的要求较高。

压缩感知理论是近年来发展起来的一个研究热点，该理论指出，当信号满足稀疏性要求时，可通过低于 Nyquist 采样率的数据样本实现信号重建[121]。在 ISAR 成像中，由于目标由数量不多的等效散射中心组成，具有一定的稀疏性，从而可采用稀疏采样回波对目标信息进行恢复，因此该理论对于多目标跟踪时的观测时间分配和多目标同时成像具有重要意义。文献［122］在方位向稀疏采样情况下获得了高质量的 ISAR 图像；文献［123］将压缩感知技术应用到了双基地 ISAR 中，得到了良好的成像效果。

超分辨成像算法的核心是参数化频谱估计，能够提高目标的分辨能力，但对回波的信噪比要求很高，并且这类方法大都基于搜索优化的思想，使得数据处理的运算量很大。超分辨成像算法也不作为本书的重点。

以上介绍了常用的成像算法，并分析了其在双基地 ISAR 成像中的适用情况。BP 算法和 PFA 算法均需要目标的精确位置信息实现相位补偿，在双基地雷达模式下还需考虑系统同步问题，这在实际成像中难以实现。RID 算法的本质是通过时频分析完成多普勒的分辨，超分辨成像算法的核心是参数化谱估计，对回波信噪比要求高，基于研究范畴的原因，这里不对这两类算法研究。RD 算法物理意义明确、操作实现过程简单，且对目标的位置信息及双基地雷达的配置精度均没有很高的要求，该算法适用于双基地 ISAR 实际成像，因此本书对双基地 ISAR 二维成像的相关论述基于 RD 算法展开。然而，RD 成像算法对成像目标尺寸有一定限制，否则容易引起越分辨单元徙动现象进而影响成像质量，第 5 章将对该问题详细研究。

2.5 双基地 ISAR 成像仿真

在前文对成像原理及成像算法分析的基础上，本书进行双基地 ISAR 的成像仿真。仿真场景如图 2－8（a）所示，图中的“◇”为发射站雷达位置、“○”为接收站雷达位置，收发双站雷达的基线长度为 500 km，假定目标在 300 km 的高度以 $v=3$ km/s 的速度沿基线方向由发射站向接收站运动，选择两个成像段，成像段 1 的起始位置在雷达基线的中垂线上，成像段 2 的起始位置在基线中垂线右侧（靠近接收站）200 km处，成像积累时间均为 10 s，仿真的散射点模型是平面模型，如图 2－8（b）所示。成像仿真参数如表 2－2 所示。

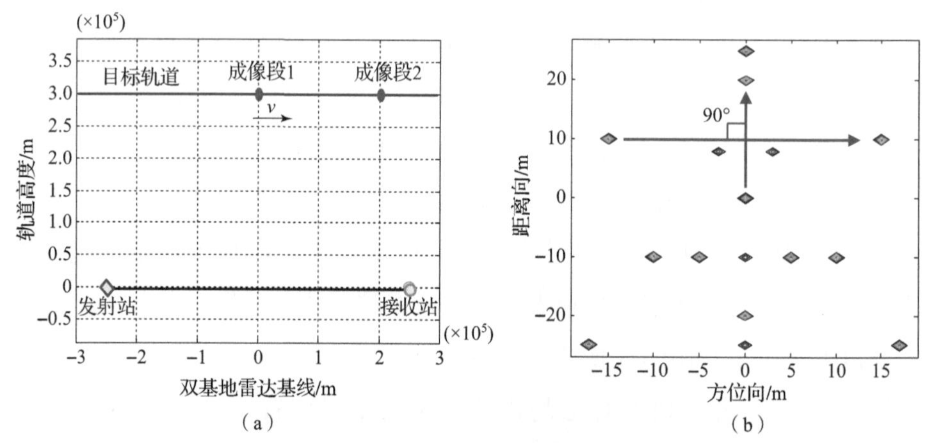

图 2－8 成像仿真场景及目标模型（附彩图）

（a）仿真场景；（b）散射点模型

表 2－2 成像仿真参数

参数	参数值	参数	参数值	参数	参数值	
					成像段 1	成像段 2
载频/GHz	10	脉冲重复频率/Hz	50	平均双基地角/(°)	79.50	63.82
带宽/MHz	800	累积脉冲个数	500	累积转角/(°)	3.38	3.66
采样率/GHz	1	成像时间/s	10	距离分辨率/m	0.24	0.22
脉冲宽度/μs	20			方位分辨率/m	0.33	0.28

鉴于参数化的超分辨成像算法不是本书的重点内容，本节的成像仿真采用 2.4 节给出的 4 种成像算法实现，即 RD 算法、BP 算法、PFA 算法和 RID 算法，其中，RID 算法时频分析采用传统的 WVD 分布。成像段 1 的成像仿真结果如图 2-9 所示，成像段 2 的成像仿真结果如图 2-10 所示，成像结果都进行了定标，定标方法参见附录 A。表 2-3 统计了两个成像段不同成像算法对应的原本正交的两个轴的夹角（参照图 2-8（b）所示散射点模型中标注的角度）。

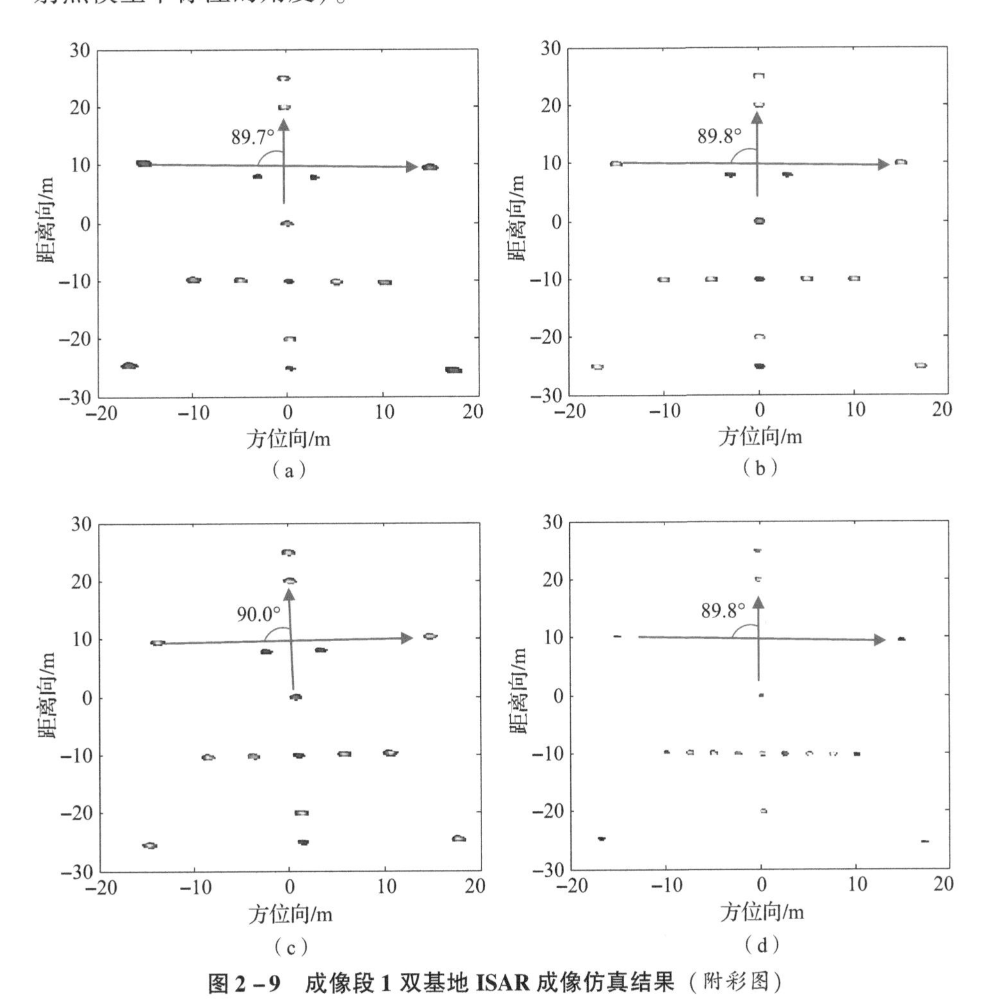

图 2-9　成像段 1 双基地 ISAR 成像仿真结果（附彩图）

（a）RD 成像结果；（b）BP 成像结果；（c）PFA 成像结果；（d）RID 成像结果（$t=4$ s）

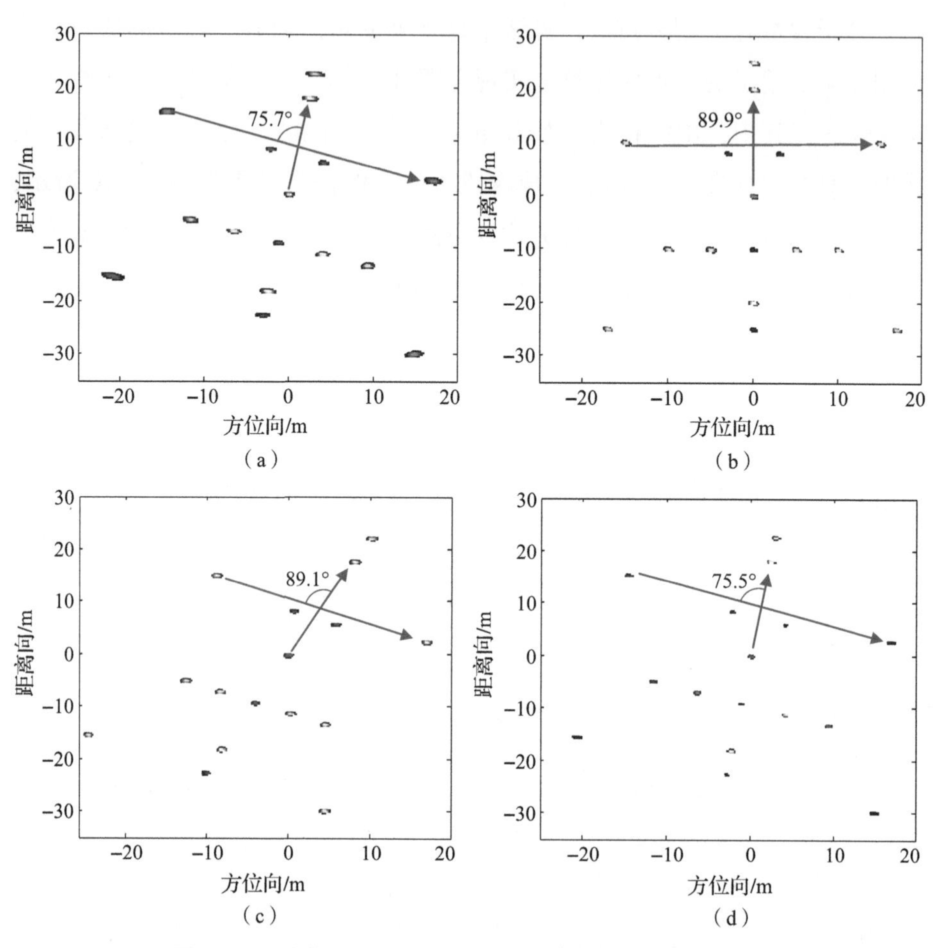

图 2-10 成像段 2 双基地 ISAR 成像仿真结果（附彩图）

(a) RD 成像结果；(b) BP 成像结果；(c) PFA 成像结果；(d) RID 成像结果（$t=4$ s）

表 2-3 不同算法成像结果对应角度统计 (°)

成像段	RD 算法	BP 算法	PFA 算法	RID 算法
成像段 1	89.7	89.8	90.0	89.8
成像段 2	75.7	89.9	89.1	75.5

对比成像段 1 的 4 种算法成像结果，RD 成像结果除中心散射点外，其他散射点均有一定程度的散焦现象，离中心越远的散射点的散焦程度越

严重，这是散射点的越分辨单元徙动引起的；BP 和 PFA 成像结果中，各散射点聚焦效果良好；RID 成像结果中，同一距离单元有多个散射点的区域，WVD 分布存在交叉项，合成了虚假的散射点，不利于目标的识别。成像段 2 的成像结果中，RD 算法依然存在散焦的现象，并且成像结果是倾斜的，反映了雷达对目标的观测视角，另外由表 2－3 的角度统计结果可知，散射点模型中原本正交的散射点，成像结果不再正交，变为 75.7°，图像发生了“畸变”，这是双基地角时变引起的多普勒方向的“歪斜”，涉及双基地 ISAR 成像平面的确定，将在第 4 章具体介绍；BP 算法与雷达的视角无关，能够很好地恢复原始散射点的位置及散射特性；PFA 成像结果倾斜程度较 RD 算法严重，这是 PFA 距离向插值引入的，但该成像结果不存在越分辨单元徙动现象，散射点聚焦效果良好，从成像结果可知，两轴的夹角为 89.1°，仍然是正交的，图像不存在“畸变”；由于在成像段 2 对应的双基地 ISAR 成像视角下，同一距离单元只有一个散射点，因此 WVD 分布实现时频分析时不会出现交叉项，RID 算法成像结果较好，该算法的本质是距离－多普勒原理成像，图像有“畸变”。

对比表 2－3 中的各个角度，进行综合分析。成像段 1 的成像结果散射点构成的两轴基本都是正交的，这是因为该成像段正好在雷达基线的中垂线上，双基地角基本不变化，不会影响成像的多普勒值。在成像段 2 的成像结果中，RD 算法、RID 算法的成像结果均不正交，这是双基地角时变引起图像“畸变”；BP 算法是时域成像算法，双基地雷达配置对成像形状没有影响，仍可以无畸变重建目标图像；PFA 算法由于距离向和方位向均作插值，消除了双基地角时变对图像多普勒维的影响，原本正交的散射点在成像结果中还是正交的，与散射点模型一致，只是由于观测视角的原因，成像结果存在整体倾斜。

从本节的仿真结果可以看出，由于双基地角的时变，RD 算法较其他算法存在图像的“畸变”现象，并且大转角（或大目标）成像容易引起散射点的越分辨单元徙动现象，导致成像结果的散焦。基于此，并为更好地结合三轴稳定空间目标实际，第 3 章将采用二体运动模型生成空间目标的双基地 ISAR 回波；第 4 章将介绍双基地 ISAR 的成像平面，找出双基地角影响图像“畸变”的内在机理，并进一步分析成像平面空变特性对成像质量的影响；第 5 章将针对双基地角时变下的 ISAR 越分辨单元徙动问题，介绍徙动校正算法，以期提高双基地 ISAR 的成像质量。

2.6 小　　结

本章首先基于目标的平稳运动模型给出了双基地 ISAR 的成像原理，与单基地类似，双基地 ISAR 的距离向分辨通过发射宽带 LFM 信号经脉冲压缩实现，而方位向分辨通过散射点的转动多普勒实现；其次，根据双基地雷达方程推导了双基地雷达的作用距离，通过成像原理分析给出了双基地 ISAR 的距离分辨率和方位分辨率，两者均是双基地角的函数；然后，介绍了几种常用的成像算法，分析了各算法的优缺点及其在双基地 ISAR 中的适用性；本章的最后，采用常用成像算法对同一目标的不同轨道段进行了双基地 ISAR 成像仿真，并结合成像结果分析了各算法的成像特点。

第3章 基于二体运动模型的空间目标双基地ISAR回波模拟及脉内速度补偿

3.1 引 言

目前，对双基地ISAR成像的研究以理论为主，主要集中在成像原理、成像分辨率及成像算法等方面[65,87,100,124-125]，对这些理论的仿真验证所使用的回波数据大都基于收发双站雷达与目标运动轨迹共面的假设下模拟产生的，且只考虑了目标平动引起的视角变化。实际上，收发双站雷达在绝大多数情况下与目标运动轨迹不共面，且不同的空间目标具有不同的旋转特性，这使得传统的回波模拟方法难以完全反映目标各散射点与雷达之间的相对运动，也无法由此验证所采用成像算法的实际成像效果。文献[126]对轨道飞行目标的雷达回波进行模拟和成像仿真，重点探讨了轨道飞行目标成像对雷达重复频率和相干累积时间的要求，该文献没有考虑目标实际姿态与雷达视线的关系，认为目标轨迹与雷达始终共面，且没有考虑目标在轨运动的高速运动特性和目标自转特性；文献[127]利用空间目标的运动特性，研究了弹道目标轨道方程，并重点分析了导弹弹道高速运动对回波信号的影响，该文献侧重于对弹道的研究，没有研究目标具体姿稳转动对成像的影响。然而，目标绕自身旋转轴的转动有两方面影响：一方面，会影响目标的累积转角计算，进而影响目标的方位尺寸定标及后续的目标识别；另一方面，会影响成像平面的确定和成像分析。在实际空间目标成像时，目标自旋对成像的影响不可忽视。

鉴于现代的卫星基本都采用三轴稳定的姿态控制方式，本章针对三轴稳定空间目标的成像实际，提出一种双基地 ISAR 回波模拟方法。回波模拟需要建立卫星的轨道模型，卫星质心与雷达之间的相对运动可通过以下几种方式实现：

（1）SGP4 模型。SGP4 模型[128]是一种摄动模型，由北美防空联合司令部开发，该模型考虑了日月引力项和地球引力摄动的影响，对近地目标的轨道模拟较为精确。

（2）STK（Satellite Tool Kit）软件。采用 STK 软件模拟卫星运动考虑了地球非球形引力摄动以及简化的大气阻力摄动等对低轨卫星影响较大的摄动力，该软件实质上还是通过 SDP4、SGP4、SGP8 等模型经复杂计算得到的，可获得相对准确的卫星运动信息。

（3）二体运动模型。该模型假设卫星绕地球做简单的二体运动，由轨道力学基本方程、雷达与卫星之间的几何关系计算得到卫星质心与雷达之间的相对运动。

虽然 SGP4 模型及 STK 软件都能得到较为精确的目标轨道信息，但这两个模拟过程都是非解析过程，不利于分析卫星的运动，以及观测几何等因素对双基地 ISAR 成像效果的影响。而假设卫星做简单二体运动会获得卫星任意点运动的解析解，有利于分析卫星的运动参数对双基地 ISAR 成像效果的影响，进而可由此分析并调整 ISAR 成像算法。由于建立轨道模型的目的在于仿真分析卫星在轨运行及接近收发站的特点，而非获得任意时刻的精确卫星轨道值，同时为了能更好地分析影响成像的各个因素，因此在此使用二体运动模型对三轴稳定空间目标建模，生成模拟回波数据。

此外，雷达对空间目标成像时，由于探测距离较远，为了使回波信号能够被雷达有效接收并保证回波脉冲压缩后具有较高的信噪比，一般雷达发射信号的时宽带宽积较大；同时，空间目标为高速运动目标，其速度在

km/s 量级，此时目标回波不再满足“停 - 走”模型，高速运动引起的脉内多普勒调制会使脉冲压缩结果主瓣展宽[129]，时频耦合效应也会使脉冲压缩峰值位置出现偏移，即引起距离像的位置畸变，若不进行速度补偿，必然会导致脉冲压缩性能的急剧下降，影响成像质量。文献［86］、［130］对双基地 ISAR 的速度补偿进行了研究，但其建立的回波模型不精确，虽然对回波数据进行速度补偿能够消除速度引起的一维距离像主瓣展宽效应，但仍残留速度与快时间的耦合项，距离像畸变未被消除，不利于全相参成像、BP 算法等对目标位置精度要求很高的成像处理算法的实施，这在一定程度上限制了算法的应用范围。基于此，3.4 节将针对双基地 ISAR 的脉内速度补偿问题深入研究，通过相位精确补偿的方式完成速度补偿，以期消除脉内速度引起的一维距离像主瓣展宽和位置畸变问题，提高成像质量。

3.2　姿态控制方式及空间坐标系统

3.2.1　姿态控制方式及三轴姿稳空间目标

空间目标一般沿着固有轨道运动，不同的空间目标具有不同的姿态控制方式。按是否采用专门的姿态测量装置和控制力矩装置，可将空间目标分为被动姿态控制和主动姿态控制两类控制方式。

被动姿态控制利用本身的重力特性和环境力矩来实现姿态稳定，有自旋稳定和重力梯度稳定两种方式。自旋稳定利用卫星的陀螺定轴性实现空间定向，早期的卫星大多采用这种控制方式，如我国发射的东方红一号卫星、东方红二号卫星（通信卫星）和风云二号卫星（气象卫星）。重力梯度稳定利用重力梯度力矩使卫星的纵轴保持指向地心来实现卫星姿态的稳定控制，由于其指向精度不高，因此现代单纯采用该姿态控制方式的已经不多。虽然被动姿态控制方式的实现过程简单，但控制精度受限。

主动姿态控制方式根据姿态误差形成控制指令，产生力矩使卫星姿态恢复正常位置，其典型的稳定方式是三轴姿态稳定。三轴姿态稳定是指在目标飞行时要对其相互垂直的三个轴进行控制，不允许任何一个轴产生超出规定值的转动和摆动[131-132]。该控制方式的控制精度很高，能够满足卫星的不同定向需求，而且可用于卫星的对接、变轨、交会、返回等复杂空间过程，因此目前先进的卫星大都以三轴稳定的方式实现姿稳控制。三轴姿态控制的缺点是需要增加相应的姿态控制系统，实现过程复杂。

空间目标大多是对地定向的三轴稳定目标，基于此，本书后续的研究工作均针对三轴稳定空间目标。图 3-1 所示为三轴稳定空间目标与一般的平稳空中目标的运动特点对比，两者最大的差别在于，从地心看，三轴稳定空间目标的姿态始终是不变的，该姿态的不变性就是姿态稳定的体现，而平稳运动的空中目标（如飞机、巡航导弹等，以下简称“平稳目标”）对地心观测会产生视角差。

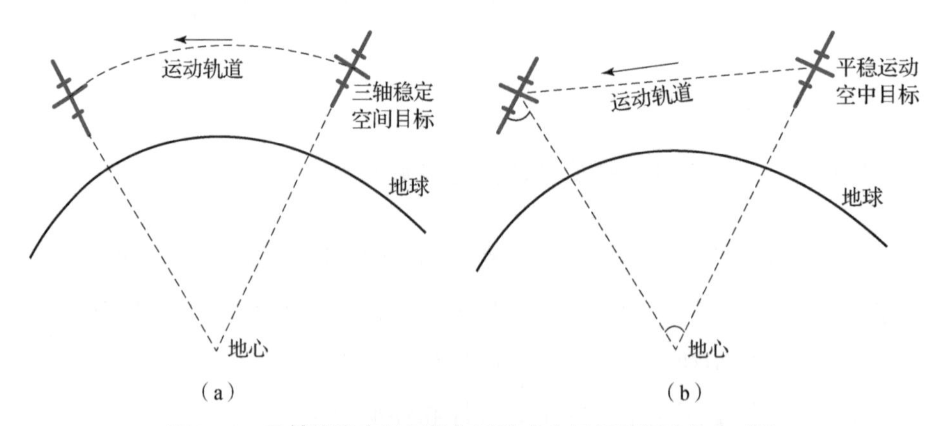

图 3-1　三轴稳定空间目标与平稳空中目标的运动特点对比

(a) 三轴稳定目标；(b) 平稳运动目标

3.2.2　空间坐标系统及坐标旋转

在空间目标观测过程中，将用到地心赤道坐标系、地心地固坐标系、地心观测坐标系和星基观测坐标系等典型的空间坐标系统，如图 3－2 所示。为了便于后文的描述和分析，接下来先介绍这些坐标系的定义[133]。

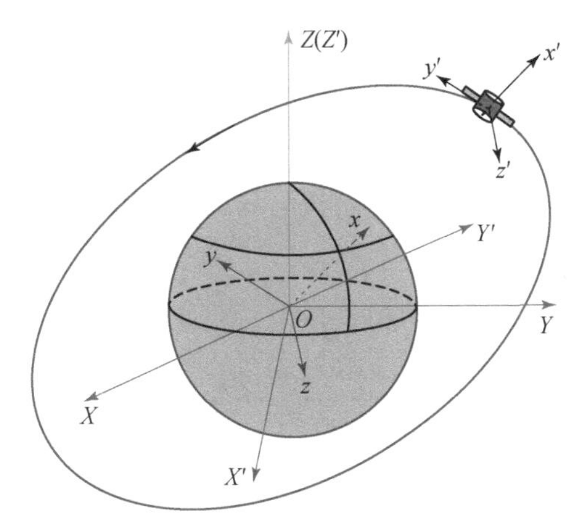

图 3－2　空间坐标系统（附彩图）

1. 地心赤道坐标系

地心赤道坐标系即图 3－2 中的 XYZ 坐标系，又称地惯坐标系，简称“地惯系”。该坐标系以地心为原点 O；X 轴指向春分点的方向；Y 轴在赤道平面内，指向东经 90°；Z 轴与地轴平行，指向北极点，与 X 轴、Y 轴共同组成右手坐标系。

2. 地心地固坐标系

地心地固坐标系即图 3－2 中的 $X'Y'Z'$ 坐标系，又称地固坐标系，简称“地固系”。该坐标系以地心为原点 O'；X' 轴指向本初子午线与赤道的交点；Y' 指向东经 90°与赤道的交点；Z' 轴与地轴平行，指向北极点。地固系随地球的自转而转动，并与地惯系相差一个绕 Z 轴的旋转。

3. 地心观测坐标系

地心观测坐标系即图 3－2 中的 xyz 坐标系。该坐标系的原点位于地球质心；x 轴始终由地心指向卫星；y 轴在轨道平面内与 x 轴垂直，并指向卫星运动方向；z 轴垂直于轨道平面，与 x 轴、y 轴共同组成右手坐标系。随着目标运动，该坐标系的指向发生改变。

4. 星基观测坐标系

星基观测坐标系即图 3－2 中的 $x'y'z'$坐标系。星基观测坐标系是建立在空间目标上的坐标系。该坐标系以卫星中心为原点 o'；x'轴由地心指向卫星的矢量；y'轴在卫星的轨道平面内，与 x'轴垂直，正方向为卫星运动方向；z'轴与 x'轴、y'轴共同组成右手坐标系。需要注意的是，为研究成像的需要，该坐标系的建立时刻以初始观测（成像）时刻 t_0 为基准，坐标系一旦确定，原点随目标中心平移，但三个坐标轴指向不再变化。

本书要用到坐标系旋转的相关知识，在此对右手坐标系 XYZ 的旋转矩阵定义如下：

（1）绕 X 轴正转的表达式为

$$\boldsymbol{R}_X(\theta)=\begin{bmatrix}1 & 0 & 0\\0 & \cos\theta & \sin\theta\\0 & -\sin\theta & \cos\theta\end{bmatrix} \tag{3-1}$$

（2）绕 Y 轴正转的表达式为

$$\boldsymbol{R}_Y(\theta)=\begin{bmatrix}\cos\theta & 0 & -\sin\theta\\0 & 1 & 0\\\sin\theta & 0 & \cos\theta\end{bmatrix} \tag{3-2}$$

（3）绕 Z 轴正转的表达式为

$$\boldsymbol{R}_Z(\theta)=\begin{bmatrix}\cos\theta & \sin\theta & 0\\-\sin\theta & \cos\theta & 0\\0 & 0 & 1\end{bmatrix} \tag{3-3}$$

其中，绕 X 轴旋转时，正方向定义为：从 X 轴正端向原点看，Y 轴逆时针转向 Z 轴。绕 Y 轴、Z 轴旋转的方向性可照此定义。

3.3 基于二体运动模型的空间目标双基地 ISAR 基带回波模拟

本节基于二体运动模型，首先得到目标质心的运动，而后将目标的姿稳转动叠加，得到目标上任意散射点与雷达的距离，进而生成回波数据。

3.3.1　目标质心的运动

若将地球看成一个球体，并且密度均匀分布，则空间目标绕其运动时会产生引力作用，此时地球可等效为一个质点，质量全部集中在质心上，这样就构成了一个简单的二体运动模型，如图 3－3 所示。

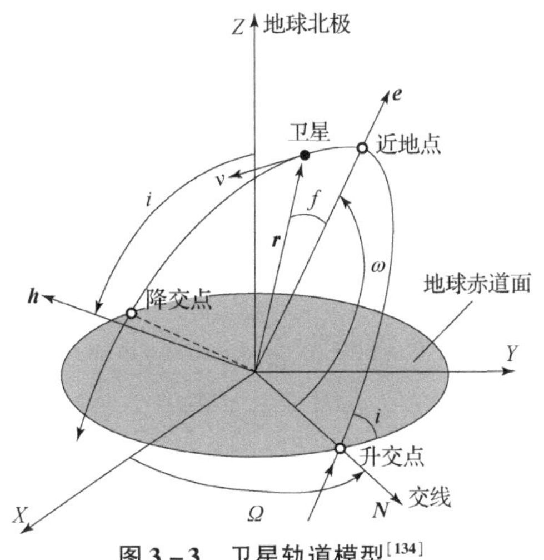

图 3－3　卫星轨道模型[134]

在二体运动模型假设下，卫星的轨道方程为[134]

$$r=\frac{h^2}{\mu_0}\cdot\frac{1}{1+e\cos f}=a\,\frac{1-e^2}{1+e\cos f} \tag{3-4}$$

式中，h——卫星每单位质量的角动量，又称为面积速度矢量，其矢量形式为 $\boldsymbol{h}=\boldsymbol{r}\times\dot{\boldsymbol{r}}$；

μ_0——地球引力常数 398 600 $\mathrm{km^3/s^2}$（地球引力常数通常用 μ 表示，为区别文中 LFM 信号的调频斜率，这里地球引力常数用 μ_0 表示），$\mu_0=GM_{\mathrm{E}}$，$G=6.67\times10^{-11}\ \mathrm{N\cdot m^2/kg^2}$ 为万有引力常量，M_{E} 为地球质量；

a——半长轴；

e——轨道偏心率，$e\geqslant0$，其矢量形式可表示为 $\boldsymbol{e}=(\dot{\boldsymbol{r}}\times\boldsymbol{h})/\mu_0-\boldsymbol{r}/r$，该矢量所定义的直线在轨道平面内，称为拱线；

f——真近点角。

式（3-4）所示的轨道方程由三个相互独立的参数 h、e、f 决定，描述了空间目标在轨道平面内所做的曲线运动。实际运算过程中，角动量 h 和真近点角 f 常用半长轴 a 和平近点角 M 代替。为获得三维空间内空间目标轨道的方位，还需要另外三个附加参数，即欧拉角。如图 3-3 所示，轨道平面与赤道平面的交线为 N，并将交线上目标轨道自下而上的那条线与赤道平面的交点定义为升交点，则交线的矢量 $\boldsymbol{N}$ 的正方向由原点指向升交点。地惯系 XYZ 的正 X 轴与交线 N 之间的夹角为升交点赤经 Ω，为第一个欧拉角。第二个欧拉角为由轨道平面和参考平面所形成的二面角，称为轨道倾角 i，其方向由右手法则确定。轨道交线矢量 $\boldsymbol{N}$ 与偏心率矢量 $\boldsymbol{e}$ 所确定的拱线之间的夹角为第三个欧拉角，称为近地点幅角 ω。由空间目标的轨道六根数（a，M，i，ω，e，Ω）便可确定二体运动下空间目标的轨道，在国际上常采用两行轨道根数（two line elements，TLE）来描述轨道六根数，TLE 中各参数的定义见附录 B。其中，平近点角 M 为

$$M = E - e\sin E \tag{3-5}$$

式中，E——偏近点角，与真近点角 f 的关系为

$$\tan\frac{f}{2} = \sqrt{\frac{1+e}{1-e}}\tan\frac{E}{2} \tag{3-6}$$

考虑到目标做二体运动，卫星旋转中心在地心观测坐标系 xyz 的坐标可表示为

$$[x_{\mathrm{S}} \quad y_{\mathrm{S}} \quad z_{\mathrm{S}}] = [r \quad 0 \quad 0] \tag{3-7}$$

式中，r——地心到卫星旋转中心的距离，可由式（3-4）得到。

令初始观测时刻卫星的轨道根数为 $\boldsymbol{\chi}_{t_0} = (a, M_{t_0}, i, \omega, e, \Omega)$，忽略岁差和章动在观测时间段内对天极和春分点的影响，则在初始观测时刻，由地心观测坐标系 xyz 转到地惯系 XYZ 需要首先绕 z 轴顺时针旋转 $f_{t_0}+\omega$，然后绕 x 轴顺时针旋转 i，最后绕 z 轴顺时针旋转 Ω。其中，f_{t_0} 为初始观测时刻卫星的真近点角，该值可根据卫星的初始轨道根数由式（3-5）、式（3-6）得到。

对观测期间的轨道根数，除了平近点角是变化的，其余的根数均是恒定的。其平近点角 M_{t_0} 可由下式计算得到：

$$M_{t_0} = n(t_0 - t_{\text{epoch}}) + M_{\text{epoch}} \tag{3-8}$$

式中，n——卫星的平均角速度；

t_0——初始观测的历元时刻；

t_{epoch}——初始轨道根数历元时刻；

M_{epoch}——历元时刻的平近点角。

在同一观测的任意后续的观测时刻 t，由地心观测坐标系 xyz 转到地惯系 XYZ 所需的坐标系旋转与初始时刻不同之处在于，先绕 z 轴的顺时针旋转角不是 $f_{t_0} + \omega$ 而是 $f_t + \omega$。其中，f_t 为卫星在 t 时刻的真近点角。

因此，在任意观测时刻 t，由地心观测坐标系 xyz 转到地惯系 XYZ 所需的坐标系旋转矩阵为

$$\boldsymbol{R}_{x-X} = \boldsymbol{R}_z(-\Omega)\boldsymbol{R}_x(-i)\boldsymbol{R}_z(-f_t - \omega) \tag{3-9}$$

式中，$\boldsymbol{R}_x(\cdot),\boldsymbol{R}_z(\cdot)$ ——绕 x 轴和 z 轴的坐标旋转矩阵，参见 3.2.2 节。

在不考虑极移的情况下，地惯系 XYZ 与地固系 $X'Y'Z'$之间的差别是地球自转角——格林尼治恒星时[133] S_G，由地惯系 XYZ 转换到地固系 $X'Y'Z'$ 需逆时针旋转相应的自转角度，对应的旋转矩阵可表示为

$$\boldsymbol{R}_{X-X'} = \boldsymbol{R}_Z(S_{G_{t_0}} + n_E t) \tag{3-10}$$

式中，$S_{G_{t_0}}$ ——在初始观测时刻 t_0 的地球自转角（格林尼治恒星时）；

n_E——地球自转角速度，为 86 164.098 903 691 s。在式（3-10）中，选地球自转角（格林尼治恒星时）S_G 用 $S_{G_{t_0}} + n_E t$ 表示，是为了简化 S_G 的计算，使得 S_G 的后续计算过程中不必反复计算采样时刻的儒略日，这一简化基于地球的岁差与章动为一个随时间缓慢变化的量，在短时间内可视为不变。

格林尼治恒星时的计算公式为

$$S_G = 18^{\text{h}}.697\,374\,6 + 879\,000^{\text{h}}.051\,336\,7 t_J + 0^{\text{s}}.093\,104 t_J^2 - 6^{\text{s}}.2 \times 10^{-6} t_J^3 \tag{3-11}$$

式中，t_J 可表示为

$$t_{\mathrm{J}}=\frac{\mathrm{JD}(t)-\mathrm{JD}(\mathrm{J}2000.0)}{36\ 525.0} \tag{3-12}$$

式中，JD(t) ——观测时刻 t 的儒略日；

JD(J2000.0) ——历元 J2000.0 对应的儒略日，值为 2 451 545。

令雷达所在位置的经度、纬度和海拔分别为 θ_{Long}、θ_{Lat} 和 h_{R}，则雷达在地固系 $X'Y'Z'$ 的坐标可表示为

$$[x_{\mathrm{R}}\quad y_{\mathrm{R}}\quad z_{\mathrm{R}}]=\begin{bmatrix}(R_{\mathrm{E}}+h_{\mathrm{R}})\cos\theta_{\mathrm{Lat}}\cos\theta_{\mathrm{Long}}\\(R_{\mathrm{E}}+h_{\mathrm{R}})\cos\theta_{\mathrm{Lat}}\sin\theta_{\mathrm{Long}}\\(R_{\mathrm{E}}+h_{\mathrm{R}})\sin\theta_{\mathrm{Lat}}\end{bmatrix}^{\mathrm{T}} \tag{3-13}$$

其中，二体运动模型假设下地球为标准球形；R_{E} 为地球半径，一般为 6378.15 km。

由式（3-7）~式（3-13）可得在地固坐标系 $X'Y'Z'$ 雷达对卫星的观测矢量为

$$[x_{\mathrm{Obs}}\quad y_{\mathrm{Obs}}\quad z_{\mathrm{Obs}}]^{\mathrm{T}}=\boldsymbol{R}_{X-X'}\boldsymbol{R}_{x-X}[x_{\mathrm{S}}\quad y_{\mathrm{S}}\quad z_{\mathrm{S}}]^{\mathrm{T}}-[x_{\mathrm{R}}\quad y_{\mathrm{R}}\quad z_{\mathrm{R}}]^{\mathrm{T}} \tag{3-14}$$

需要注意的是，对圆轨道卫星，其真近点角由于近地点不存在而无法定义，但在轨道模拟时仍按真近点角 ω 定义。同样，零倾角卫星的升交点赤经仍为轨道根数 Ω。

3.3.2 目标姿稳的转动

三轴姿稳目标运动模型如图 3-4 所示。

星基坐标系 $x'y'z'$ 是以初始观测时刻 t_0 建立的空间右手直角坐标系，原点随目标质心运动，但在观测成像过程中，坐标轴的指向不变，理想的对地三轴稳定卫星运动过程中，在 $x'y'z'$ 坐标系下仅有绕 z' 轴的旋转。因此，对卫星上相对目标质心位置矢量为 $[x_0\quad y_0\quad z_0]^{\mathrm{T}}$ 的散射点，仅考虑由卫星本身姿态调整对散射点造成的影响时，其在星基观测坐标系下观测时刻 t 的坐标可表示为

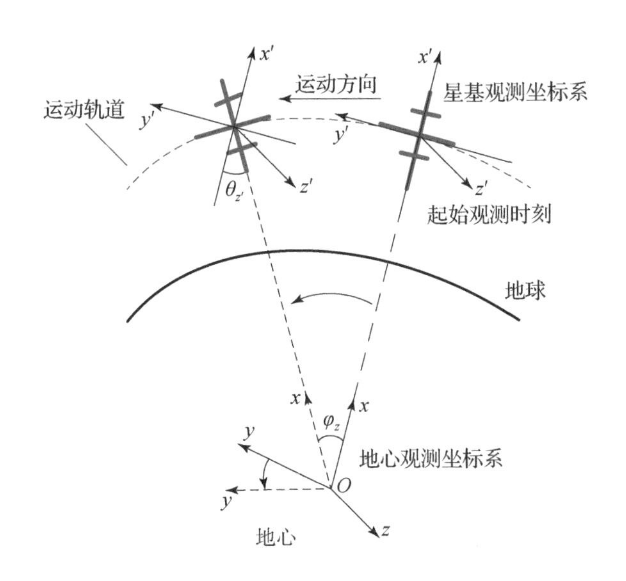

图 3-4　三轴姿稳目标运动模型

$$[x_t \quad y_t \quad z_t]^{\mathrm{T}} = \boldsymbol{R}_z(-\theta_{z'})[x_0 \quad y_0 \quad z_0]^{\mathrm{T}} \tag{3-15}$$

式中，$\theta_{z'}$——观测时刻 t 相对 t_0 时刻目标绕 z'轴的转动角度；

$\boldsymbol{R}_z(-\theta_{z'})$ ——绕 z'轴的旋转矩阵，由于目标逆时针转动，即相当于坐标系顺时针旋转，故为负值。

目标运动过程中，地心观测坐标系 xyz 的坐标轴指向是变化的，绕 z 轴逆时针旋转了 φ_z 角度，则卫星上的散射点在新的地心观测坐标系 xyz 下目标质心的位置矢量 $[x_t' \quad y_t' \quad z_t']^{\mathrm{T}}$ 可表示为

$$\begin{aligned}[x_t' \quad y_t' \quad z_t']^{\mathrm{T}} &= \boldsymbol{R}_z(\varphi_z)[x_t \quad y_t \quad z_t]^{\mathrm{T}} \\ &= \boldsymbol{R}_z(\varphi_z)\boldsymbol{R}_z(-\theta_{z'})[x_0 \quad y_0 \quad z_0]^{\mathrm{T}}\end{aligned} \tag{3-16}$$

对地三轴稳定卫星，由于其姿态对地心保持不变，卫星自旋转角与卫星的真近点角变化一致，因此卫星的自旋转角变化率也与卫星的真近点角变化率一致。故有

$$\varphi_z = \theta_{z'} \tag{3-17}$$

将式（3-17）代入式（3-16），可得目标质心的位置矢量为

$$[x_t' \quad y_t' \quad z_t']^{\mathrm{T}} = [x_0 \quad y_0 \quad z_0]^{\mathrm{T}} \tag{3-18}$$

即，对地三轴稳定卫星在轨运行时的姿态调整使得卫星各散射点在任意观测时刻 t 的地心观测坐标系 xyz 中保持不变，地心观测视角变化引起的旋转矩阵 $\boldsymbol{R}_z(\varphi_z)$ 与目标姿态调整引起的旋转矩阵 $\boldsymbol{R}_z(-\theta_{z'})$ 进行了抵消。

对于圆轨道卫星，卫星的自旋转角的变化率为一定值，该转角可表示为

$$\theta_z(t) = \upsilon(t - t_0) \tag{3-19}$$

式中，υ——卫星自旋转角的变化率，与卫星的轨道周期有关，对圆轨道卫星为一常数；

$(t - t_0)$——观测时刻 t 与初始观测时刻 t_0 之间的时间差。

由于对地三轴稳定卫星在一个周期内旋转 360°，因此 υ 可表示为

$$\upsilon = \frac{2\pi}{T_{\text{orbit}}} \tag{3-20}$$

式中，T_{orbit}——卫星的轨道周期。

对于半长轴为 a 的椭圆轨道卫星，其周期为

$$T_{\text{orbit}} = \frac{2\pi}{\sqrt{\mu}} a^{\frac{3}{2}} \tag{3-21}$$

由于卫星在轨运行时期真近点角 f 的变化率满足下式：

$$\frac{\mathrm{d}f}{\mathrm{d}t} = \frac{h}{r^2} = \frac{n(1 + e\cos f)^2}{(\sqrt{1 - e^2})^3} \tag{3-22}$$

因此，对具有一定偏心率的卫星，卫星自旋转角的变化率可表示为

$$\upsilon = \frac{n(1 + e\cos f)^2}{(\sqrt{1 - e^2})^3} \tag{3-23}$$

可见，对于非零偏心率轨道的目标，不同轨道位置目标有不同的自旋角速度，对 ISAR 成像的影响也不同。

3.3.3 目标质心运动与姿稳转动的叠加

令卫星各散射点在地心观测坐标系 xyz 中相对卫星质心的坐标矢量为 $[x_i \quad y_i \quad z_i]^{\mathrm{T}}$，由式可得该散射点在地固坐标系 $X'Y'Z'$ 中相对雷达的位置矢量

$$
\begin{aligned}
&[x_{\text{Obs\_}i} \quad y_{\text{Obs\_}i} \quad z_{\text{Obs\_}i}]^{\mathrm{T}} \\
&= \boldsymbol{R}_{X-X'}\boldsymbol{R}_{x-X}([x_{\mathrm{S}} \quad y_{\mathrm{S}} \quad z_{\mathrm{S}}]^{\mathrm{T}} + [x_i \quad y_i \quad z_i]^{\mathrm{T}}) - [x_{\mathrm{R}} \quad y_{\mathrm{R}} \quad z_{\mathrm{R}}]^{\mathrm{T}} \\
&= \boldsymbol{R}_z(S_{\mathrm{G}t_0} + n_{\mathrm{E}}t)\boldsymbol{R}_z(-\Omega)\boldsymbol{R}_x(-i)\boldsymbol{R}_z(-f_t - \omega)[r + x_i \quad y_i \quad z_i]^{\mathrm{T}} - \\
&\quad [x_{\mathrm{R}} \quad y_{\mathrm{R}} \quad z_{\mathrm{R}}]^{\mathrm{T}} \\
&= \boldsymbol{R}_z[-(-S_{\mathrm{G}t_0} - n_{\mathrm{E}}t + \Omega)]\boldsymbol{R}_x(-i)\boldsymbol{R}_z(-f_t - \omega)[r + x_i \quad y_i \quad z_i]^{\mathrm{T}} - \\
&\quad [x_{\mathrm{R}} \quad y_{\mathrm{R}} \quad z_{\mathrm{R}}]^{\mathrm{T}} \\
&= \begin{bmatrix} C_\alpha C_\gamma - S_\alpha C_\beta S_\gamma & S_\alpha C_\gamma + C_\alpha C_\beta S_\gamma & S_\beta S_\gamma \\ -C_\alpha S_\gamma - S_\alpha C_\beta C_\gamma & -S_\alpha S_\gamma + C_\alpha C_\beta C_\gamma & S_\beta C_\gamma \\ S_\alpha S_\beta & -C_\alpha S_\beta & C_\beta \end{bmatrix} \begin{bmatrix} r + x_i \\ y_i \\ z_i \end{bmatrix} - \\
&\quad [x_{\mathrm{R}} \quad y_{\mathrm{R}} \quad z_{\mathrm{R}}]^{\mathrm{T}} \\
&= \begin{bmatrix} (C_\alpha C_\gamma - S_\alpha C_\beta S_\gamma)(r + x_i) + (S_\alpha C_\gamma + C_\alpha C_\beta S_\gamma)y_i + S_\beta S_\gamma z_i \\ (-C_\alpha S_\gamma - S_\alpha C_\beta C_\gamma)(r + x_i) + (-S_\alpha S_\gamma + C_\alpha C_\beta C_\gamma)y_i + S_\beta C_\gamma z_i \\ S_\alpha S_\beta(r + x_i) - (C_\alpha S_\beta)y_i + C_\beta z_i \end{bmatrix} - \\
&\quad \begin{bmatrix} (R_{\mathrm{E}} + h_{\mathrm{R}})\cos\theta_{\mathrm{Lat}}\cos\theta_{\mathrm{Long}} \\ (R_{\mathrm{E}} + h_{\mathrm{R}})\cos\theta_{\mathrm{Lat}}\sin\theta_{\mathrm{Long}} \\ (R_{\mathrm{E}} + h_{\mathrm{R}})\sin\theta_{\mathrm{Lat}} \end{bmatrix}
\end{aligned} \tag{3-24}
$$

式中，C_α, S_α——角度 α 的余弦和正弦值，C_β、S_β、C_γ、S_γ 同理。$\alpha = -f_t - \omega$，$\beta = -i$，$\gamma = -(-S_{\mathrm{G}t_0} - n_{\mathrm{E}}t + \Omega)$。

则雷达与卫星各散射点之间的距离可表示为

$$
r_{\text{Dis\_}i} = \sqrt{x_{\text{Obs\_}i}^2 + y_{\text{Obs\_}i}^2 + z_{\text{Obs\_}i}^2} \tag{3-25}
$$

径向速度、径向加速度可通过对 r_{Dis} 进行求导获得，分别可表示为

$$\dot{r}_{\text{Dis}\_i}=\frac{x_{\text{Obs}\_i}\dot{x}_{\text{Obs}\_i}+y_{\text{Obs}\_i}\dot{y}_{\text{Obs}\_i}+z_{\text{Obs}\_i}\dot{z}_{\text{Obs}\_i}}{\sqrt{x_{\text{Obs}\_i}^2+y_{\text{Obs}\_i}^2+z_{\text{Obs}\_i}^2}} \tag{3-26}$$

$$\ddot{r}_{\text{Dis}\_i}=\frac{\dot{x}_{\text{Obs}\_i}^2+x_{\text{Obs}\_i}\ddot{x}_{\text{Obs}\_i}+\dot{y}_{\text{Obs}\_i}^2+y_{\text{Obs}\_i}\ddot{y}_{\text{Obs}\_i}+\dot{z}_{\text{Obs}\_i}^2+z_{\text{Obs}\_i}\ddot{z}_{\text{Obs}\_i}}{\sqrt{x_{\text{Obs}\_i}^2+y_{\text{Obs}\_i}^2+z_{\text{Obs}\_i}^2}}-\frac{(x_{\text{Obs}\_i}\dot{x}_{\text{Obs}\_i}+y_{\text{Obs}\_i}\dot{y}_{\text{Obs}\_i}+z_{\text{Obs}\_i}\dot{z}_{\text{Obs}\_i})^2}{\left(\sqrt{x_{\text{Obs}\_i}^2+y_{\text{Obs}\_i}^2+z_{\text{Obs}\_i}^2}\right)^3} \tag{3-27}$$

式中，

$$\begin{aligned}\dot{x}_{\text{Obs}\_i}=&(\dot{C}_\alpha C_\gamma+C_\alpha\dot{C}_\gamma-\dot{S}_\alpha C_\beta S_\gamma-S_\alpha C_\beta\dot{S}_\gamma)(r+x_i)+(C_\alpha C_\gamma-S_\alpha C_\beta S_\gamma)\dot{r}+\\&(\dot{S}_\alpha C_\gamma+S_\alpha\dot{C}_\gamma+\dot{C}_\alpha C_\beta S_\gamma+C_\alpha C_\beta\dot{S}_\gamma)y_i+S_\beta\dot{S}_\gamma z_i\end{aligned} \tag{3-28}$$

$$\begin{aligned}\dot{y}_{\text{Obs}\_i}=&(-\dot{C}_\alpha S_\gamma-C_\alpha\dot{S}_\gamma-\dot{S}_\alpha C_\beta C_\gamma-S_\alpha C_\beta\dot{C}_\gamma)(r+x_i)+(-C_\alpha S_\gamma-S_\alpha C_\beta C_\gamma)\dot{r}+\\&(-\dot{S}_\alpha S_\gamma-S_\alpha\dot{S}_\gamma+\dot{C}_\alpha C_\beta C_\gamma+C_\alpha C_\beta\dot{C}_\gamma)y_i+S_\beta\dot{C}_\gamma z_i\end{aligned} \tag{3-29}$$

$$\dot{z}_{\text{Obs}\_i}=\dot{S}_\alpha S_\beta(r+x_i)+S_\alpha S_\beta\dot{r}-(\dot{C}_\alpha S_\beta)y_i \tag{3-30}$$

$$\begin{aligned}\ddot{x}_{\text{Obs}\_i}=&2(\dot{C}_\alpha C_\gamma+C_\alpha\dot{C}_\gamma-\dot{S}_\alpha C_\beta S_\gamma-S_\alpha C_\beta\dot{S}_\gamma)\dot{r}+\\&(\ddot{C}_\alpha C_\gamma+2\dot{C}_\alpha\dot{C}_\gamma+C_\alpha\ddot{C}_\gamma-\ddot{S}_\alpha C_\beta S_\gamma-2\dot{S}_\alpha C_\beta\dot{S}_\gamma-S_\alpha C_\beta\ddot{S}_\gamma)(r+x_i)+\\&(C_\alpha C_\gamma-S_\alpha C_\beta S_\gamma)\ddot{r}+(\ddot{S}_\alpha C_\gamma+2\dot{S}_\alpha\dot{C}_\gamma+S_\alpha\ddot{C}_\gamma+\ddot{C}_\alpha C_\beta S_\gamma+\\&2\dot{C}_\alpha C_\beta\dot{S}_\gamma+C_\alpha C_\beta\ddot{S}_\gamma)y_i+S_\beta\ddot{S}_\gamma z_i\end{aligned} \tag{3-31}$$

$$\begin{aligned}\ddot{y}_{\text{Obs}\_i}=&2(-\dot{C}_\alpha S_\gamma-C_\alpha\dot{S}_\gamma-\dot{S}_\alpha C_\beta C_\gamma-S_\alpha C_\beta\dot{C}_\gamma)\dot{r}+\\&(-\ddot{C}_\alpha S_\gamma-2\dot{C}_\alpha\dot{S}_\gamma-C_\alpha\ddot{S}_\gamma-\ddot{S}_\alpha C_\beta C_\gamma-2\dot{S}_\alpha C_\beta\dot{C}_\gamma-S_\alpha C_\beta\ddot{C}_\gamma)(r+x_i)+\\&(-C_\alpha S_\gamma-S_\alpha C_\beta C_\gamma)\ddot{r}+(-\ddot{S}_\alpha S_\gamma-2\dot{S}_\alpha\dot{S}_\gamma-S_\alpha\ddot{S}_\gamma+\ddot{C}_\alpha C_\beta C_\gamma+\\&2\dot{C}_\alpha C_\beta\dot{C}_\gamma+C_\alpha C_\beta\ddot{C}_\gamma)y_i+S_\beta\ddot{C}_\gamma z_i\end{aligned} \tag{3-32}$$

$$\ddot{z}_{\text{Obs}\_i}=2\dot{S}_\alpha S_\beta\dot{r}+\ddot{S}_\alpha S_\beta(r+x_i)+S_\alpha S_\beta\ddot{r}-(\ddot{C}_\alpha S_\beta)y_i \tag{3-33}$$

而

$$\dot{C}_\alpha = S_\alpha \dot{f}_t = S_\alpha \frac{n\,(1+e\cos f)^2}{(\sqrt{1-e^2})^3}, \ddot{C}_\alpha = \dot{S}_\alpha \dot{f}_t + S_\alpha \ddot{f}_t = -C_\alpha \dot{f}_t^2 + S_\alpha \ddot{f}_t \tag{3-34}$$

$$\dot{S}_\alpha = -C_\alpha \dot{f}_t = -C_\alpha \frac{n(1+e\cos f)^2}{(\sqrt{1-e^2})^3}, \ddot{S}_\alpha = -\dot{C}_\alpha \dot{f} - C_\alpha \ddot{f}_t = -S_\alpha \dot{f}_t^2 - C_\alpha \ddot{f}_t \tag{3-35}$$

$$\dot{C}_\gamma = -S_\gamma n_{\mathrm{E}}, \ddot{C}_\gamma = -C_\gamma n_{\mathrm{E}}^2 \tag{3-36}$$

$$\dot{S}_\gamma = C_\gamma n_{\mathrm{E}}, \ddot{S}_\gamma = -S_\gamma n_{\mathrm{E}}^2 \tag{3-37}$$

$$\dot{r} = \frac{ae(1-e^2)}{(1+e\cos f_t)^2}\sin f_t \dot{f}_t,\ \ddot{r} = -\frac{\mu}{r^2} \tag{3-38}$$

$$\ddot{f} = -\frac{2ne(1+e\cos f)\sin f}{(\sqrt{1-e^2})^3}\dot{f}, \dot{f} = \frac{n(1+e\cos f)^2}{(\sqrt{1-e^2})^3} \tag{3-39}$$

其中，式（3-34）、式（3-35）和式（3-39）的推导用到了式（3-22）。

通过式（3-24），可得到任意时刻任意散射点与雷达站的位置矢量；通过式（3-25）~式（3-27），可分别得到散射点相对雷达的距离、速度、加速度值。

3.3.4　双基地 ISAR 回波的脉内多普勒调制及数据生成

空间目标为高速运动目标，当雷达发射信号的时宽带宽积较大时，速度对脉内多普勒的调制不可忽略，在回波信号生成时需要加入脉内多普勒的调制信息。

假设收发双站雷达理想同步。发射站雷达以脉冲重复周期 PRT 发射 LFM 信号，将式（2-7）重写如下：

$$s_t(\hat{t}, t_m) = \mathrm{rect}\left(\frac{\hat{t}}{T_{\mathrm{p}}}\right)\exp\left[\mathrm{j}2\pi\left(f_c t + \frac{1}{2}\mu \hat{t}^2\right)\right] \tag{3-40}$$

设目标上某散射点 P_i 的散射系数为 ρ_i，并假设散射点在目标运动过程中 RCS 恒定。记 t_m 时刻发射的雷达信号到达目标时，散射点 P_i 到发射站和接收站雷达的距离分别为 R_{Tpm} 和 R_{Rpm}，由于在脉冲持续期间目标转动引起的速度很小，因此可忽略目标上任意散射点到雷达的径向速度的微小差异。设目标相对发射站雷达和接收站雷达的径向速度分别为 v_{Tm} 和 v_{Rm}（速度正负定义：目标远离雷达为正，靠近雷达为负），则散射点 P_i 到收发双站的距离、径向速度分别为

$$R_{pm}=R_{Tpm}+R_{Rpm} \tag{3-41}$$

$$v_m=v_{Tm}+v_{Rm} \tag{3-42}$$

设发射站雷达发射某脉冲点的时刻为 $t_m+\tilde{t}$，令发射脉冲到达目标的延迟为 τ_1，脉冲返回接收站雷达的延迟为 τ_2，假定脉冲收发期间目标匀速运动，忽略加速度的影响，则延迟时间满足

$$c\tau_1=R_T(t_m+\tilde{t}+\tau_1)\approx R_{Tpm}+v_{Tm}\tilde{t} \tag{3-43}$$

$$c\tau_2=R_R(t_m+\tilde{t}+\tau_1)\approx R_{Rpm}+v_{Rm}\tilde{t} \tag{3-44}$$

式（3-43）、式（3-44）的近似忽略了脉冲在收发期间加速度对目标各散射点位置的影响。对距离发射站 1500 km 的空间目标，延迟 τ_1 为 5 ms。在此期间（指信号离开发射站到到达目标期间），假设目标的加速度为 100 m/s^2，由此产生的目标位置变化为 0.125 mm，对于波长 3 cm 的回波数据，目标位置变化会使回波中的所有数据相位都增加或减少 1.5°。由于成像期间目标的距离及加速度变化有限，其他各次回波的相位也会变化 1.5°左右，该变化量很小，且是规律的，不会对成像有影响。若发射信号脉宽为 1 ms，在脉冲持续期间，由加速度引起的目标位置变化约为 5×10^{-5} m，位置变化会使回波数据的相位发生不均匀的变化，但由于该距离变化量为波长的 1/600，对回波数据的相位影响也可忽略。因此，回波数据模拟时，目标匀速运动的假设是合理的。

由式（3-43）、式（3-44）可得脉冲点从发射站雷达到达接收站雷达的总延迟时间 τ 为

$$\begin{aligned}\tau&=\tau_1+\tau_2\\&=\frac{R_{Tpm}+v_{Tm}\tilde{t}}{c}+\frac{R_{Rpm}+v_{Rm}\tilde{t}}{c}=\frac{R_{pm}+v_m\tilde{t}}{c}\end{aligned} \tag{3-45}$$

“停－走”模型中，认为脉内的目标静止，相应的时间延迟是固定的，对于高速运动目标，不同发射时刻的回波时间延迟是变化的，致使脉内多普勒的产生。

经时间延迟后，接收站雷达接收到回波的绝对时刻 t 为

$$t = t_m + \tilde{t} + \tau = t_m + \frac{c + v_m}{c}\tilde{t} + \frac{R_{pm}}{c} \tag{3-46}$$

发射脉冲时间 $\tilde{t}$ 的取值范围为$[-T_{\mathrm{p}}/2, T_{\mathrm{p}}/2]$，则雷达接收到回波的起止时间为

$$t_{\mathrm{start}} = t_m - \frac{c + v_m}{c} \cdot \frac{T_{\mathrm{p}}}{2} + \frac{R_{pm}}{c} \tag{3-47}$$

$$t_{\mathrm{end}} = t_m + \frac{c + v_m}{c} \cdot \frac{T_{\mathrm{p}}}{2} + \frac{R_{pm}}{c} \tag{3-48}$$

接收回波的时间长度为

$$t_{\mathrm{length}} = t_{\mathrm{end}} - t_{\mathrm{start}} = \frac{c + v_m}{c} T_{\mathrm{p}} \tag{3-49}$$

令 $\alpha = (c + v_m)/c$，为回波的时间压缩系数。即当目标发射脉冲宽度为 T_{p} 的信号时，由于目标的运动，雷达接收到回波数据的有效时间长度不再是 T_{p}，而是 $\alpha \cdot T_{\mathrm{p}}$。当目标远离雷达时，$\alpha > 1$，有效回波数据长度变长；当目标靠近雷达时，$\alpha < 1$，有效回波数据长度变短。

由于回波采样的绝对时刻 t 已知，由式（3－46）可得发射时刻 $\tilde{t}$ 与接收时刻 t 的关系为

$$\begin{aligned} \tilde{t} &= \frac{c}{c + v_m}(t - t_m) - \frac{R_{pm}}{c + v_m} \\ &= \frac{c}{c + v_m}\hat{t} - \frac{R_{pm}}{c + v_m} \end{aligned} \tag{3-50}$$

将式（3－50）代入式（3－45），可得延迟时间 τ 与回波接收时刻的关系为

$$\begin{aligned} \tau &= \frac{R_{pm}}{c} + \frac{v_m}{c}\left(\frac{c}{c + v_m}\hat{t} - \frac{R_{pm}}{c + v_m}\right) \\ &= \frac{v_m}{c + v_m}\hat{t} + \frac{R_{pm}}{c} - \frac{v_m R_{pm}}{c(c + v_m)} \end{aligned} \tag{3-51}$$

延迟 τ 后的回波数据与本振混频后下变频至中频，得到基带回波信号

$$\begin{aligned} s_{\mathrm{r}}(\hat{t},t_m) &= \rho_i \cdot \mathrm{rect}\left(\frac{\hat{t}-\tau}{T_{\mathrm{p}}}\right) \cdot \exp\left\{\mathrm{j}2\pi\left[-f_{\mathrm{c}}\tau + \frac{1}{2}\mu(\hat{t}-\tau)^2\right]\right\} \\ &= \rho_i \cdot \mathrm{rect}\left\{\left[\hat{t} - \left(\frac{v_m}{c+v_m}\hat{t} + \frac{R_{pm}}{c} - \frac{v_m R_{pm}}{c(c+v_m)}\right)\right]\Big/ T_{\mathrm{p}}\right\} \cdot \\ &\quad \exp\left\{-\mathrm{j}2\pi f_{\mathrm{c}}\left[\frac{v_m}{c+v_m}\hat{t} + \frac{R_{pm}}{c} - \frac{v_m R_{pm}}{c(c+v_m)}\right]\right\} \cdot \\ &\quad \exp\left\{\mathrm{j}\pi\mu\left[\hat{t} - \left(\frac{v_m}{c+v_m}\hat{t} + \frac{R_{pm}}{c} - \frac{v_m R_{pm}}{c(c+v_m)}\right)\right]^2\right\} \end{aligned} \tag{3-52}$$

其中，散射点的距离、速度等信息均可由二体运动模型得到。

3.3.5 双站雷达对目标可视区域的判定

雷达对空间目标探测时，收发双站只有在部分弧段能够观测到目标，下面通过双站雷达与目标的几何关系来确定目标对雷达的可视区域。

不考虑雷达的探测威力，雷达的可视部分是雷达所在地平线以上区域，目标可视区域确定如图 3－5 所示。

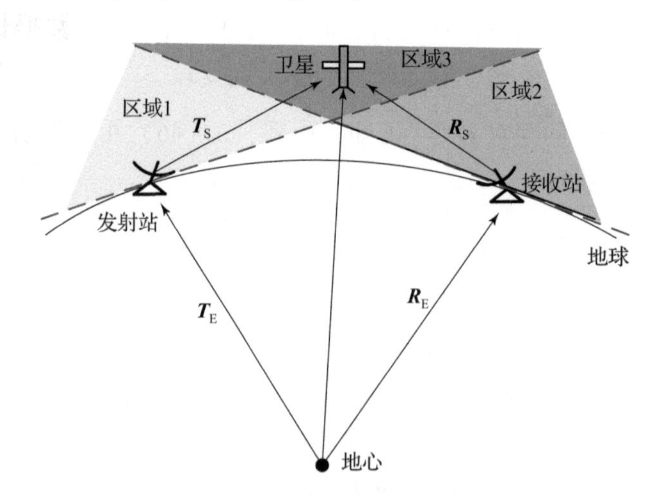

图 3－5 目标可视区域确定示意图

从图 3－5 中可以看出，区域 1 和区域 3 是发射站雷达的可视区域，区

域 2 和区域 3 是接收站的可视区域，区域 3 是收发双站雷达的公共可视区域。设发射站、接收站雷达到目标的位置矢量分别为 $\boldsymbol{T}_{\mathrm{S}}$、$\boldsymbol{R}_{\mathrm{S}}$，地心到发射站、接收站雷达的位置矢量分别为 $\boldsymbol{T}_{\mathrm{E}}$、$\boldsymbol{R}_{\mathrm{E}}$，则目标在发射站视线范围内时，矢量 $\boldsymbol{T}_{\mathrm{S}}$ 和 $\boldsymbol{T}_{\mathrm{E}}$ 的夹角 φ_T 为锐角，即需满足 $\boldsymbol{T}_{\mathrm{S}}$ 和 $\boldsymbol{T}_{\mathrm{E}}$ 的矢量积大于 0，同理，接收站能够看到目标时，$\boldsymbol{R}_{\mathrm{S}}$ 和 $\boldsymbol{R}_{\mathrm{E}}$ 的矢量积也要大于 0，据此矢量关系可以确定双站看到目标的区域，即

$$(\boldsymbol{T}_{\mathrm{E}} \cdot \boldsymbol{T}_{\mathrm{S}} > 0) \cup (\boldsymbol{R}_{\mathrm{E}} \cdot \boldsymbol{R}_{\mathrm{S}} > 0) \tag{3-53}$$

式中，各矢量可通过目标及雷达在地固系下的坐标确定。

3.3.6　基带回波数据生成流程

图 3-6 给出了基于二体运动模型的双基地 ISAR 基带回波数据模拟流程。

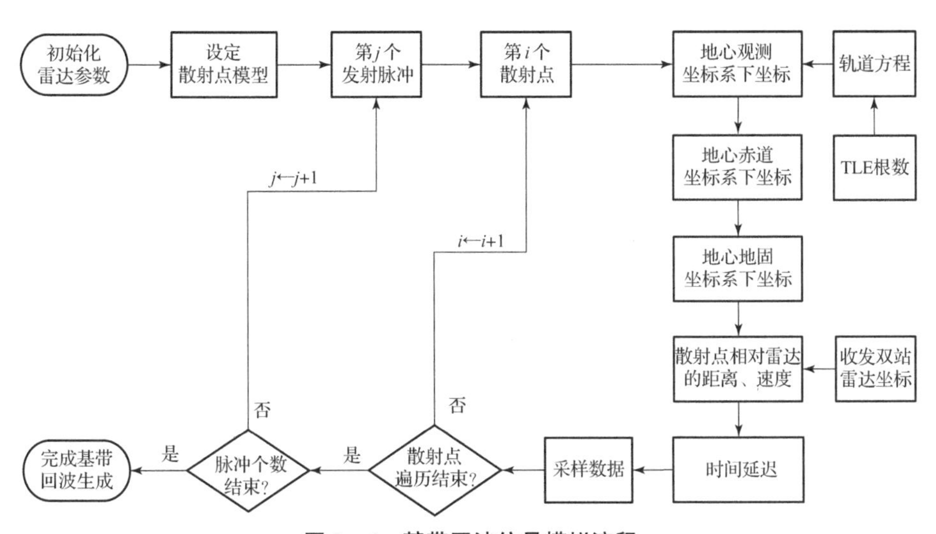

图 3-6　基带回波信号模拟流程

具体实施步骤如下：

第 1 步，初始参数设置。

生成回波数据时，需要设定雷达的基本参数，主要包括：发射信号载波频率 f_{c}、脉冲宽度 T_{p}、脉冲重复周期 PRT、信号带宽 B、快时间采样率 f_{s}、采样波门宽度及生成脉冲个数等。

第 2 步，散射点模型设定。

散射点模型包括散射点坐标及其散射特性，设散射点个数为 N，ρ_i 表示第 i 个散射点的复散射系数，(x_i,y_i,z_i) 为该散射点相对质心在星基坐标系下的三维坐标。

第 3 步，单个散射点的单次脉冲回波产生。

根据 TLE 根数计算电磁波到达目标时刻散射点的轨道位置，将其转换到地固坐标系下，并由收发双站雷达的位置（该位置是在地固坐标系下确定的），计算散射点到发射站、接收站及双站的距离和速度，并根据式（3－51）确定快时间采样对应的时间延迟，再根据式（3－52）得到采样时刻的回波数据。

第 4 步，整个散射点模型的单次脉冲回波产生。

重复第 3 步，将其他散射点遍历，再将每个散射点的回波数据累加，得到整个散射点模型的单次脉冲回波。

第 5 步，散射点模型的多次脉冲回波产生。

重复第 3 步、第 4 步，直到积累所需脉冲个数的回波。

3.4 空间目标双基地 ISAR 回波的脉内速度补偿

本节针对空间高速运动目标的双基地 ISAR 成像问题，介绍基于相位补偿的速度补偿算法。首先，根据双基地 ISAR 回波模型定量分析高速运动对脉冲压缩性能的影响；然后，通过构造相位补偿项完成对回波数据的速度补偿，并将在 3.5 节进行速度补偿的算法验证。

3.4.1 高速运动目标双基地 ISAR 回波模型

参考前文的基带回波模拟过程，式（3－52）给出了目标在高速运动情况下的双基地 ISAR 基带回波信号表示，令

$$\tau_{\mathrm{d}m1} = \frac{R_{pm}}{c} - \frac{v_m R_{pm}}{c(c+v_m)} \tag{3-54}$$

则式（3-52）可表示为

$$s_{\mathrm{r}}(\hat{t},t_m) = \rho_i \cdot \mathrm{rect}\left\{\left[\hat{t} - \left(\frac{v_m}{c+v_m}\hat{t} + \tau_{\mathrm{d}m1}\right)\right]\Big/ T_p\right\} \cdot \exp\left\{\mathrm{j}2\pi\left[-f_{\mathrm{c}}\left(\frac{v_m}{c+v_m}\hat{t} + \tau_{\mathrm{d}m1}\right) + \frac{1}{2}\mu\left(\hat{t} - \left(\frac{v_m}{c+v_m}\hat{t} + \tau_{\mathrm{d}m1}\right)\right)^2\right]\right\} \tag{3-55}$$

整理可得

$$s_{\mathrm{r}}(\hat{t},t_m) = \rho_i \cdot \mathrm{rect}\left\{\left[\hat{t} - \left(\frac{v_m}{c+v_m}\hat{t} + \tau_{\mathrm{d}m1}\right)\right]\Big/ T_{\mathrm{p}}\right\} \cdot \exp\left[-\mathrm{j}2\pi f_{\mathrm{c}}\left(\frac{v_m}{c+v_m}\hat{t} + \tau_{\mathrm{d}m1}\right)\right] \cdot \exp\left\{\mathrm{j}2\pi\left[\frac{1}{2}\mu\left(\frac{c}{c+v_m}\right)^2\hat{t}^2 - \mu\frac{c}{c+v_m}\tau_{\mathrm{d}m1}\hat{t} + \frac{1}{2}\mu\tau_{\mathrm{d}m1}^2\right]\right\} \tag{3-56}$$

可以看出，受脉内多普勒的调制，回波的调频斜率发生了变化，新的调频斜率 μ' 为

$$\mu' = \mu\left(\frac{c}{c+v_m}\right)^2 \tag{3-57}$$

当目标速度较小时，由此引起的调频率变化可以忽略，可直接匹配滤波实现距离向的高分辨。但当目标速度较大时，受高次项的影响，如果直接进行匹配滤波实现脉冲压缩，散射点对应的谱线就会被调制展宽。空间目标运动速度较大，高速运动会影响脉冲压缩效果，3.4.2 节就高速对脉冲压缩的影响进行定量分析。

3.4.2 高速运动对脉冲压缩性能的影响分析

从式（3-56）可知，高速运动目标回波的调频斜率发生变化，此时用于脉冲压缩的匹配滤波器失配。一般用三个参数描述 LFM 信号的匹配滤波器，即脉冲宽度、中心频率和调频斜率[129]。其中，影响最为严重的是

调频斜率的误差，其失配误差会引起滤波器的失配，导致冲击响应宽度（impulse response width，IRW，又称主瓣宽度）展宽、旁瓣增大、积分旁瓣比（integral sidelobe ratio，ISLR）升高[129]。

式（3-56）中的一次项会导致脉冲压缩结果在距离向的平移，即产生距离像的位置畸变，不会影响脉冲压缩效果。位置畸变量 R_{dist} 可表示为

$$R_{\text{dist}} = v_m f_c / \mu \tag{3-58}$$

为直观分析 IRW 展宽，工程上常用参数二次相位误差（quadratic phase error，QPE）来定量描述给定窗下 LFM 信号展宽性质。QPE 的定义如下：当存在调频率误差 $\Delta\mu$ 时，信号与匹配滤波器有一定的相位误差，不考虑可能存在的常数相位偏移，则 QPE 为信号相位相对失配量的最大值（两端处最大）[129,135]。在此定义下，LFM 信号的 QPE 为

$$\text{QPE} = \pi \Delta\mu \left(\frac{T_{\text{p}}}{2}\right)^2 \tag{3-59}$$

式中，$\Delta\mu$——调频率误差，$\Delta\mu = \mu' - \mu$。此时，

$$\text{QPE} = \pi(\mu' - \mu)\left(\frac{T_{\text{p}}}{2}\right)^2 = -\pi \frac{(2c + v_m)v_m}{(c + v_m)^2}\mu\left(\frac{T_{\text{p}}}{2}\right)^2 \tag{3-60}$$

图 3-7 所示为 $\beta = 2.5$ 的典型 Kaiser 窗下 IRW 展宽、ISLR 随 |QPE| 的变化情况，β 为用于调整窗函数性能的参数。为保证脉冲压缩效果，一般要求 |QPE| < 0.4π，此时 IRW 展宽不超过 5%。

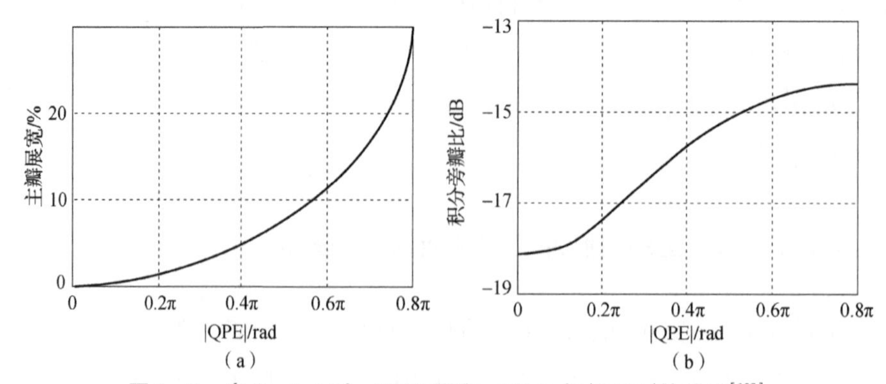

图 3-7　当 β = 2.5 时，IRW 展宽、ISLR 与 |QPE| 的关系[129]

（a）IRW 展宽；（b）ISLR

表 3－1 所示为低轨空间目标典型运动参数。结合表 3－1 中的轨道参数，表 3－2 给出了不同雷达参数对应的 QPE 值。

表 3－1　低轨空间目标典型运动参数

目标到收发双站的距离	双程径向速度	相对发射站径向速度	相对接收站径向速度
1000 km	10 km/s	5 km/s	5 km/s

表 3－2　不同雷达参数对应的 QPE

载波频率/GHz	带宽/GHz	脉冲宽度/μs	QPE/rad
10	1	50	－0. 83π
10	1	100	－1. 67π
10	1	200	－3. 33π
20	2	50	－1. 67π
20	2	100	－3. 33π
20	2	200	－6. 67π

从表 3－2 可以看出，QPE 参数与脉冲宽度 T_{p}、带宽 B 直接相关；并且，在双程径向速度为 10 km/s 时，宽带信号的 |QPE| 一般都远远大于容限值 0. 4π。因此，有必要对空间目标进行速度补偿。由于 $v_m \ll c$，因此式（3－60）可简化为

$$|\mathrm{QPE}| \approx \frac{v_m}{2c} \cdot P_{\mathrm{TB}} \cdot \pi \qquad (3-61)$$

式中，P_{TB}——线性调频信号的时宽带宽积（time－bandwidth product，TBP），$P_{\mathrm{TB}} = T_{\mathrm{p}} B$。

令 |QPE| ＜0. 4π，可得速度容限值为

$$v_m < \frac{0.8c}{\mathrm{TBP}} \qquad (3-62)$$

图 3－8 给出了不同 TBP 对应的速度容限值，对于 TBP＝10^5 的宽带成

像雷达，当双程径向速度小于 2.4 km/s 时，可不考虑脉内多普勒对脉冲压缩性能的影响，而一般的空间目标速度很大，多数情况难以满足该速度要求，需要对其进行补偿。

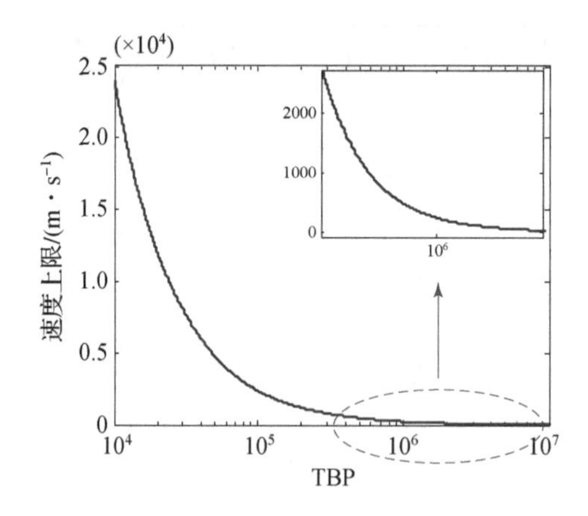

图 3-8　不同时宽带宽积对应的速度上限

3.4.3　双基地 ISAR 脉内速度补偿

为了消除脉内多普勒的影响，需要对受到脉内多普勒调制的基带回波信号进行补偿，使其补偿后转换为“停-走”模型。

由调制的基带回波式，令

$$\tau_{\mathrm{d}m} = \frac{v_m}{c+v_m}\hat{t} - \frac{v_m R_{pm}}{c(c+v_m)} \tag{3-63}$$

则回波延迟 τ 根据式（3-51）可写为

$$\tau = \frac{R_{pm}}{c} + \tau_{\mathrm{d}m} \tag{3-64}$$

结合式（3-64），整理式（3-52）可得

$$s_{\mathrm{r}}(\hat{t},t_m) = \rho_i \cdot \mathrm{rect}\left\{\left[\hat{t} - \left(\frac{R_{pm}}{c} + \tau_{\mathrm{d}m}\right)\right]\Big/ T_{\mathrm{p}}\right\}\exp\left\{\mathrm{j}2\pi\left[-f_{\mathrm{c}}\frac{R_{pm}}{c} + \frac{1}{2}\mu\left(\hat{t} - \frac{R_{pm}}{c}\right)^2\right]\right\} \cdot$$
$$\exp\left\{\mathrm{j}2\pi\left[-f_{\mathrm{c}}\tau_{\mathrm{d}m} - \mu\left(\hat{t} - \frac{R_{pm}}{c}\right)\tau_{\mathrm{d}m} + \frac{1}{2}\mu\tau_{\mathrm{d}m}^2\right]\right\} \tag{3-65}$$

对于式（3－65），令

$$\varphi_1 = \exp\left\{ j2\pi\left[-f_c \frac{R_{pm}}{c} + \frac{1}{2}\mu\left(\hat{t} - \frac{R_{pm}}{c}\right)^2 \right]\right\} \tag{3-66}$$

$$\varphi_2 = \exp\left\{ j2\pi\left[-f_c \tau_{dm} - \mu\left(\hat{t} - \frac{R_{pm}}{c}\right)\tau_{dm} + \frac{1}{2}\mu\tau_{dm}^2 \right]\right\} \tag{3-67}$$

则 φ_1 是“停－走”模型回波相位，φ_2 为目标高速运动引起的附加相位项，正是该相位项，引起了回波脉内多普勒。要完成速度补偿，就需要构造补偿相位项，以抵消高速运动引起的附加相位，则构造的补偿相位项为

$$\varphi_{comp} = \exp\left\{ j2\pi\left[f_c \tau_{dm} + \mu\left(\hat{t} - \frac{R_{pm}}{c}\right)\tau_{dm} - \frac{1}{2}\mu\tau_{dm}^2 \right]\right\} \tag{3-68}$$

理论上，τ_{dm}项与每个散射点到收发双站雷达的距离有关。由于目标上各散射点的转动速度很小，与目标质心所产生的脉内多普勒效应可看作一样的，因此在实际速度补偿时，对整个目标来说，均可用目标中心的距离和速度信息进行，这些参数可通过目标的精轨数据获得。

经过速度补偿后，基带回波数据可表示为

$$s_{rb}(\hat{t}, t_m) = \rho_i \cdot \mathrm{rect}\left\{ \left[\hat{t} - \left(\frac{R_{pm}}{c} + \tau_{dm}\right)\right] \Big/ T_p \right\} \exp\left\{ j2\pi\left[-f_c \frac{R_{pm}}{c} + \frac{1}{2}\mu\left(\hat{t} - \frac{R_{pm}}{c}\right)^2 \right]\right\} \tag{3-69}$$

此时，回波数据满足理想的“停－走”模型，通过成像算法对回波处理，即可得到ISAR图像。

3.5 仿真实验及结果分析

本节的仿真实验主要验证以下三方面内容：

（1）验证目标轨道是否与实际运行轨道相符。

（2）验证所生成基带回波数据的正确性。

（3）验证脉内速度补偿算法的正确性。

其中，内容（1）在 3.5.1 节进行验证，内容（2）和（3）在 3.5.2 节进行验证。

3.5.1 二体运动模型的仿真验证

为验证基于二体运动模型轨道外推方法的正确性，设置收发双站雷达位置参数如表 3－3 所示，收发双站基线长度约为 1350 km。

表 3－3 收发双站雷达位置参数

雷达站	城市名称	地理纬度	地理经度	海拔
发射站	A	北纬 × 度	东经 × 度	0 m
接收站	B	北纬 × 度	东经 × 度	0 m

所采用的轨道根数为国际空间站在 2013 年 1 月 21 日由 Space－track 公布的 TLE 根数，如表 3－4 所示，其历元初始时刻为 2013 年 1 月 21 日 18：13：48.07（UTC 国际时间）。

表 3－4 国际空间站 TLE 根数（2013 年 1 月 21 日）

1	25544U	98067A	13021.75958419	.00013915	00000－0	23338－3 0	9996
2	25544	051.6478	115.7284	0013848	183.7001	291.4373	15.52017376811966

由于真实的目标运动轨迹未知，这里将 SGP4 模型产生的轨道数据作为参照数据，与本节的二体运动轨道数据进行对比，可以反映二体运动模型的准确程度。

首先在地心位置观测卫星的运动情况，二体运动模型与 SGP4 模型的仿真结果如图 3－9 所示，仿真时间为从历元时刻外推 2×10^4 s。其中，图 3－9（a）所示为两种模型产生的地心到卫星的距离变化规律，从曲线上可以看出，在仿真的近 4 个运行周期内，卫星与地球质心的距离在做正弦变化，可见，卫星在做椭圆运动，这与卫星绕地运行的规律相一致；图

3－9（b）所示为两种模型的距离误差，可以看出距离误差在 ±2 km 以内，该误差相对地心到卫星的距离是微乎其微的。

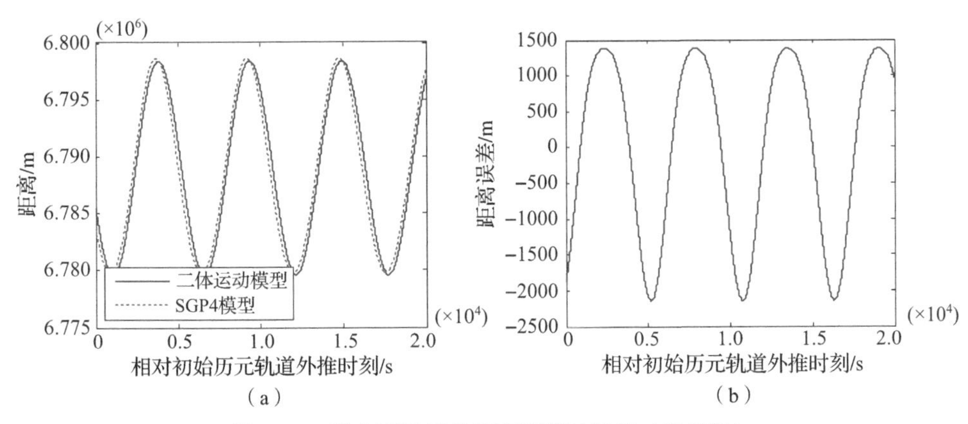

图 3－9　地心到卫星的距离变化及误差（附彩图）

（a）地心到卫星距离；（b）二体运动模型与 SGP4 模型误差

图 3－10（a）~（c）所示分别为二体运动模型与 SGP4 模型得到的发射站、接收站及收发双站到卫星的距离，两种模型得到的距离曲线很吻合，说明二体运动模型能够反映卫星在空间的运动特性。根据式（3－53），图 3－10（d）给出了目标绕地球运动期间，单一雷达站对目标的可视区域以及双站雷达对目标的共同可视区域，可以看出，目标运动过程中，只有一小部分区域对收发双站雷达是可视的。

图 3－11 给出了二体运动模型与 SGP4 模型的距离绝对误差及其相对百分比。从图 3－11（a）可以看出，二体运动模型与 SGP4 模型的轨道误差很小，距离的绝对误差在 10 km 量级，该误差主要由二体运动模型与 SGP4 模型之间的模型差异引入；同时，距离误差是周期振荡的，由于二体运动模型中忽略了轨道根数的长期项，因此误差幅度随着外推时间的增加而逐渐变大。图 3－11（b）以 SGP4 模型的距离作为参考，给出了二体运动模型的相对误差，在相对初始历元时刻的 3 小时内，其相对误差不到 1%，在相对初始历元的 5 小时内，其相对误差不超过 5%；相对误差也是周期变化的，随着时间的外推，峰值幅度变化趋势增大。

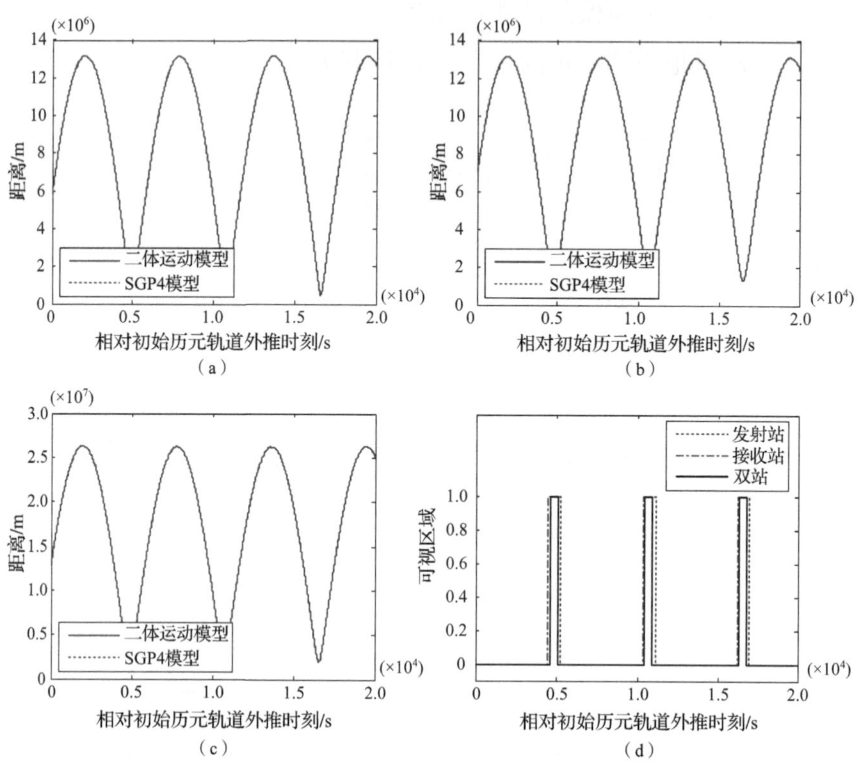

图 3-10　二体运动模型与 SGP4 模型随外推时刻的距离变化（附彩图）

(a) 发射站到卫星的距离；(b) 接收站到卫星的距离；

(c) 收发双站到卫星的距离和；(d) 目标对收发站雷达的可视区域

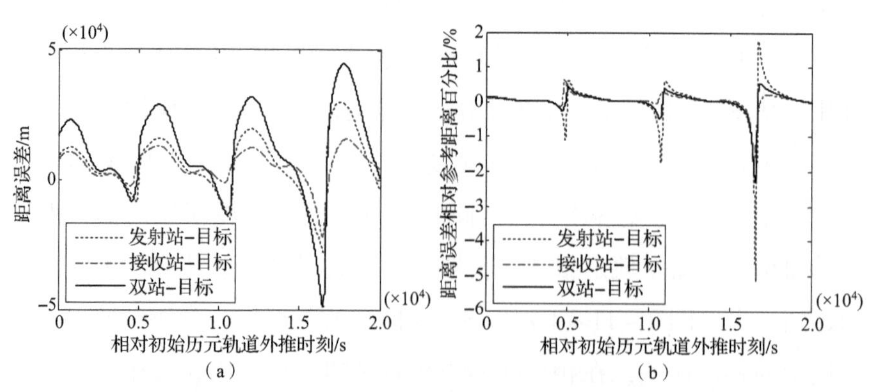

图 3-11　二体运动模型与 SGP4 模型距离误差及其相对参考距离百分比（附彩图）

(a) 二体运动模型与 SGP4 模型距离误差；(b) 距离误差相对参考距离百分比

从仿真情况来看，二体运动模型是存在误差的，但相对空间目标来说，该相对误差很小，完全能够反映卫星的运动特性。由于建立轨道模型的目的在于仿真分析卫星在轨运行及接近收发站的特点，而非获得任意时刻的精确卫星轨道值，因此采用二体运动模型计算卫星轨道是可行的。

3.5.2　基带回波数据生成及速度补偿的仿真验证

成像仿真时，雷达发射站和接收站分别放置于城市 A 和城市 B，轨道根数仍采用表 3－4 所示的 TLE 根数。图 3－10（d）给出了两者对目标的可视区域范围，从初始历元开始的 4645～5090 s 都是可视的。选择观测期间两个轨道段进行成像仿真，所选两个成像段起始时刻相对初始历元时刻的时间分别为 4750 s 和 4900 s，仿真场景及成像段如图 3－12 所示，仿真雷达参数及成像参数如表 3－5 所示。散射点模型及其俯视图如图 3－13 所示，该模型是在星基坐标系下建立的三维空间站模型，用该模型分别对两个轨道段进行成像。

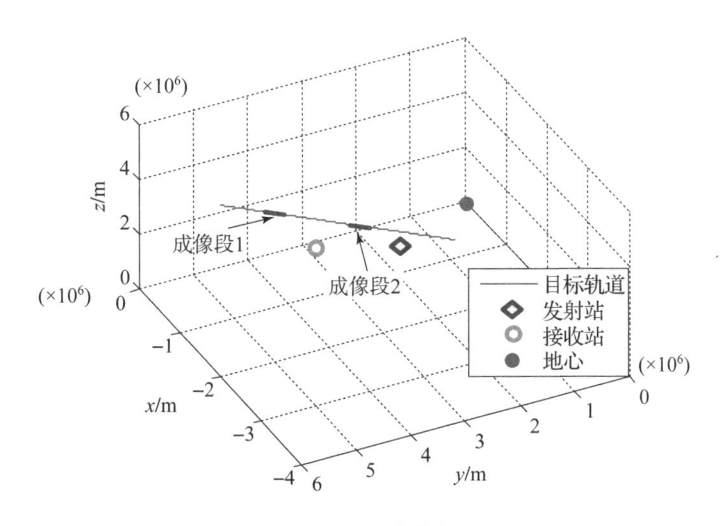

图 3－12　仿真场景及成像段（附彩图）

表 3－5 仿真雷达参数及成像参数

参数	参数值	参数	参数值	参数	参数值	
					成像段 1	成像段 2
载频/GHz	10	脉冲重复频率/Hz	50	平均双基地角/(°)	56.5	87.9
带宽/GHz	1	累积脉冲个数	512	累积转角/(°)	2.86	3.11
脉冲宽度/μs	200	包络对齐方法	最大互相关	距离分辨率/m	0.170	0.208
采样率/GHz	1.25	相位校正方法	多特显点	方位分辨率/m	0.340	0.384

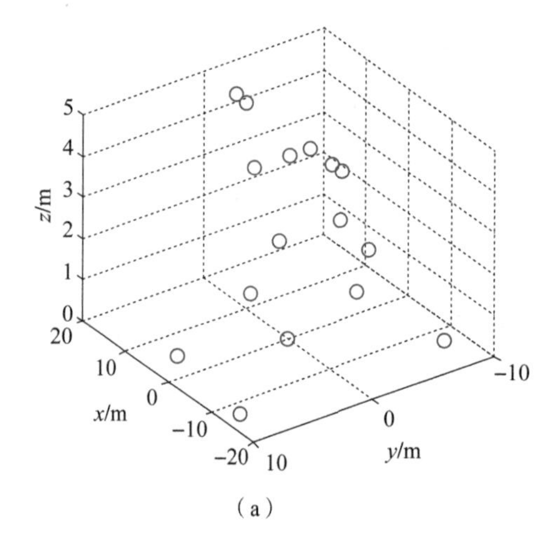

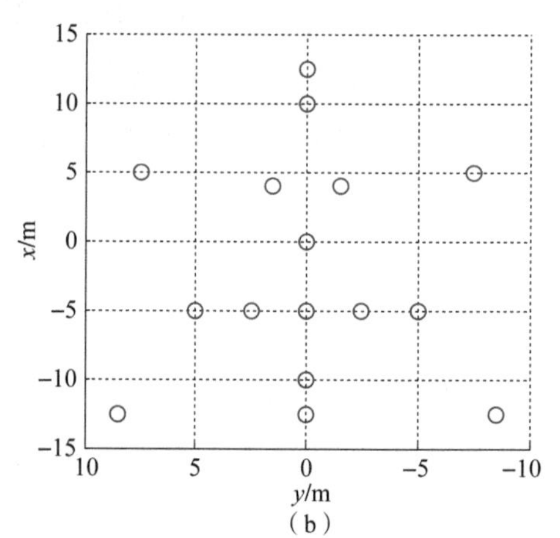

图 3－13 散射点模型及其俯视图（星基坐标系下）

(a) 散射点模型；(b) 俯视图

由于脉压性能受脉内速度的影响，图 3－14 给出了两个成像段目标相对收发双站的径向速度变化曲线。可以看出，成像段 1 对应的双程径向速度为 $-8370 \sim -7710$ m/s，对应的 QPE 值是 $-2.79\pi \sim -2.57\pi$，成像段 2 对应的双程径向速度为 $430 \sim 990$ m/s，对应的 QPE 值是 $0.14\pi \sim 0.33\pi$。由前文分析知道，$|\mathrm{QPE}| < 0.4\pi$ 时，对脉冲压缩性能的影响可忽略，即成像段 2 的脉内速度影响较小，但为保证成像质量，成像段 1 在脉冲压缩前必须进行脉内速度补偿。

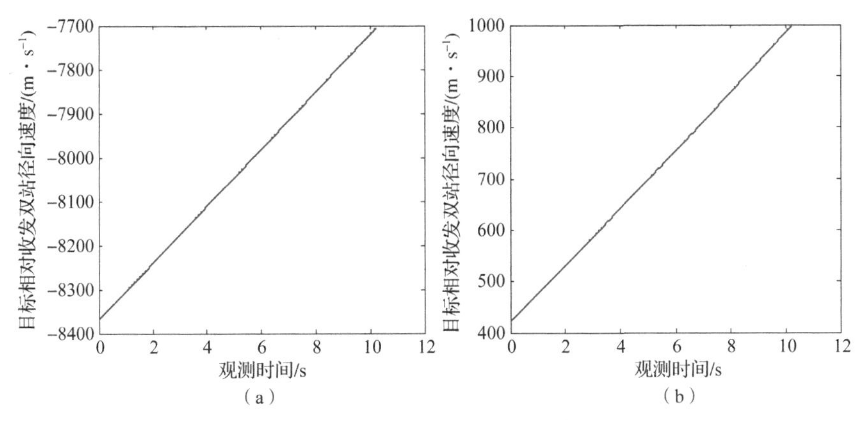

(a)　　　　(b)

图3-14　成像期间速度变化曲线

(a) 成像段1；(b) 成像段2

图3-15所示为成像段1首个脉冲速度补偿前后的脉压结果对比。图3-15（a）由于未进行速度补偿，较图3-15（b）存在较大幅度的主瓣展宽和峰值幅度下降现象。经过速度补偿后，脉压后的波形明显尖锐，这样更容易实现目标的分辨，并且脉压峰值位置发生了变化，位置畸变大小为16.72 m，这与通过式（3-58）的理论计算得到的结果吻合，并且速度补偿后目标质心峰值定标结果与目标到雷达的实际距离相同，即速度补偿校正了图像的位置畸变。

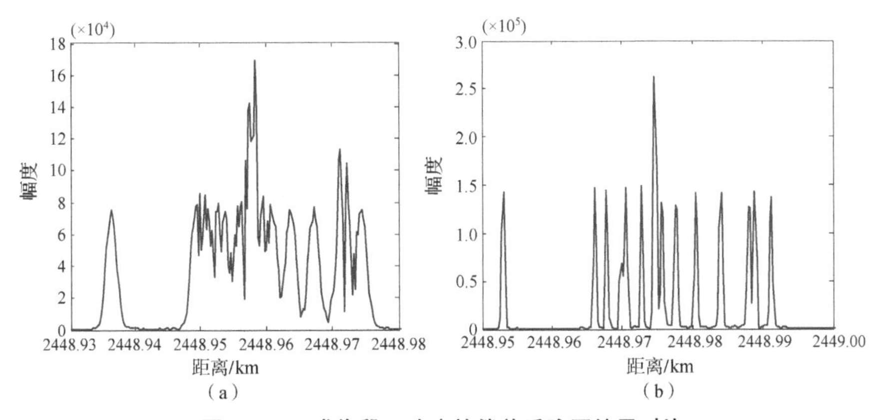

(a)　　　　(b)

图3-15　成像段1速度补偿前后脉压结果对比

(a) 成像段1速度补偿前脉压结果；(b) 成像段1速度补偿后脉压结果

图 3－16 所示为成像段 2 首个脉冲速度补偿前后的脉压结果对比。图 3－16（a）和图 3－16（b）的差异并不大，这是因为该成像段双程径向速度较小，信号失配对脉压性能的影响也很小，位置畸变量只有 0.84 m，这与 3.4 节的理论分析相吻合。

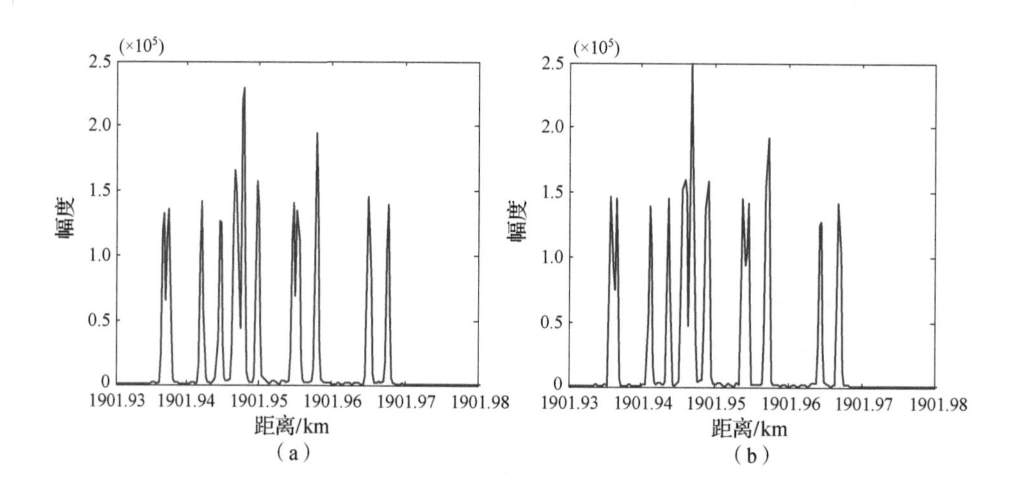

（a）　　（b）

图 3－16　成像段 2 速度补偿前后脉压结果对比

（a）成像段 2 速度补偿前脉压结果；（b）成像段 2 速度补偿后脉压结果

图 3－17 所示为成像段 1 速度补偿前后的 ISAR 成像结果。图 3－17（a）是未经过速度补偿的 ISAR 成像结果，该图像质量很差、散焦严重，不利于后续的目标识别；经过速度补偿后，图 3－17（b）聚焦效果明显，很好地恢复了目标的原始形状。图 3－18 所示为成像段 2 速度补偿前后的 ISAR 成像结果，两幅图像的质量几乎没有差异，这是因为该成像段目标相对收发双站雷达的径向速度小，对成像结果影响也很小。

为了定量分析速度补偿算法的效果，表 3－6 统计了两个成像段速度补偿前后散射点的距离向和方位向 3 dB 主瓣宽度及图像对比度。其中，图像对比度是评价图像聚焦程度的指标，其定义为图像幅度 $\mathrm{ISAR}(\hat{t},f_{\mathrm{d}})$ 的标准偏差和平均值的比值[136]：

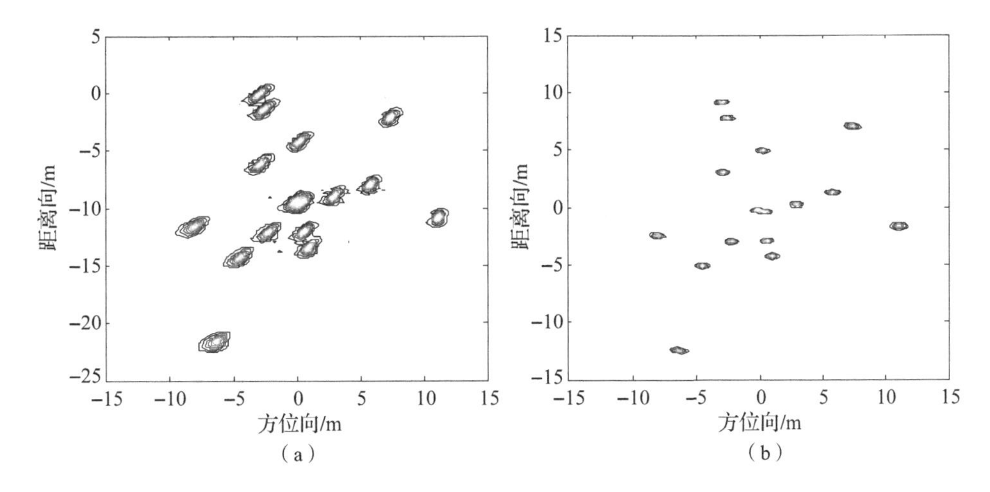

图 3－17　成像段 1 速度补偿前后 ISAR 成像结果对比（附彩图）

（a）成像段 1 速度补偿前 ISAR 成像结果；（b）成像段 1 速度补偿后 ISAR 成像结果

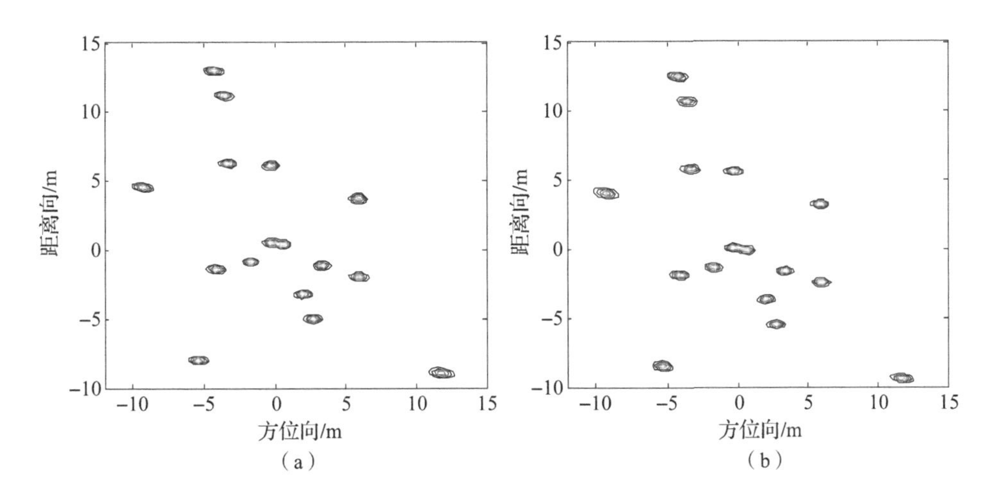

图 3－18　成像段 2 速度补偿前后 ISAR 成像结果对比（附彩图）

（a）成像段 2 速度补偿前 ISAR 成像结果；（b）成像段 2 速度补偿后 ISAR 成像结果

$$C=\frac{\sqrt{A((|\mathrm{ISAR}(\hat{t},f_{\mathrm{d}})|-A(|\mathrm{ISAR}(\hat{t},f_{\mathrm{d}})|))^{2})}}{A(|\mathrm{ISAR}(\hat{t},f_{\mathrm{d}})|)} \tag{3-70}$$

式中，$\mathrm{ISAR}(\hat{t},\ f_{\mathrm{d}})$ ——图像的复幅度；

$A(\cdot)$ ——取平均操作。

表 3-6　散射点距离向、方位向 3 dB 主瓣宽度及图像对比度统计

性能参数	成像段 1		成像段 2	
	速度补偿前	速度补偿后	速度补偿前	速度补偿后
距离向 3 dB 宽度/m	0.586	0.231	0.287	0.280
方位向 3 dB 宽度/m	0.719	0.460	0.538	0.526
图像对比度	13.5	33.8	30.2	31.2

从表 3-6 可以看出，成像段 1 在速度补偿前，散射点的距离向 3 dB 宽度是其理论分辨率（参见表 3-5）的 3.4 倍，方位向 3 dB 宽度是理论方位分辨率的 2.1 倍，经过速度补偿，图像中散射点的距离向和方位向 3 dB宽度分别是理论距离、方位分辨率的 1.36 倍和 1.35 倍，考虑到成像时距离向和方位向加入的 Hamming 窗会使散射点主瓣 3 dB 宽度展宽 30%，加之距离图像中心较远的散射点存在一定的越分辨单元徙动现象，影响主瓣宽度，因此，速度补偿后散射点主瓣宽度与理论上是吻合的。对于成像段 2，速度补偿前后散射点 3 dB 主瓣宽度无明显变化，距离向和方位向 3 dB主瓣宽度均是其理论分辨率的 1.35～1.38 倍，35%～38% 的主瓣展宽是由于窗函数和轻微的越分辨单元徙动引起的。同时，从图像对比度上也反映了速度补偿的效果。

对比图 3-13 的散射点模型可知，图 3-17（b）、图 3-18（b）所示的 ISAR 二维图像都恢复出了目标的形状特征，说明了本章所提的基带回波模拟方案的正确性。同时，对不同的成像段，由于雷达视角不同及目标姿态变化，因此成像结果是不同的。实际空间目标成像时也是这样，不同的成像段对应不同的雷达观测视角和目标姿态，这也进一步表明了本章基于二体运动模型的空间目标双基地 ISAR 回波模拟的正确性。

综合仿真结果可以看出，通过对基于二体运动的空间目标基带回波模拟数据的处理，能够得到反映散射点模型散射特性的双基地 ISAR 二维图像，表明该基带回波模拟方法是可行的，同时仿真结果也说明了本书对脉内速度补偿理论分析的正确性及速度补偿算法的有效性。

3.6 小　　结

本章结合三轴稳定空间目标双基地 ISAR 成像的需要，在三维空间建模，介绍了基于二体运动模型的双基地 ISAR 回波模拟方法，实现了空间目标的精确成像。通过仿真对比，二体运动模型得到的轨道精度虽然低于 SGP4 模型，但二体运动模型得到了空间目标在轨运动的解析解，有利于今后分析各参数对空间目标成像的影响，以及对成像算法的调整。由于建立轨道模型的目的在于仿真分析卫星在轨运行及接近收发站的特点，而非获得任意时刻的精确卫星轨道值，因此采用二体运动模型计算卫星轨道是可行的。该回波模拟的成像结果能够很好地反映目标的运动特性及姿态变化，对成像试验的实施具有重要的指导意义。

此外，针对双基地 ISAR 高速运动目标的脉内速度补偿问题，本章介绍了基于相位补偿的速度补偿算法。仿真结果及定量分析表明，速度补偿算法能够消除速度引起的一维距离像主瓣展宽和位置畸变，从而得到高质量的 ISAR 二维图像。

3.6 小结

第4章 空间目标双基地 ISAR 成像平面空变特性

4.1 引　言

成像平面是成像时目标所映射的平面，成像平面的确定是 ISAR 成像的基本问题。RD 成像算法以距离 - 多普勒原理实现散射点的二维分辨，单基地 ISAR 成像的距离轴为雷达视线方向，双基地 ISAR 成像的距离轴为双基地角平分线方向，单/双基地 ISAR 的方位向需根据转动多普勒的投影方向确定，由距离向和多普勒向共同确定瞬时成像平面。成像期间，双基地 ISAR 的瞬时成像平面可能是变化的，这会引起目标上散射点投影位置的变化，进而影响成像质量。为了得到高质量的 ISAR 图像，需要选择空变性较小的轨道段进行成像，或者进行自聚焦处理，消除成像平面变化对成像质量的不利影响，因此对成像平面的分析也是成像轨道段选择和后续数据处理的依据。目前，对成像平面及其空变特性的研究还很少。文献[87]通过矢量合成的方法确定了双基地 ISAR 的成像平面，但目标运动模型仅限于平稳运动，其未针对目标的姿稳转动特性分析研究，具有局限性，且没有考虑成像期间成像平面空变对成像质量的影响。而且，目前还没有公开文献涉及成像平面空变特性的研究。

基于此，本章针对三轴稳定空间目标，介绍双基地 ISAR 成像平面的确定方法，并分析成像平面的空变特性及其对成像质量的影响。成像平面空变特性对空间目标成像时轨道段的选择具有重要意义，也为后续的数据处理和补偿算法的实施提供依据。

4.2 三轴稳定空间目标双基地 ISAR 成像平面确定

ISAR 利用距离－多普勒原理成像时，雷达通过发射宽带 LFM 信号获得目标的距离向高分辨，通过多普勒分析获得方位向高分辨，距离向和多普勒向共同构成成像平面，ISAR 成像结果是实际目标在成像平面的映射显示。本节将首先分析双基地 ISAR 转台模型的成像平面；然后，针对三轴稳定空间目标实际，对这类既有旋转运动又有平稳运动的目标进行研究，给出其成像平面的确定方法。

4.2.1 双基地转台模型下的 ISAR 成像平面确定

双基地转台模型下的 ISAR 成像平面几何关系如图 4－1 所示。以目标中心为原点 O，构建空间右手直角坐标系 xyz。其中，x 轴由目标中心指向发射站；y 轴在双基地平面内，与 x 轴垂直；z 轴与 x 轴、y 轴构成右手坐标系；目标在 xyz 坐标系中绕原点 O 旋转，其实际旋转矢量为 $\boldsymbol{\omega}_{\Sigma}$。记 $\hat{\boldsymbol{R}}_{\mathrm{T}}$ 为发射站雷达视线方向的单位矢量，即 x 轴的单位矢量；$\hat{\boldsymbol{R}}_{\mathrm{R}}$ 为接收站雷达视线方向的单位矢量。

对目标上的某散射点 A，其位置矢量为 $\boldsymbol{r}$，散射点 A 因目标转动而产生的速度矢量 $\boldsymbol{V}$ 为

$$\boldsymbol{V}=\boldsymbol{\omega}_{\Sigma}\times\boldsymbol{r} \tag{4-1}$$

双基地 ISAR 中，目标各散射点转动产生的多普勒为散射点相对发射站与接收站的多普勒之和，即散射点相对收发双站产生的多普勒为

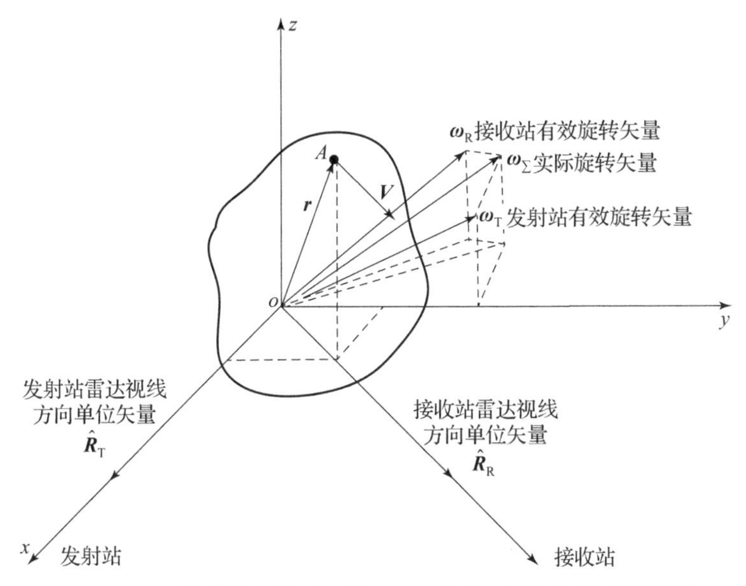

图 4 –1　双基地转台模型下的 ISAR 成像平面几何关系示意图

$$f_d = -\frac{f_c}{c}(\boldsymbol{V}\cdot\hat{\boldsymbol{R}}_T + \boldsymbol{V}\cdot\hat{\boldsymbol{R}}_R) \tag{4-2}$$

式中，f_d——散射点相对收发双站产生的多普勒；

f_c——雷达发射信号载频。

将式（4 –1）代入式（4 –2），并由混合积公式（$\boldsymbol{a}\times\boldsymbol{b}$）·$\boldsymbol{c}=\boldsymbol{a}$·（$\boldsymbol{b}\times\boldsymbol{c}$），可得

$$\begin{aligned} f_d &= \frac{f_c}{c}[(\boldsymbol{r}\times\boldsymbol{\omega}_\Sigma)\cdot\hat{\boldsymbol{R}}_T + (\boldsymbol{r}\times\boldsymbol{\omega}_\Sigma)\cdot\hat{\boldsymbol{R}}_R] \\ &= -\frac{f_c}{c}\boldsymbol{r}\cdot(\hat{\boldsymbol{R}}_T\times\boldsymbol{\omega}_\Sigma + \hat{\boldsymbol{R}}_R\times\boldsymbol{\omega}_\Sigma) \end{aligned} \tag{4-3}$$

设实际旋转矢量 $\boldsymbol{\omega}_\Sigma$ 在发射站雷达视线正交面、接收站雷达视线正交面的投影分别为 $\boldsymbol{\omega}_T$、$\boldsymbol{\omega}_R$，则

$$\hat{\boldsymbol{R}}_T\times\boldsymbol{\omega}_\Sigma = \hat{\boldsymbol{R}}_T\times\boldsymbol{\omega}_T,\ \hat{\boldsymbol{R}}_R\times\boldsymbol{\omega}_\Sigma = \hat{\boldsymbol{R}}_R\times\boldsymbol{\omega}_R \tag{4-4}$$

将式（4 –4）代入式（4 –3），可得

$$f_d = -\frac{f_c}{c}\boldsymbol{r}\cdot(\hat{\boldsymbol{R}}_T\times\boldsymbol{\omega}_T + \hat{\boldsymbol{R}}_R\times\boldsymbol{\omega}_R) \tag{4-5}$$

可以看出，在双基地 ISAR 中，散射点的多普勒值为散射点位置矢量 $\boldsymbol{r}$ 在（$\hat{\boldsymbol{R}}_{\mathrm{T}}\times\boldsymbol{\omega}_{\mathrm{T}}+\hat{\boldsymbol{R}}_{\mathrm{R}}\times\boldsymbol{\omega}_{\mathrm{R}}$）方向的投影，即（$\hat{\boldsymbol{R}}_{\mathrm{T}}\times\boldsymbol{\omega}_{\mathrm{T}}+\hat{\boldsymbol{R}}_{\mathrm{R}}\times\boldsymbol{\omega}_{\mathrm{R}}$）为双基地 ISAR 的方位向；距离向为双基地 ISAR 等距离面的梯度矢量，由于双基地雷达的等距离面为以双站为两个焦点构成的椭圆，则其梯度矢量方向为其角平分线方向，即（$\hat{\boldsymbol{R}}_{\mathrm{T}}+\hat{\boldsymbol{R}}_{\mathrm{R}}$）方向，因此双基地 ISAR 的距离向为

$$\boldsymbol{\Theta}=\hat{\boldsymbol{R}}_{\mathrm{T}}+\hat{\boldsymbol{R}}_{\mathrm{R}} \tag{4-6}$$

双基地 ISAR 的方位向为

$$\boldsymbol{\Xi}=-(\hat{\boldsymbol{R}}_{\mathrm{T}}\times\boldsymbol{\omega}_{\mathrm{T}}+\hat{\boldsymbol{R}}_{\mathrm{R}}\times\boldsymbol{\omega}_{\mathrm{R}}) \tag{4-7}$$

式中，$\boldsymbol{\Theta}$ 和 $\boldsymbol{\Xi}$ 的正负不影响成像平面的确定。

双基地 ISAR 转台模型下，由于方位向 $\boldsymbol{\Xi}=-(\hat{\boldsymbol{R}}_{\mathrm{T}}+\hat{\boldsymbol{R}}_{\mathrm{R}})\times\boldsymbol{\omega}_{\Sigma}=-\boldsymbol{\Theta}\times\boldsymbol{\omega}_{\Sigma}$，因此成像平面的方位向始终与距离向正交。

4.2.2 三轴稳定空间目标双基地 ISAR 成像平面确定

4.2.1 节基于转台模型分析了双基地 ISAR 的成像平面，而三轴稳定空间目标既有平动又有自身的转动，目标平动会引起相对收发双站雷达视角差的变化，进而影响散射点的多普勒效应，因此三轴稳定目标的成像平面由目标平动和自身转动共同决定。

设三轴稳定目标的质心在轨道运行的速度矢量为 $\boldsymbol{v}$（$\boldsymbol{v}$ 不同于前文定义的散射点转动速度矢量 $\boldsymbol{V}$），目标相对收发双站的径向速度不引起雷达视角的变化，在发射站雷达视线切向和接收站雷达视线切向的速度分量（即运动速度在发射站、接收站雷达视线方向法平面上的投影）分别为 $\boldsymbol{v}_{\mathrm{T}}$、$\boldsymbol{v}_{\mathrm{R}}$，则满足下式：

$$\begin{cases}\boldsymbol{v}\times\hat{\boldsymbol{R}}_{\mathrm{T}}=\boldsymbol{v}_{\mathrm{T}}\times\hat{\boldsymbol{R}}_{\mathrm{T}}\\ \boldsymbol{v}\times\hat{\boldsymbol{R}}_{\mathrm{R}}=\boldsymbol{v}_{\mathrm{R}}\times\hat{\boldsymbol{R}}_{\mathrm{R}}\end{cases} \tag{4-8}$$

在雷达成像时，经理想的运动补偿后，目标的平动分量被补偿，于是雷达成像转化为转台成像，因此三轴稳定目标总的旋转矢量由两部分组

成：目标平动引起的旋转矢量；目标姿稳产生的旋转矢量。设目标平动产生的相对发射站、接收站雷达的旋转矢量分别为 $\boldsymbol{\omega}_{\mathrm{vT}}$、$\boldsymbol{\omega}_{\mathrm{vR}}$，则

$$\begin{cases}\boldsymbol{\omega}_{\mathrm{vT}}=\dfrac{\boldsymbol{v}\times\hat{\boldsymbol{R}}_{\mathrm{T}}}{R_{\mathrm{T}}}=\dfrac{\boldsymbol{v}_{\mathrm{T}}\times\hat{\boldsymbol{R}}_{\mathrm{T}}}{R_{\mathrm{T}}}\\[2ex]\boldsymbol{\omega}_{\mathrm{vR}}=\dfrac{\boldsymbol{v}\times\hat{\boldsymbol{R}}_{\mathrm{R}}}{R_{\mathrm{R}}}=\dfrac{\boldsymbol{v}_{\mathrm{R}}\times\hat{\boldsymbol{R}}_{\mathrm{R}}}{R_{\mathrm{R}}}\end{cases}\tag{4-9}$$

式中，$R_{\mathrm{T}},R_{\mathrm{R}}$——目标质心到发射站、接收站雷达的距离。

假设三轴稳定目标自身转动的旋转矢量为 $\boldsymbol{\omega}_{\mathrm{s}}$，其在发射站、接收站雷达视线方向法平面上的投影 $\boldsymbol{\omega}_{\mathrm{sT}}$、$\boldsymbol{\omega}_{\mathrm{sR}}$满足

$$\begin{cases}\hat{\boldsymbol{R}}_{\mathrm{T}}\times\boldsymbol{\omega}_{\mathrm{s}}=\hat{\boldsymbol{R}}_{\mathrm{T}}\times\boldsymbol{\omega}_{\mathrm{sT}}\\[1ex]\hat{\boldsymbol{R}}_{\mathrm{R}}\times\boldsymbol{\omega}_{\mathrm{s}}=\hat{\boldsymbol{R}}_{\mathrm{R}}\times\boldsymbol{\omega}_{\mathrm{sR}}\end{cases}\tag{4-10}$$

设目标相对发射站、接收站雷达的总旋转矢量分别为 $\boldsymbol{\omega}_{\Sigma\mathrm{T}}$、$\boldsymbol{\omega}_{\Sigma\mathrm{R}}$，则

$$\begin{cases}\boldsymbol{\omega}_{\Sigma\mathrm{T}}=\boldsymbol{\omega}_{\mathrm{sT}}+\boldsymbol{\omega}_{\mathrm{vT}}\\[1ex]\boldsymbol{\omega}_{\Sigma\mathrm{R}}=\boldsymbol{\omega}_{\mathrm{sR}}+\boldsymbol{\omega}_{\mathrm{vR}}\end{cases}\tag{4-11}$$

将式（4-11）中的 $\boldsymbol{\omega}_{\Sigma\mathrm{T}}$、$\boldsymbol{\omega}_{\Sigma\mathrm{R}}$分别代替式（4-7）中的 $\boldsymbol{\omega}_{\mathrm{T}}$、$\boldsymbol{\omega}_{\mathrm{R}}$，并结合式（4-9）、式（4-10），可得三轴稳定目标的方位向：

$$\begin{aligned}\boldsymbol{\Xi}&=-(\hat{\boldsymbol{R}}_{\mathrm{T}}\times\boldsymbol{\omega}_{\Sigma\mathrm{T}}+\hat{\boldsymbol{R}}_{\mathrm{R}}\times\boldsymbol{\omega}_{\Sigma\mathrm{R}})\\&=-[\hat{\boldsymbol{R}}_{\mathrm{T}}\times(\boldsymbol{\omega}_{\mathrm{sT}}+\boldsymbol{\omega}_{\mathrm{vT}})+\hat{\boldsymbol{R}}_{\mathrm{R}}\times(\boldsymbol{\omega}_{\mathrm{sR}}+\boldsymbol{\omega}_{\mathrm{vR}})]\\&=-\left[\hat{\boldsymbol{R}}_{\mathrm{T}}\times\left(\boldsymbol{\omega}_{\mathrm{sT}}+\frac{\boldsymbol{v}_{\mathrm{T}}\times\hat{\boldsymbol{R}}_{\mathrm{T}}}{R_{\mathrm{T}}}\right)+\hat{\boldsymbol{R}}_{\mathrm{R}}\times\left(\boldsymbol{\omega}_{\mathrm{sR}}+\frac{\boldsymbol{v}_{\mathrm{R}}\times\hat{\boldsymbol{R}}_{\mathrm{R}}}{R_{\mathrm{R}}}\right)\right]\end{aligned}\tag{4-12}$$

由矢量积公式 $\boldsymbol{a}\times\boldsymbol{b}\times\boldsymbol{c}=(\boldsymbol{a}\cdot\boldsymbol{c})\boldsymbol{b}-(\boldsymbol{b}\cdot\boldsymbol{c})\boldsymbol{a}$，可得

$$\hat{\boldsymbol{R}}_{\mathrm{T}}\times\boldsymbol{v}_{\mathrm{T}}\times\hat{\boldsymbol{R}}_{\mathrm{T}}=(\hat{\boldsymbol{R}}_{\mathrm{T}}\cdot\hat{\boldsymbol{R}}_{\mathrm{T}})\boldsymbol{v}_{\mathrm{T}}-(\boldsymbol{v}_{\mathrm{T}}\cdot\hat{\boldsymbol{R}}_{\mathrm{T}})\hat{\boldsymbol{R}}_{\mathrm{T}}=\boldsymbol{v}_{\mathrm{T}}\tag{4-13}$$

$$\hat{\boldsymbol{R}}_{\mathrm{R}}\times\boldsymbol{v}_{\mathrm{R}}\times\hat{\boldsymbol{R}}_{\mathrm{R}}=(\hat{\boldsymbol{R}}_{\mathrm{R}}\cdot\hat{\boldsymbol{R}}_{\mathrm{R}})\boldsymbol{v}_{\mathrm{R}}-(\boldsymbol{v}_{\mathrm{R}}\cdot\hat{\boldsymbol{R}}_{\mathrm{R}})\hat{\boldsymbol{R}}_{\mathrm{R}}=\boldsymbol{v}_{\mathrm{R}}\tag{4-14}$$

因此，三轴稳定目标的方位向 $\boldsymbol{\Xi}$ 可由下式确定：

$$\boldsymbol{\Xi}=-\left[(\hat{\boldsymbol{R}}_{\mathrm{T}}\times\boldsymbol{\omega}_{\mathrm{sT}}+\hat{\boldsymbol{R}}_{\mathrm{R}}\times\boldsymbol{\omega}_{\mathrm{sR}})+\left(\frac{\boldsymbol{v}_{\mathrm{T}}}{R_{\mathrm{T}}}+\frac{\boldsymbol{v}_{\mathrm{R}}}{R_{\mathrm{R}}}\right)\right]\tag{4-15}$$

令 $\boldsymbol{\Xi}_1=\hat{\boldsymbol{R}}_\mathrm{T}\times\boldsymbol{\omega}_{\mathrm{sT}}+\hat{\boldsymbol{R}}_\mathrm{R}\times\boldsymbol{\omega}_{\mathrm{sR}}$，$\boldsymbol{\Xi}_2=\boldsymbol{v}_\mathrm{T}/R_\mathrm{T}+\boldsymbol{v}_\mathrm{R}/R_\mathrm{R}$，则 $\boldsymbol{\Xi}_1$ 为转台情况下产生的方位矢量，$\boldsymbol{\Xi}_2$ 为目标平动引起的方位矢量。

对双基地雷达，三轴稳定目标的距离向 $\boldsymbol{\Theta}$ 仍为角平分线方向，即

$$\boldsymbol{\Theta}=\hat{\boldsymbol{R}}_\mathrm{T}+\hat{\boldsymbol{R}}_\mathrm{R} \tag{4-16}$$

因此，在双基地情况下，目标有平动时，成像平面的方位向 $\boldsymbol{\Xi}$ 与距离向 $\boldsymbol{\Theta}$ 未必正交，图像会发生“畸变”。但存在以下两种特殊情况，平面的方位向与距离向依然正交：

- 当 $\boldsymbol{v}_\mathrm{T}/R_\mathrm{T}+\boldsymbol{v}_\mathrm{R}/R_\mathrm{R}=\boldsymbol{0}$ 时，即目标平动产生的等效转动相对收发双站相等，方向相反，此时 $\boldsymbol{\Xi}=\boldsymbol{\Xi}_1$。
- 当 $\boldsymbol{\Xi}_2$ 与 $\boldsymbol{\Theta}$ 垂直时，即目标平动引起的方位指向在距离向的垂面上，此时满足：$\boldsymbol{v}_\mathrm{T}\cdot\hat{\boldsymbol{R}}_\mathrm{R}/R_\mathrm{T}+\boldsymbol{v}_\mathrm{R}\cdot\hat{\boldsymbol{R}}_\mathrm{T}/R_\mathrm{R}=\boldsymbol{0}$。

由于空间目标可视为合作目标，其任意时刻的轨道位置、速度矢量信息可以通过提供的轨道根数求得，成像各个时刻的方位向和距离向可由式（4－15）、式（4－16）得到，方位向和距离向共同确定双基地 ISAR 的瞬时成像平面。

4.3　双基地 ISAR 成像平面空变性分析

雷达成像得到的二维图像是空间三维目标在成像平面上的映射结果。若成像平面发生变化，就会导致散射点投影位置变化，进而可能产生越距离单元和多普勒单元徙动现象，影响成像质量。针对这个问题，本节对三轴稳定空间目标的成像平面空变特性进行分析，为后续对成像质量的影响分析及越分辨单元徙动的校正提供理论依据。

成像平面空变情况下，建立图 4－2 所示的几何模型。图中，T 为发射站，R 为接收站，L 为雷达基线长度。设成像起始时刻为 t_1，目标质心为 O_1，双基地角为 β_1。以目标质心为原点，构建空间右手直角坐标系 $x_1y_1z_1$。

其中，双基地角平分线方向为 y_1 轴，与基线的交点为 Q_1；x_1 轴在成像平面内并垂直于 y_1 轴；z_1 轴垂直于 $x_1O_1y_1$ 面；散射点 P_1 在空间坐标系 $x_1y_1z_1$ 中的坐标为（x_p,y_p,z_p）。在成像某时刻 t_m，目标质心位于点 O_m，双基地角为 β_m，以目标质心为原点，构建空间右手直角坐标系 $x_my_mz_m$。其中，y_m 轴指向为双基地角平分线方向，与基线的交点为 Q_m；x_m 轴在成像平面内并垂直于 y_m 轴；z_m 轴垂直于 $x_mO_my_m$ 平面；散射点 P_1 平移至点 P_m，在坐标系 $x_my_mz_m$ 中的坐标为（x_{pm},y_{pm},z_{pm}）。

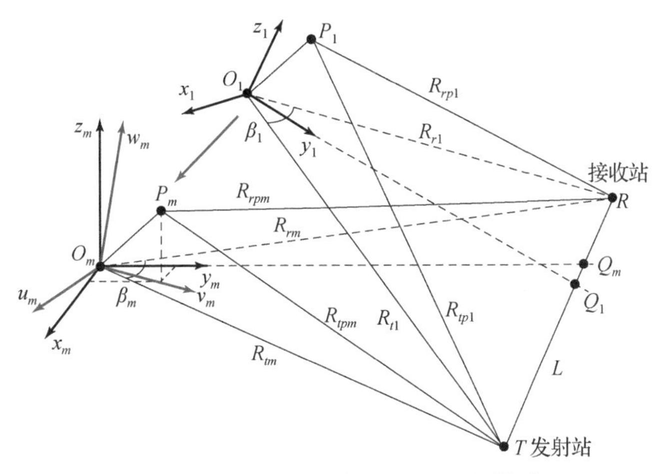

图 4-2　成像平面空变下的双基地 ISAR 几何模型（附彩图）

三轴稳定空间目标在平稳运动的同时，还有目标姿稳产生的转动，该转动同样会引起散射点在成像平面上投影位置的变化。目标转动的旋转轴通过目标质心并与轨道平面的法向平行，在成像期间，可认为旋转轴是不变的，旋转速度可根据轨道数据获得。目标绕固定轴的转动会使散射点在空间成像坐标系下的坐标发生变化，该过程等效于在目标固定情况下，坐标系绕旋转轴反向转动，转动后会得到一个新的坐标系。散射点在新坐标系中的坐标值既体现了散射点相对首发双站的距离变化，又可以根据其慢时间序列计算得到散射点的多普勒信息。

设成像期间，目标自旋的旋转轴为单位向量 $\boldsymbol{A}(A_x,A_y,A_z)$，在 t_m 时刻，转过的角度为 η_m，则空间成像坐标系 $x_my_mz_m$ 绕旋转轴 $\boldsymbol{A}$ 反向转动 η_m

角，可得到新的坐标系 $u_m v_m w_m$，该坐标系隐含了目标的姿稳转动特性。设坐标系 $x_1 y_1 z_1$ 的轴单位矢量分别为 $\hat{\boldsymbol{x}}_1$、$\hat{\boldsymbol{y}}_1$、$\hat{\boldsymbol{z}}_1$，坐标系 $x_m y_m z_m$ 的轴单位矢量分别为 $\hat{\boldsymbol{x}}_m$、$\hat{\boldsymbol{y}}_m$、$\hat{\boldsymbol{z}}_m$，坐标系 $u_m v_m w_m$ 的轴单位矢量分别为 $\hat{\boldsymbol{u}}_m$、$\hat{\boldsymbol{v}}_m$、$\hat{\boldsymbol{w}}_m$，坐标轴指向单位矢量均为 1×3 的行向量，由于坐标系 $u_m v_m w_m$ 由坐标系 $x_m y_m z_m$ 绕旋转轴 $\boldsymbol{A}(A_x, A_y, A_z)$ 旋转 $\boldsymbol{\eta}_m$ 后得到，则由附录 C 中的式（C－18）和式（C－19）可得

$$\begin{bmatrix} \hat{\boldsymbol{u}}_m \\ \hat{\boldsymbol{v}}_m \\ \hat{\boldsymbol{w}}_m \end{bmatrix} = \begin{bmatrix} \hat{\boldsymbol{x}}_m \\ \hat{\boldsymbol{y}}_m \\ \hat{\boldsymbol{z}}_m \end{bmatrix} \cdot \begin{bmatrix} A_x^2(1-C_{\eta_m})+C_{\eta_m} & A_xA_y(1-C_{\eta_m})+A_zS_{\eta_m} & A_xA_z(1-C_{\eta_m})-A_yS_{\eta_m} \\ A_xA_y(1-C_{\eta_m})-A_zS_{\eta_m} & A_y^2(1-C_{\eta_m})+C_{\eta_m} & A_yA_z(1-C_{\eta_m})+A_xS_{\eta_m} \\ A_xA_z(1-C_{\eta_m})+A_yS_{\eta_m} & A_yA_z(1-C_{\eta_m})-A_xS_{\eta_m} & A_z^2(1-C_{\eta_m})+C_{\eta_m} \end{bmatrix} \tag{4-17}$$

式中，C_{η_m}, S_{η_m}——角度 $\boldsymbol{\eta}_m$ 的余弦值和正弦值。

散射点 P_1 在空间坐标系 $x_1 y_1 z_1$ 中的坐标为(x_p, y_p, z_p)，为得到其在坐标系 $u_m v_m w_m$ 下的坐标，需要知道空间坐标系 $x_1 y_1 z_1$ 到 $u_m v_m w_m$ 的转换关系。任意两个空间直角坐标系可通过三次欧拉角旋转和一次质心平移得到。三个欧拉角即偏航角、俯仰角、滚动角，在此定义：偏航角是坐标系绕 z_1 轴的旋转，俯仰角是坐标系绕 y_1 轴的旋转，滚动角是坐标系绕 x_1 轴的旋转，其正负与 3.2.2 节定义相同。通过这三个角的旋转，可确定两个空间直角坐标系的方位变化，图 4－3 给出了坐标系旋转转换的详细过程。由于空间成像坐标系始终以目标质心为原点，质心的位置变化不影响坐标系各轴的指向。为得到与坐标系 $u_m v_m w_m$ 相吻合的坐标系，需要将坐标系 $x_1 y_1 z_1$ 进行三次坐标旋转，具体实施步骤如下。

第一次旋转，坐标系 $x_1 y_1 z_1$ 绕 z_1 轴旋转 φ_{zm} 角，得到新坐标系 $x'_1 y'_1 z'_1$，其中 z'_1 与 z_1 的指向相同。该旋转为偏航旋转，φ_{zm} 即偏航角，旋转过程参照图 4－3 中的①，则该旋转的正交变换矩阵为

$$\boldsymbol{R}_z(\varphi_{zm}) = \begin{bmatrix} \cos\varphi_{zm} & \sin\varphi_{zm} & 0 \\ -\sin\varphi_{zm} & \cos\varphi_{zm} & 0 \\ 0 & 0 & 1 \end{bmatrix} \tag{4-18}$$

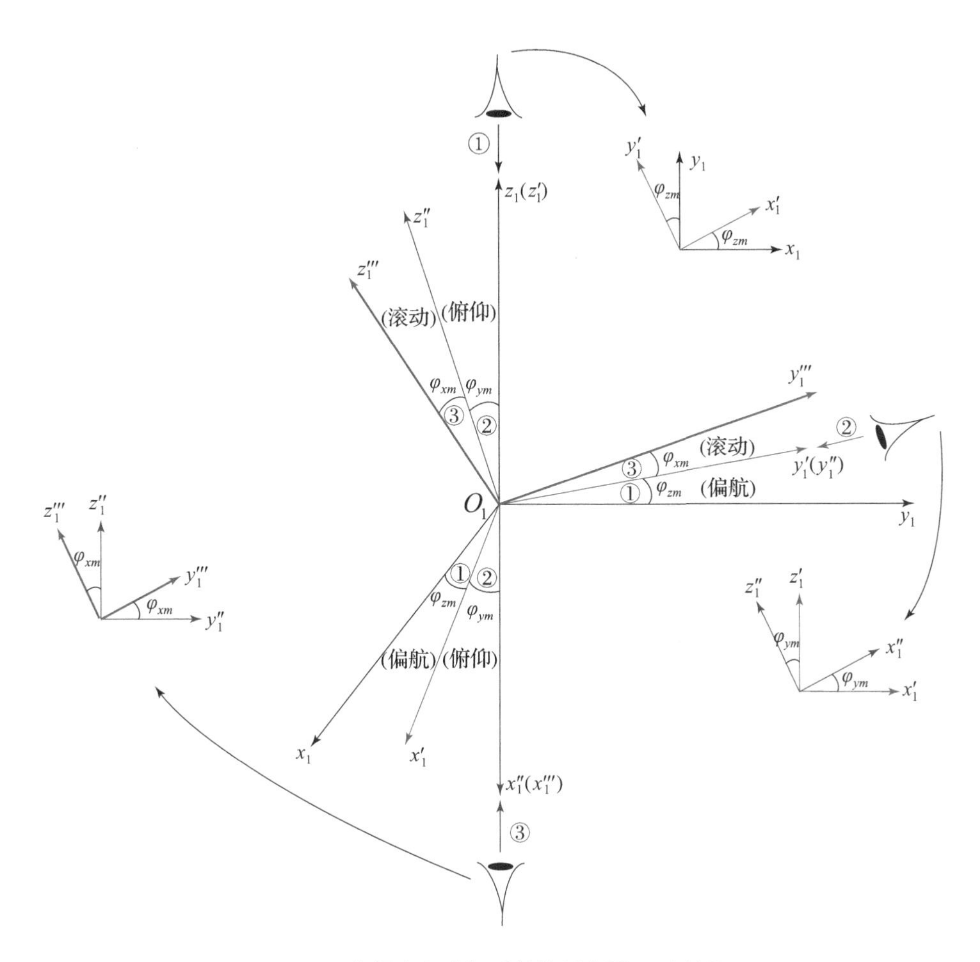

图 4－3　空间直角坐标系转换示意图（附彩图）

第二次旋转，坐标系 $x_1'y_1'z_1'$ 绕 y_1' 轴旋转 φ_{ym} 角，得到新坐标系 $x_1''y_1''z_1''$，其中 y_1'' 与 y_1' 的指向相同。该旋转为俯仰旋转，φ_{ym} 即俯仰角，旋转过程参照图 4－3 中的②，则该旋转的正交变换矩阵为

$$\boldsymbol{R}_y(\varphi_{ym}) = \begin{bmatrix} \cos\varphi_{ym} & 0 & -\sin\varphi_{ym} \\ 0 & 1 & 0 \\ \sin\varphi_{ym} & 0 & \cos\varphi_{ym} \end{bmatrix} \tag{4-19}$$

第三次旋转，坐标系 $x_1''y_1''z_1''$ 绕 y_1'' 轴旋转 φ_{xm} 角，得到新坐标系 $x_1'''y_1'''z_1'''$，其中 x_1''' 与 x_1''指向相同。该旋转为滚动旋转，φ_{xm} 即滚动角，旋转过程参照

图 4-3 中的③，则该旋转的正交变换矩阵为

$$\boldsymbol{R}_x(\varphi_{xm})=\begin{bmatrix}1 & 0 & 0\\ 0 & \cos\varphi_{xm} & \sin\varphi_{xm}\\ 0 & -\sin\varphi_{xm} & \cos\varphi_{xm}\end{bmatrix} \tag{4-20}$$

总有一组欧拉角 φ_{zm}、φ_{ym}、φ_{xm}，使旋转后的坐标系 $x_1'''y_1'''z_1'''$ 与坐标系 $u_m v_m w_m$ 的坐标轴指向完全相同。设满足条件的欧拉角为 ξ_{zm}、ξ_{ym} 和 ξ_{xm}，此时的旋转矩阵为

$$\boldsymbol{R}_{xyz\_m}=\boldsymbol{R}_x(\xi_{xm})\boldsymbol{R}_y(\xi_{ym})\boldsymbol{R}_z(\xi_{zm})$$

$$=\begin{bmatrix}\cos\xi_{zm}\cos\xi_{ym} & \sin\xi_{zm}\cos\xi_{ym} & -\sin\xi_{ym}\\ -\sin\xi_{zm}\cos\xi_{xm}+\cos\xi_{zm}\sin\xi_{ym}\sin\xi_{xm} & \cos\xi_{zm}\cos\xi_{xm}+\sin\xi_{zm}\sin\xi_{ym}\sin\xi_{xm} & \cos\xi_{ym}\sin\xi_{xm}\\ \sin\xi_{zm}\sin\xi_{xm}+\cos\xi_{zm}\sin\xi_{ym}\cos\xi_{xm} & -\cos\xi_{zm}\sin\xi_{xm}+\sin\xi_{zm}\sin\xi_{ym}\cos\xi_{xm} & \cos\xi_{ym}\cos\xi_{xm}\end{bmatrix} \tag{4-21}$$

则坐标系 $u_m v_m w_m$ 与坐标系 $x_1y_1z_1$ 的三坐标轴指向满足下式：

$$\begin{bmatrix}\hat{\boldsymbol{u}}_m\\ \hat{\boldsymbol{v}}_m\\ \hat{\boldsymbol{w}}_m\end{bmatrix}=\boldsymbol{R}_{xyz\_m}\cdot\begin{bmatrix}\hat{\boldsymbol{x}}_1\\ \hat{\boldsymbol{y}}_1\\ \hat{\boldsymbol{z}}_1\end{bmatrix} \tag{4-22}$$

根据式（4-22），转换矩阵 $\boldsymbol{R}_{xyz\_m}$ 可表示为

$$\boldsymbol{R}_{xyz\_m}=\begin{bmatrix}\hat{\boldsymbol{u}}_m\\ \hat{\boldsymbol{v}}_m\\ \hat{\boldsymbol{w}}_m\end{bmatrix}\cdot\begin{bmatrix}\hat{\boldsymbol{x}}_1\\ \hat{\boldsymbol{y}}_1\\ \hat{\boldsymbol{z}}_1\end{bmatrix}^{-1} \tag{4-23}$$

由于坐标系 $x_1y_1z_1$ 和 $x_my_mz_m$ 的三坐标轴指向均可由成像的距离向、多普勒向及其法向确定，距离向和多普勒向的确定已在 4.2 节做了详细

阐述，坐标系 $u_m v_m w_m$ 的三坐标轴指向可由式（4－17）确定，因此可由式（4－23）得到转换矩阵 $\boldsymbol{R}_{xyz\_m}$；再根据式（4－21），可依次解得三个欧拉角分别为

$$\xi_{ym} = -\arcsin(\boldsymbol{R}_{xyz\_m}(1,3)) \tag{4-24}$$

$$\xi_{xm} = \arcsin\left(\frac{\boldsymbol{R}_{xyz\_m}(2,3)}{\cos \xi_{ym}}\right) \tag{4-25}$$

$$\xi_{zm} = \arcsin\left(\frac{\boldsymbol{R}_{xyz\_m}(1,2)}{\cos \xi_{ym}}\right) \tag{4-26}$$

理论上，三个欧拉角范围为 $[-\pi,\pi)$，但实际成像过程中，角度变化很小，范围 $(-\pi/18,\pi/18)$ 足以满足要求。由于偏航角 ξ_{zm} 是绕成像平面法向的转角，因此实质上是成像实现方位分辨的累积转角；俯仰角 ξ_{ym}、滚动角 ξ_{xm} 可分别认为是成像平面绕距离轴、方位轴的转动角度，这两个角度体现了成像平面的空变特性。

对于散射点 P_1，其在空间坐标系 $x_1 y_1 z_1$ 中的坐标为 (x_p,y_p,z_p)，则 P_1 平移后的 P_m 点在空间坐标系 $u_m v_m w_m$ 中的坐标 (u_{pm},v_{pm},w_{pm}) 满足下式：

$$[u_{pm} \quad v_{pm} \quad w_{pm}] \cdot \begin{bmatrix} \hat{\boldsymbol{u}}_m \\ \hat{\boldsymbol{v}}_m \\ \hat{\boldsymbol{w}}_m \end{bmatrix} = [x_p \quad y_p \quad z_p] \cdot \begin{bmatrix} \hat{\boldsymbol{x}}_1 \\ \hat{\boldsymbol{y}}_1 \\ \hat{\boldsymbol{z}}_1 \end{bmatrix} \tag{4-27}$$

将式（4－22）代入式（4－27）并整理，可得散射点 P_m 在坐标系 $u_m v_m w_m$ 下的坐标表示：

$$[u_{pm} \quad v_{pm} \quad w_{pm}] = [x_p \quad y_p \quad z_p] \cdot \boldsymbol{R}_{xyz\_m}^{-1} \tag{4-28}$$

由于 $\boldsymbol{R}_{xyz\_m}$ 为单位正交矩阵，因此其逆矩阵与其转置矩阵一致，即 $\boldsymbol{R}_{xyz\_m}^{-1} = \boldsymbol{R}_{xyz\_m}^{\mathrm{T}}$，并对式（4－28）取转置，可得散射点 P_m 在坐标系 $u_m v_m w_m$ 中的坐标：

$$[u_{pm} \quad v_{pm} \quad w_{pm}]^{\mathrm{T}} = \boldsymbol{R}_{xyz\_m} \cdot [x_p \quad y_p \quad z_p]^{\mathrm{T}} \tag{4-29}$$

4.4 双基地 ISAR 成像质量影响因素分析

4.4.1 成像平面空变下散射点相对收发双站距离变化历程

式（2-14）描述了双基地 ISAR 经过理想的运动补偿后散射点的一维距离像，表示如下：

$$s_{if_c}(\hat{t},t_m)=\sigma_P\sqrt{\mu}T_p\cdot \mathrm{sinc}\left[\mu T_p\left(\hat{t}-\frac{\Delta R_{pm}}{c}\right)\right]\exp\left(-\mathrm{j}2\pi f_c\frac{\Delta R_{pm}}{c}\right) \tag{4-30}$$

从式（4-30）中可以看出，散射点距离包络出现在 $\hat{t}=\Delta R_{pm}/c$ 时刻，对指数项作多普勒分析，可得到该散射点多普勒值出现的位置，即 $f_d=(f_c/c)\cdot(\mathrm{d}\Delta R_{pm}/\mathrm{d}t_m)$，其中，$t_m$ 为慢时间。

由式（2-6）可知，ΔR_{pm} 为散射点 P_m 在其瞬时空间成像坐标系下 y 轴坐标的 $2\cos(\beta_m/2)$ 倍。考虑目标的姿稳转动，根据式（4-29）可得到散射点在 t_m 时刻在空间坐标系 $u_m v_m w_m$ 下的坐标，三个坐标参数中，v_{pm} 与 ΔR_{pm} 直接相关，可表示为

$$\begin{aligned}v_{pm}=&(-\sin\xi_{zm}\cos\xi_{xm}+\cos\xi_{zm}\sin\xi_{ym}\sin\xi_{xm})x_p+\\&(\cos\xi_{zm}\cos\xi_{xm}+\sin\xi_{zm}\sin\xi_{ym}\sin\xi_{xm})y_p+\\&\cos\xi_{ym}\sin\xi_{xm}z_p\end{aligned} \tag{4-31}$$

则 ΔR_{pm} 可比照式（2-6）写出，即

$$\begin{aligned}\Delta R_{pm}&=2v_{pm}\cos\frac{\beta_m}{2}\\&=2(-\sin\xi_{zm}\cos\xi_{xm}+\cos\xi_{zm}\sin\xi_{ym}\sin\xi_{xm})\cos\frac{\beta_m}{2}x_p+\\&\quad 2(\cos\xi_{zm}\cos\xi_{xm}+\sin\xi_{zm}\sin\xi_{ym}\sin\xi_{xm})\cos\frac{\beta_m}{2}y_p+\\&\quad 2\cos\xi_{ym}\sin\xi_{xm}\cos\frac{\beta_m}{2}z_p\end{aligned} \tag{4-32}$$

对慢时间作方位压缩，可得散射点的多普勒值为

$$
\begin{aligned}
f_{\mathrm{d}} = {} & \frac{2f_{\mathrm{c}}}{c} \cdot \\
& \left[\left(-\xi'_{zm}\cos\xi_{zm}\cos\xi_{xm}\cos\frac{\beta_m}{2} + \xi'_{xm}\sin\xi_{zm}\sin\xi_{xm}\cos\frac{\beta_m}{2} + \frac{\beta'_m}{2}\sin\xi_{zm}\cos\xi_{xm}\sin\frac{\beta_m}{2} \right)x_p + \right. \\
& \left(-\xi'_{zm}\sin\xi_{zm}\sin\xi_{ym}\sin\xi_{xm}\cos\frac{\beta_m}{2} + \xi'_{ym}\cos\xi_{zm}\cos\xi_{ym}\sin\xi_{xm}\cos\frac{\beta_m}{2} \right)x_p + \\
& \left(\xi'_{xm}\cos\xi_{zm}\sin\xi_{ym}\cos\xi_{xm}\cos\frac{\beta_m}{2} - \frac{\beta'_m}{2}\cos\xi_{zm}\sin\xi_{ym}\sin\xi_{xm}\sin\frac{\beta_m}{2} \right)x_p + \\
& \left(-\xi'_{zm}\sin\xi_{zm}\cos\xi_{xm}\cos\frac{\beta_m}{2} - \xi'_{xm}\cos\xi_{zm}\sin\xi_{xm}\cos\frac{\beta_m}{2} - \frac{\beta'_m}{2}\cos\xi_{zm}\cos\xi_{xm}\sin\frac{\beta_m}{2} \right)y_p + \\
& \left(\xi'_{zm}\cos\xi_{zm}\sin\xi_{ym}\sin\xi_{xm}\cos\frac{\beta_m}{2} + \xi'_{ym}\sin\xi_{zm}\cos\xi_{ym}\sin\xi_{xm}\cos\frac{\beta_m}{2} \right)y_p + \\
& \left(\xi'_{xm}\sin\xi_{zm}\sin\xi_{ym}\cos\xi_{xm}\cos\frac{\beta_m}{2} - \frac{\beta'_m}{2}\sin\xi_{zm}\sin\xi_{ym}\sin\xi_{xm}\sin\frac{\beta_m}{2} \right)y_p + \\
& \left. \left(-\xi'_{ym}\sin\xi_{ym}\sin\xi_{xm}\cos\frac{\beta_m}{2} + \xi'_{xm}\cos\xi_{ym}\cos\xi_{xm}\cos\frac{\beta_m}{2} - \frac{\beta'_m}{2}\cos\xi_{ym}\sin\xi_{xm}\sin\frac{\beta_m}{2} \right)z_p \right]
\end{aligned}
\tag{4-33}
$$

式中，$\xi' = \mathrm{d}\xi/\mathrm{d}t_m$，是对 ξ 的慢时间求导，表示角度的变化率。

式（4－32）描述了散射点成像期间的相对质心的距离变化历程，式（4－33）描述了散射点的多普勒变化历程，偏航角 ξ_{zm}、俯仰角 ξ_{ym}、滚动角 ξ_{xm} 和双基地角 β_m 变化时，会引起距离和多普勒值的变化，导致越分辨单元徙动的发生，使 ISAR 图像散焦，这两式是散射点越距离单元徙动和越多普勒单元徙动分析的依据。在不同轨道段，欧拉角及双基地角的变化情况不同，由此引起的越分辨单元徙动程度不同，进而会得到不同质量的 ISAR 图像。因此，有必要分析各个角度变化对成像的质量影响，用于指导成像试验和成像轨道段的选择。

上述关系式过于复杂，不方便后文的分析，考虑到在成像过程中偏航角 ξ_{zm}、俯仰角 ξ_{ym}、滚动角 ξ_{xm} 都很小，多普勒的变化涉及的项较多，且对

距离变化更敏感，因此先简化式（4－33）为

$$f_{\mathrm{d}} = \frac{2f_{\mathrm{c}}}{c}\left[\left(-\xi'_{zm}\cos\frac{\beta_m}{2} + \frac{\beta'_m}{2}\sin\xi_{zm}\sin\frac{\beta_m}{2} + \xi'_{ym}\sin\xi_{xm}\cos\frac{\beta_m}{2} + \xi'_{xm}\sin\xi_{ym}\cos\frac{\beta_m}{2}\right)x_p + \left(-\xi'_{zm}\sin\xi_{zm}\cos\frac{\beta_m}{2} - \xi'_{xm}\sin\xi_{xm}\cos\frac{\beta_m}{2} - \frac{\beta'_m}{2}\sin\frac{\beta_m}{2}\right)y_p + \left(\xi'_{xm}\cos\frac{\beta_m}{2} - \frac{\beta'_m}{2}\sin\xi_{xm}\sin\frac{\beta_m}{2}\right)z_p\right] \tag{4-34}$$

据此，ΔR_{pm}可简化为

$$\Delta R_{pm} = 2(-\sin\xi_{zm} + \sin\xi_{ym}\sin\xi_{xm})\cos\frac{\beta_m}{2}x_p + 2\cos\xi_{zm}\cos\xi_{xm}\cos\frac{\beta_m}{2}y_p + 2\sin\xi_{xm}\cos\frac{\beta_m}{2}z_p \tag{4-35}$$

由后文的仿真分析知道，滚动角 ξ_{xm}的量级在 10^{-2}(°)～10^{-1}(°)，因此，ΔR_{pm}项中 $2\sin\xi_{ym}\sin\xi_{xm}\cos(\beta_m/2)x_p$ 的值一般不超过 1 cm，即该因式不会引起距离单元徙动，因此在后续的距离单元徙动分析中，可以不考虑 $2\sin\xi_{ym}\sin\xi_{xm}\cos(\beta_m/2)x_p$ 项；然而该值可能对多普勒徙动产生影响，考虑到多普勒徙动分析的需要，将该项写入式（4－35）。此时，式（4－35）既包含了可能引起越距离单元徙动的各个项，求导结果又与式（4－34）吻合。

简化后，式（4－34）和式（4－35）的函数关系仍很复杂，对距离徙动和多普勒徙动的影响因素可分为两类——成像平面空变的欧拉角和双基地角。下面就这两类参数对成像质量的影响进行详细分析。

4.4.2 成像平面空变对成像的影响分析

由式（4－34）和式（4－35）可知，散射点的距离和多普勒信息的每一项均含有双基地角的正余弦函数。为了更直观地分析成像平面空变对成像质量的影响，假定成像期间的双基地角变化很小，该变化不足以导致越分辨单元徙动的发生。

偏航角 ξ_{zm}实际上是成像的累积转角，是实现散射点方位分辨的必要

条件。俯仰角 ξ_{ym} 和滚动角 ξ_{xm} 是成像平面空变引入的空变角，若成像过程不存在空变，则这种理想情况下的距离和多普勒信息可表示为

$$\Delta R_{pm\_z} = 2\left(-\sin\xi_{zm}\cos\frac{\beta_m}{2}x_p + \cos\xi_{zm}\cos\frac{\beta_m}{2}y_p\right) \tag{4-36}$$

$$f_{\mathrm{d}\_z} = \frac{2f_\mathrm{c}}{c}\left[\left(-\xi'_{zm}\cos\frac{\beta_m}{2} + \frac{\beta'_m}{2}\sin\xi_{zm}\sin\frac{\beta_m}{2}\right)x_p + \left(-\xi'_{zm}\sin\xi_{zm}\cos\frac{\beta_m}{2} - \frac{\beta'_m}{2}\sin\frac{\beta_m}{2}\right)y_p\right] \tag{4-37}$$

则空变下距离和多普勒信息可表示为无空变项和空变附加项的叠加，即

$$\Delta R_{pm} = \Delta R_{pm\_xy} + \Delta R_{pm\_z} \tag{4-38}$$

$$f_\mathrm{d} = f_{\mathrm{d}\_xy} + f_{\mathrm{d}\_z} \tag{4-39}$$

其中，

$$\Delta R_{pm\_xy} = 2\sin\xi_{ym}\sin\xi_{xm}\cos\frac{\beta_m}{2}x_p + 2\sin\xi_{xm}\cos\frac{\beta_m}{2}z_p \tag{4-40}$$

$$f_{\mathrm{d}\_xy} = \frac{2f_\mathrm{c}}{c}\left[\left(\xi'_{ym}\sin\xi_{xm}\cos\frac{\beta_m}{2} + \xi'_{xm}\sin\xi_{ym}\cos\frac{\beta_m}{2}\right)x_p - \xi'_{xm}\sin\xi_{xm}\cos\frac{\beta_m}{2}y_p + \left(\xi'_{xm}\cos\frac{\beta_m}{2} - \frac{\beta'_m}{2}\sin\xi_{xm}\sin\frac{\beta_m}{2}\right)z_p\right] \tag{4-41}$$

ΔR_{pm_xy}、f_{d_xy} 分别为成像平面空变引入的距离变化和多普勒变化信息，在考察空变性对成像的影响时，只需要根据式（4-40）和式（4-41）进行。从式中可以看出：

（1）空变引起的距离徙动项中有两项，但 $2\sin\xi_{ym}\sin\xi_{xm}\cos(\beta_m/2)x_p$ 项中的 ξ_{ym} 和 ξ_{xm} 都是很小的数，两个数相乘就会更小，一般不足以引起距离单元徙动；另一项 $2\sin\xi_{xm}\cos(\beta_m/2)z_p$ 直接取决于空变滚动角大小及高度维坐标，若成像过程中空变角 ξ_{xm} 足够大，就会导致散射点越距离单元徙动的发生。

（2）空变引起的多普勒项中含有5项，其中 $\frac{2f_\mathrm{c}}{c}\xi'_{ym}\sin\xi_{xm}\cos\frac{\beta_m}{2}x_p$、

$\frac{2f_c}{c}\xi'_{xm}\sin\xi_{ym}\cos\frac{\beta_m}{2}x_p$、$\frac{2f_c}{c}\xi'_{xm}\sin\xi_{xm}\cos\frac{\beta_m}{2}y_p$ 和 $\frac{2f_c}{c}\beta'_m\sin\xi_{xm}\sin\frac{\beta_m}{2}z_p$ 这四项都存在两个较小数相乘的因子，相比之下，$\frac{2f_c}{c}\xi'_{xm}\cos\frac{\beta_m}{2}z_p$ 项更容易产生越多普勒单元徙动。

若要求空变引起的距离走动小于一个距离单元，对 $2\sin\xi_{xm}\cos(\beta_m/2)z_p$ 项，则空变角度应满足

$$\xi_{xm} < \frac{c}{2B\cos(\beta_m/2)z_p} \tag{4-42}$$

对于多普勒走动项，记式中任意一个参数变化项为 ϕ_c（例如：$\phi_c = \xi'_{ym}\sin\xi_{xm}\cos(\beta_m/2)$），若要求不发生越多普勒单元走动，设成像时间为 T，则

$$\frac{2f_c}{c}\phi_c x_p < \frac{1}{T} \tag{4-43}$$

即

$$\phi_c < \frac{c}{2Tf_c x_p} \tag{4-44}$$

假设目标距离向、方位向和高度维尺寸均为 30 m，载波频率为 10 GHz，线性调频信号带宽为 1 GHz，累积成像时间 T 为 10 s，考虑极端情况下，双基地角为 0°。当不发生越距离单元徙动时，要求空变角 $\xi_{xm} <$ 0.287°；不发生越多普勒单元徙动时，$\phi_c < 5\times10^{-5}$，即一旦多普勒中的变化项的变化量超过 5×10^{-5}，就会出现越多普勒单元徙动的发生。

俯仰角 ξ_{ym} 会引起目标的越多普勒单元徙动，但一般不会导致越距离单元徙动，从坐标系转换的角度考虑，俯仰角 ξ_{ym} 是绕距离轴的转动角度，该转动对散射点在距离轴的投影位置影响很小，但其变化率可能导致多普勒变化较大。滚动角 ξ_{xm} 对散射点的距离单元徙动和多普勒单元徙动都会有影响，从产生机理上说，绕距离轴正交线的转动使散射点在距离轴的投影变化较大，同时会影响到多普勒信息，另外，滚动角 ξ_{xm} 引起的距离单

元徙动和多普勒单元徙动与散射点的高度坐标存在耦合，由于二维成像只能得到距离和方位信息，高度引起的徙动又是无法校正的，因此只能通过规避轨道段或限制目标尺寸的方法使其不产生越分辨单元徙动。

通过以上分析，可以得到如下结论：

（1）偏航角 ξ_{zm} 对成像有利，其决定了成像的方位分辨率，应该选择角度变化大且变化均匀的成像段成像。

（2）俯仰角 ξ_{ym} 会引起多普勒单元徙动，对距离单元徙动基本无影响。为防止多普勒单元徙动，应选择 ξ_{ym} 较小的成像段进行成像。

（3）滚动角 ξ_{xm} 会同时引起散射点的距离变化和多普勒变化，对成像不利。该角度是成像轨道段选择的重要参数，应选择 ξ_{xm} 变化小且 ξ'_{xm} 恒定的成像段进行成像。

4.4.3　双基地角时变对成像的影响分析

双基地角是双基地雷达区别于单基地的重要特征参数，在成像过程中，双基地角是时变的，通常的双基地角恒定的假设不成立。若选择 10 s 的成像时间，双基地角变化 3°~5°也是常见的，因此有必要分析双基地角（尤其是双基地角时变）对成像质量的影响。

4.4.3.1　双基地角时变对越距离单元徙动的影响

由式（4-35）可以看出，散射点的距离变化受双基地角的余弦调制，双基地角在成像期间是变化的，这必然会引起 ΔR_{pm} 的变化，进而产生越距离单元徙动。双基地角影响越距离单元徙动的根源在于双基地角的变化使不同脉冲回波时刻的距离分辨率发生变化。

雷达发射带宽为 B 的 LFM 信号，第 m 个发射脉冲（即 t_m 时刻）对应的双基地 ISAR 的距离分辨率为

$$\delta_{ym} = \frac{c}{2B\cos(\beta_m/2)} \tag{4-45}$$

相对单基地雷达的距离分辨率 $c/(2B)$ 来说，双基地模式下的距离分辨率下降为单基地的 $1/\cos(\beta_m/2)$，且在不同脉冲时刻，由于双基地角的时变，分辨率也是时变的。对散射点 P，设其相对质心的距离坐标为 y_p，则该散射点所在的距离像的像素位置为

$$N_{ym}=N_{yc}+\frac{y_p}{\delta_{ym}}=N_{yc}+\frac{2B}{c}\cos\frac{\beta_m}{2}y_p \tag{4-46}$$

式中，N_{yc}——质心（原点）所在的一维距离像的像素位置。

可见，由于双基地角的时变，散射点在一维距离像中的像素位置也不是固定的，这同样会导致越距离单元徙动的发生，影响方位压缩效果。若雷达发射带宽 $B=1$ GHz，成像过程中双基地角由 87°变化到 90°，设散射点的距离坐标 $y_p=30$ m，则成像期间双基地 ISAR 的距离分辨率由 0.207 m 下降到 0.212 m，通过式（4-46）可以计算出散射点距离质心的像素位置由第 145 个像素点移动到第 141 个像素点，即因双基地角时变引起的距离走动为 4 个距离分辨单元。可见，该走动量还是很大的，不容忽视。

因此，双基地 ISAR 越距离单元徙动的发生是由目标的等效转动和双基地角的时变共同作用引起的。

4.4.3.2 双基地角时变对越多普勒单元徙动的影响

式（4-34）给出了成像期间散射点的多普勒变化历程。该多普勒变化受两方面影响：一方面，受双基地角的正余弦函数的调制，引起多普勒的变化；另一方面，双基地 ISAR 较单基地情况下多出了若干项，这是双基地 ISAR 所特有的。

1. 双基地角影响方位分辨率

双基地 ISAR 的方位分辨率 δ_{xm} 是双基地角的函数，可表示为

$$\delta_{xm}=\frac{\lambda}{2\theta_{\mathrm{M}}\cos(\beta_m/2)} \tag{4-47}$$

式中，λ——发射信号的载波频率；

θ_{M}——成像期间的累积转角。

由于双基地角的存在，双基地雷达的方位分辨率与距离分辨率一样，也是单基地模式的 $1/\cos(\beta_m/2)$。可以从瞬时 ISAR 图像的角度考虑双基地角时变对越多普勒单元徙动的影响，对某散射点 P，设其方位坐标为 x_p，则 t_m 时刻该散射点在其瞬时像上的方位像素位置为

$$N_{xm} = N_{xc} + \frac{x_p}{\delta_{xm}} = N_{xc} + \frac{2\theta_{\mathrm{M}}}{\lambda}\cos\frac{\beta_m}{2}x_p \tag{4-48}$$

式中，N_{xc}——目标质心所在的方位像素位置。

双基地角时变下，该像素的方位位置 N_{xm} 也是时变的，该变化会引起散射点方位向的散焦，对成像也是不利的。该产生机理与双基地角时变对越距离单元徙动的影响机理一致。

2. 双基地角引入方位附加项并导致图像“歪斜”

双基地 ISAR 较单基地 ISAR 多出的项如下：

$$f_{\mathrm{d}\_\beta} = \frac{f_{\mathrm{c}}}{c}\left(\beta'_m \sin\xi_{zm}\sin\frac{\beta_m}{2}x_p - \beta'_m\sin\frac{\beta_m}{2}y_p - \beta'_m\sin\xi_{xm}\sin\frac{\beta_m}{2}z_p\right) \tag{4-49}$$

令

$$f_{\mathrm{d}\_\beta1} = \frac{f_{\mathrm{c}}}{c}\left(\beta'_m \sin\xi_{zm}\sin\frac{\beta_m}{2}x_p - \beta'_m\sin\xi_{xm}\sin\frac{\beta_m}{2}z_p\right) \tag{4-50}$$

$$f_{\mathrm{d}\_\beta2} = -\frac{f_{\mathrm{c}}}{c}\beta'_m\sin\frac{\beta_m}{2}y_p \tag{4-51}$$

式中，$f_{\mathrm{d}\_\beta1}$ 与成像的累积转角 ξ_{zm}、空变滚动角 ξ_{xm} 有关，当累积转角 ξ_{zm} 较大时，$f_{\mathrm{d}\_\beta1}$ 的变化会跨越多个多普勒分辨单元，导致方位向的散焦；$f_{\mathrm{d}\_\beta2}$ 是慢时间的高次函数，其值正比于散射点的距离坐标，当双基地角变化时，$f_{\mathrm{d}\_\beta2}\neq0$，此时引入了一个多普勒偏移（换言之，使散射点所在的方位坐标 x_p 为 0，但散射点的多普勒值不为 0），即产生了一个方位偏移，使得 ISAR 图像的距离向和方位向指向不再正交，发生“歪斜”。此外，$f_{\mathrm{d}\_\beta2}$ 产生的方位偏移也是时变的，同样会引起散射点方位散焦。

综合以上分析，相对单基地 ISAR，双基地 ISAR 中双基地角时变对成像的影响主要包括以下几方面：

（1）双基地角的存在降低了距离向和方位向的分辨率，且分辨率均是单基地的 $1/\cos(\beta_m/2)$，成像期间分辨率的变化会使散射点发生越距离单元徙动和越多普勒单元徙动，影响成像质量。

（2）双基地角时变与散射点的方位信息和高度信息共同影响散射点的多普勒值，并可能引起多普勒徙动的发生，如式（4－50）中各项。

（3）双基地角时变使散射点成像时增加了一个多普勒偏移，即式（4－51），该偏移量正比于散射点的距离坐标，导致双基地 ISAR 距离向和方位向的不正交，这就从公式推导的角度给出了双基地 ISAR 图像“歪斜”的产生根源，而且成像期间图像的“歪斜”程度可能是变化的，该过程也会引起方位散焦。因此，单基地 ISAR 成像结果可以视为目标在成像面上的投影，而双基地 ISAR 成像时，大部分弧段的成像结果与目标在成像面上的投影不吻合，成像结果的方位向与目标在成像平面上的投影位置存在一定偏移。

4.5 仿真实验及结果分析

本章的前几节确定了三轴稳定空间目标的成像平面，并分析了成像平面的空变特性，研究了双基地 ISAR 成像质量的影响因素，本节将通过仿真对前文的分析进行验证。

4.5.1 成像平面确定方法的仿真验证

在单基地 ISAR 中，成像平面是成像时目标上散射点所投影的平面，双基地 ISAR 由于存在双基地角，图像出现“歪斜”现象，成像结果不再是散射点在成像平面上的垂直投影，会发生方位偏移，该偏移量正比于散射点投影的距离坐标。在第 3 章基于二体运动的回波建模中，为了体现目标的三轴姿稳特性，将散射点模型建立在了星基坐标系上，该坐标系与空间成像坐标系（指 4.3 节中的 $u_m v_m w_m$ 坐标系）相差了一个旋转矩阵，并且这两个坐标系的指向是可以确定的。在图像不发生“歪斜”的情况下，若成像平面确定方法正确，则散射点在空间成像坐标系中的距离和方位坐标应该与实际成像结果相吻合；图像发生“歪斜”时，该“歪斜”量是能够计算出来的，也可以与实际成像结果比较。因此，可以基于上述原理来验证本书中成像平面确定方法的正确与否。

双基地 ISAR 成像仿真时，设置发射站在城市 A、接收站在城市 B，地理坐标与 3.5.1 节相同。观测目标为国际空间站，TLE 根数摘自美国国家空间监视网，如表 4－1 所示，其历元初始时刻为 2014 年 1 月 1 日 2：35:51.83。

表 4－1　国际空间站 TLE 根数（2014 年 1 月 1 日）

1	25544U	98067A	14001.10823881	.00008564	00000－0	15740－3	0	9990
2	25544	051.6491	207.6972	0004778	338.2618	164.5012	15.50082944865408	

收发双站雷达对目标的可视区域如图 4－4（a）所示，在相对初始历元外推的 2×10^4 s 内，有三段区域对双站是可视的，分别是 4347～4777 s、10 177～10 622 s、15 990～16 520 s，仿真场景如图 4－4（b）所示。

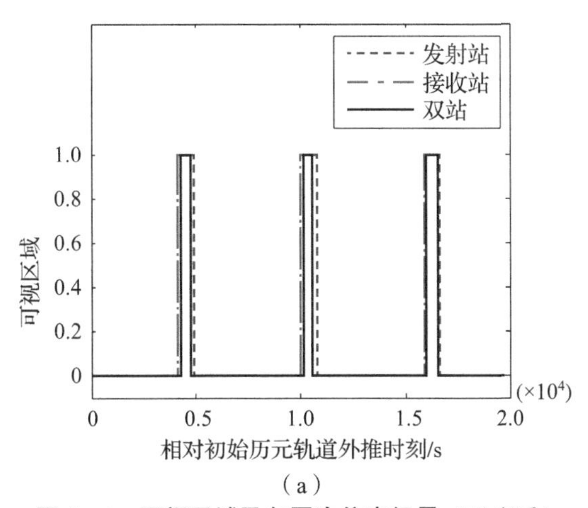

（a）

图 4－4　可视区域及各圈次仿真场景（附彩图）

（a）双基地雷达对目标的可视区域

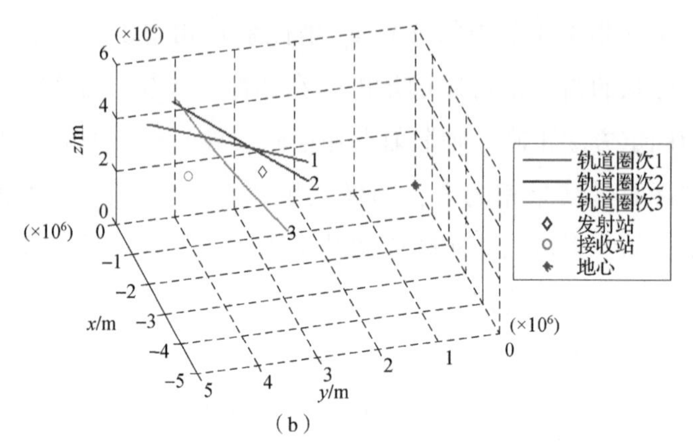

(b)

图 4-4　可视区域及各圈次仿真场景（续）（附彩图）

（b）仿真场景

双基地角是双基地 ISAR 成像的重要参数，双基地 ISAR 距离向与方位向的夹角也直接关系到成像效果。为此，观察第一圈次（4347 ~ 4777 s）的双基地角变化曲线及成像的距离向与方位向夹角变化曲线，如图 4-5 所示，并由此确定所选择的仿真成像段：成像段 1 为观测的 215 ~ 225.24 s，双基地角近似恒定，由前文的理论分析可知，该段成像结果图像不会发生“歪斜”；成像段 2 为观测的 293 ~ 303.24 s，双基地角是时变的，图像“歪斜”最严重，“歪斜”角度约为 16.5°。

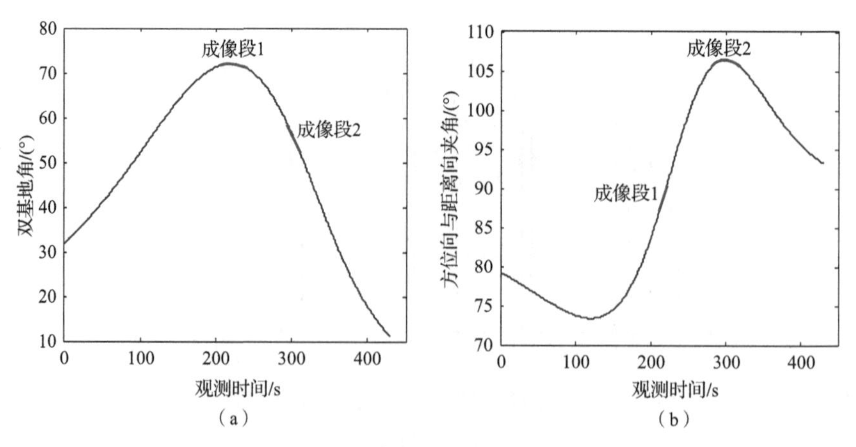

图 4-5　重要参数变化曲线（附彩图）

（a）双基地角；（b）方位向与距离向夹角

设定的散射点模型包含5个散射点，其在星基坐标系下的坐标及其散射强度如表4-2所示，成像仿真参数如表4-3所示。

表4-2 散射点在星基坐标系下坐标及散射强度

散射点	x/m	y/m	z/m	散射强度
散射点1	0	0	0	1
散射点2	-10	20	15	1
散射点3	0	-10	15	1
散射点4	20	-10	-20	1
散射点5	10	20	-20	1

表4-3 成像仿真参数

<table>
<tr><th rowspan="2">参数</th><th rowspan="2">参数值</th><th rowspan="2">参数</th><th rowspan="2">参数值</th><th rowspan="2">参数</th><th colspan="2">参数值</th></tr>
<tr><th>成像段1</th><th>成像段2</th></tr>
<tr><td>载频/GHz</td><td>10</td><td>脉冲重复频率/Hz</td><td>50</td><td>平均双基地角/(°)</td><td>72.0</td><td>56.8</td></tr>
<tr><td>带宽/MHz</td><td>400</td><td>累积脉冲个数</td><td>512</td><td>累积转角/(°)</td><td>2.71</td><td>3.55</td></tr>
<tr><td>采样率/MHz</td><td>500</td><td>成像时间/s</td><td>10.22</td><td>距离分辨率/m</td><td>0.464</td><td>0.426</td></tr>
<tr><td>脉冲宽度/μs</td><td>20</td><td></td><td></td><td>方位分辨率/m</td><td>0.393</td><td>0.275</td></tr>
</table>

空间成像坐标系各坐标轴指向可由4.2节的式（4-15）、式（4-16）并绕轨道法线旋转得到（之所以绕轨道法线旋转，是考虑到空间目标的三轴姿稳特性），目标散射点模型所在的星基坐标系也可以根据轨道信息和雷达位置得到。据此，可获得两个成像段星基坐标系到空间成像坐标系的坐标转换矩阵分别为

$$\boldsymbol{R}_1 = \begin{bmatrix} 0.5590 & -0.1503 & 0.8154 \\ -0.1488 & -0.9856 & -0.0797 \\ 0.8157 & -0.0768 & -0.5734 \end{bmatrix} \tag{4-52}$$

$$\boldsymbol{R}_2 = \begin{bmatrix} 0.5739 & 0.3444 & 0.7784 \\ 0.0888 & -0.9643 & 0.2496 \\ 0.8141 & -0.0741 & -0.5760 \end{bmatrix} \tag{4-53}$$

根据坐标转换矩阵，可求出散射点在空间成像坐标系下的三维坐标，其前两维坐标（距离维和方位维）即散射点在成像面上的理论投影。两个成像段的成像仿真结果如图 4－6 所示，图中的红色“○”表示散射点在成像平面的理论投影位置。可以发现，图 4－6（a）所示的散射点在成像平面的投影位置与成像结果一致，图 4－6（b）所示中的方位则有一定的偏差，即双基地 ISAR 成像未必是散射点在成像平面上的垂直投影显示。

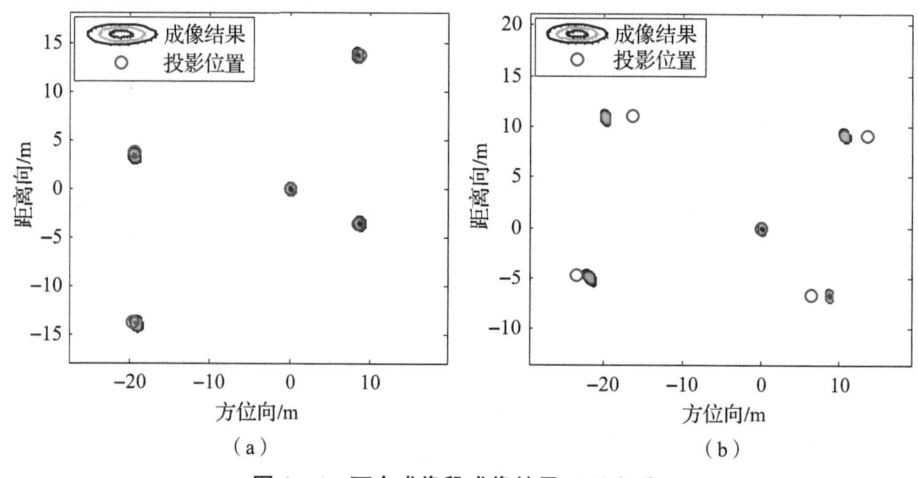

图 4－6　两个成像段成像结果（附彩图）

（a）成像段 1 成像结果；（b）成像段 2 成像结果

成像段 1 方位向与距离向正交，图像不发生“歪斜”，理论成像结果就是散射点在空间成像坐标系下的距离、方位坐标。表 4－4 中给出了成像段 1 散射点在空间成像坐标系下的坐标值、理论成像坐标值、实际 ISAR 成像得到的散射点坐标值，并计算误差（坐标误差值 = 实际 ISAR 成像坐标值 - 理论成像坐标值），可以发现，理论值与实际值基本吻合，距离向和方位向的误差均没有超过一个分辨单元。成像段 2 图像发生了“歪斜”，方位向与距离向夹角约为 106.5°，即“歪斜”了 16.5°，该“歪斜”导致散射点出现方位偏移，偏移量与距离坐标和图像“畸变”角度有关，表 4－5 中给出了成像段 2 散射点在空间成像坐标系下的坐标值、理论成像坐标值、实际 ISAR 成像得到的散射点坐标值，并计算误差，其中，理论成像坐标值的计算考虑了图像“歪斜”带来的方位偏移，可以看出，应用文中理论得到的散射点成像位置坐标与实际成像结果吻合，误差也在一个分辨单元内。

表 4－4　成像段 1 散射点在各坐标系下的坐标值　m

散射点	空间成像坐标系下坐标值			理论成像坐标值		实际 ISAR 成像坐标值		理论与实际误差	
	距离	方位	高度	距离	方位	距离	方位	距离	方位
散射点 1	0	0	0	0	0	0	0	0	0
散射点 2	3.63	－19.42	－18.29	3.63	－19.46	3.33	－19.53	－0.30	－0.07
散射点 3	13.73	8.66	－7.83	13.73	8.51	13.72	8.35	－0.01	－0.16
散射点 4	－3.62	8.47	28.55	－3.62	8.51	－3.52	8.64	0.10	0.13
散射点 5	－13.72	－19.61	18.09	－13.72	－19.45	－13.91	－19.24	－0.19	－0.21

表 4－5　成像段 2 散射点在各坐标系下的坐标值　m

散射点	空间成像坐标系下坐标值			理论成像坐标值		实际 ISAR 成像坐标值		理论与实际误差	
	距离	方位	高度	距离	方位	距离	方位	距离	方位
散射点 1	0	0	0	0	0	0	0	0	0
散射点 2	11.02	－16.42	－18.26	11.02	－19.69	10.91	－19.80	－0.11	－0.11
散射点 3	9.13	13.39	－7.90	9.13	10.68	9.12	10.65	－0.01	－0.03
散射点 4	－6.63	6.43	28.54	－6.63	8.39	－6.65	8.66	－0.02	0.27
散射点 5	－4.74	－23.39	18.18	－4.74	－21.98	－4.94	－21.72	－0.20	0.26

以上对两个成像段的成像仿真包含了双基地角恒定和时变两种情况，得到的理论结果与实际成像结果都很吻合，说明了本章给出的成像平面确定方法的正确性。

4.5.2　典型轨道的成像平面空变特性仿真

对成像平面的空变特性仿真时，发射站位于城市 A，接收站位于城市

B，TLE 根数仍采用 4.5.1 节仿真的轨道根数（见表 4－1），雷达发射 LFM 信号，载频 $f_c = 10$ GHz，带宽 $B = 400$ MHz，由于空变性引起的距离和多普勒单元徙动数量与散射点在成像坐标系中的坐标有关，因果假定散射点（x_p, y_p, z_p）的坐标为（10,10,10），单位为 m（注意：该坐标是指起始时刻在成像坐标系下的坐标）。

为了全面反映目标成像的空变特性，选择图 4－4 所示中的三个可视的轨道圈次进行仿真，轨道圈次 1 初始观测时刻相对历元时刻的时间为 4347 s，可视观测时间长度为 430 s；轨道圈次 2 初始观测时刻相对历元时刻的时间为 10 177 s，可视观测时间长度为 445 s；轨道圈次 3 初始观测时刻相对历元时刻的时间为 15 990 s，可视观测时间长度为 530 s。

观测期间，成像平面法线指向能够表征成像平面，在此通过绘制三个轨道圈次的成像平面法线来直观描述成像平面的变化情况，如图 4－7～图 4－9 所示，其中的图（a）均表示单位法线指向的坐标变化，图（b）中的红色细线均为单位法线、蓝色粗线均为法线末端连成的曲线，蓝色粗线的走势在一定程度上能够反映成像平面的变化程度。对比图 4－7～图 4－9 可以看出，成像平面变化既有平缓的弧段，也有剧烈的弧段。

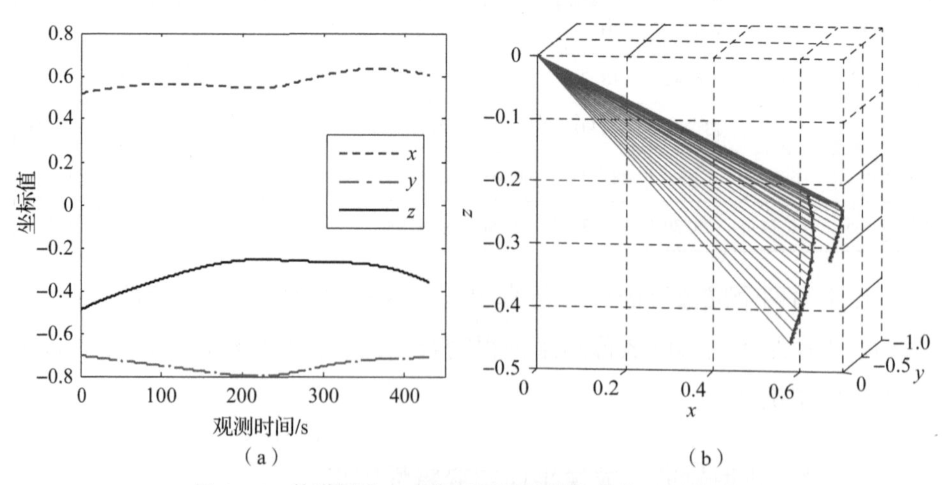

图 4－7　轨道圈次 1 成像平面法线指向变化（附彩图）

（a）法线指向坐标变化；（b）法线指向变化

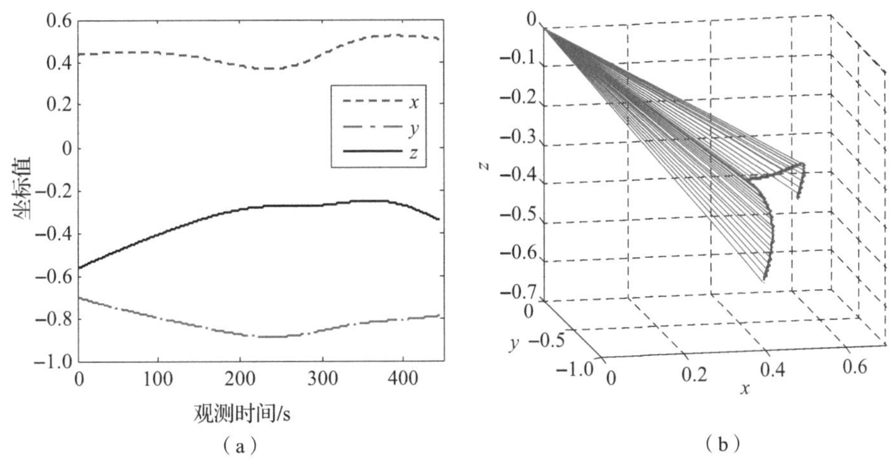

（a）　　　　（b）

图4-8　轨道圈次2成像平面法线指向变化（附彩图）

（a）法线指向坐标变化；（b）法线指向变化

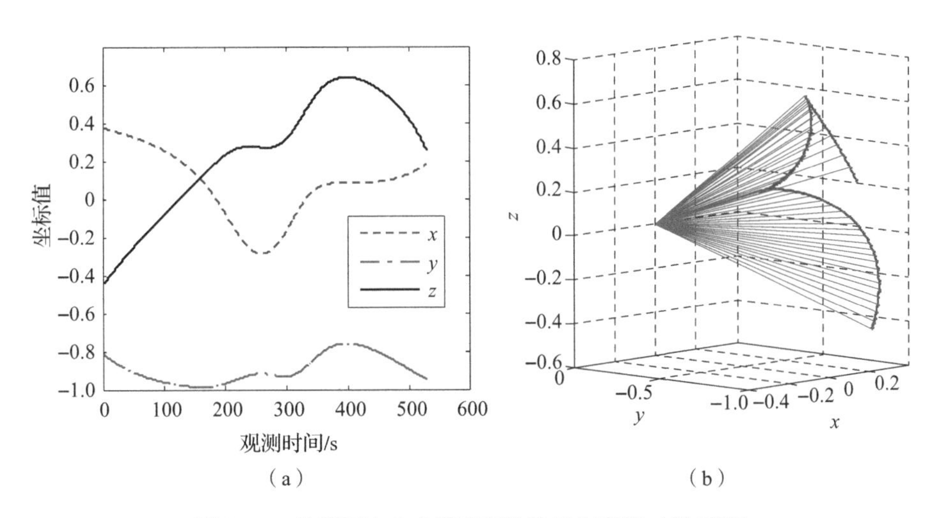

（a）　　　　（b）

图4-9　轨道圈次3成像平面法线指向变化（附彩图）

（a）法线指向坐标变化；（b）法线指向变化

成像平面法线能在一定程度上反映成像平面的变化情况，但不能反映成像平面空变对成像质量的影响。4.3节对成像平面进行分析时，为了定量分析成像期间成像平面的空变特性，便于后续对成像质量的分析，引入了3个欧拉角（即偏航角、俯仰角和滚动角），在此通过仿真来给出空间目标观测期间双基地 ISAR 成像平面的变化情况及对越分辨单元徙动的定量影响。

由式（4-40）和式（4-41）的分析可知，空变性对距离徙动的影响体现在 ΔR_{pm_xy} 项中，对多普勒徙动的影响体现在 f_{d_xy} 项中。ΔR_{pm_xy} 的影响因素有两项，f_{d_xy} 的影响因素有五项，其式如下：

- 距离因式 1：$\Delta R_{pm\_xy1}=2\sin\xi_{ym}\sin\xi_{xm}\cos\dfrac{\beta_m}{2}x_p$
- 距离因式 2：$\Delta R_{pm\_xy2}=2\sin\xi_{xm}\cos\dfrac{\beta_m}{2}z_p$
- 多普勒因式 1：$f_{\mathrm{d}\_xy1}=\dfrac{2f_{\mathrm{c}}}{c}\xi'_{ym}\sin\xi_{xm}\cos\dfrac{\beta_m}{2}x_p$
- 多普勒因式 2：$f_{\mathrm{d}\_xy2}=\dfrac{2f_{\mathrm{c}}}{c}\xi'_{xm}\sin\xi_{ym}\cos\dfrac{\beta_m}{2}x_p$
- 多普勒因式 3：$f_{\mathrm{d}\_xy3}=-\dfrac{2f_{\mathrm{c}}}{c}\xi'_{xm}\sin\xi_{xm}\cos\dfrac{\beta_m}{2}y_p$
- 多普勒因式 4：$f_{\mathrm{d}\_xy4}=\dfrac{2f_{\mathrm{c}}}{c}\xi'_{xm}\cos\dfrac{\beta_m}{2}z_p$
- 多普勒因式 5：$f_{\mathrm{d}\_xy5}=-\dfrac{f_{\mathrm{c}}}{c}\beta'_m\sin\xi_{xm}\sin\dfrac{\beta_m}{2}z_p$

根据距离和多普勒走动量可以得到相应的分辨单元走动个数，为了更直观地表示空变性对越分辨单元徙动的影响，这里通过仿真数据对可能引起越分辨单元徙动的各个因式进行计算。

图 4-10 给出了轨道圈次 1 的重要参数变化情况。其中，图 4-10（a）~（c）所示分别为 3 个欧拉角每 10 s 的变化量，图 4-10（d）（e）所示为观测期间的双基地角及其变化率，图 4-10（f）所示为双基地成像平面方位向与距离向的夹角变化。从仿真结果看，该圈次每 10 s 的成像积累时间内，偏航角都在 1°以上；俯仰角稍小，但大的也在 1°以上；滚动角最小，在 10^{-2}(°) 量级。

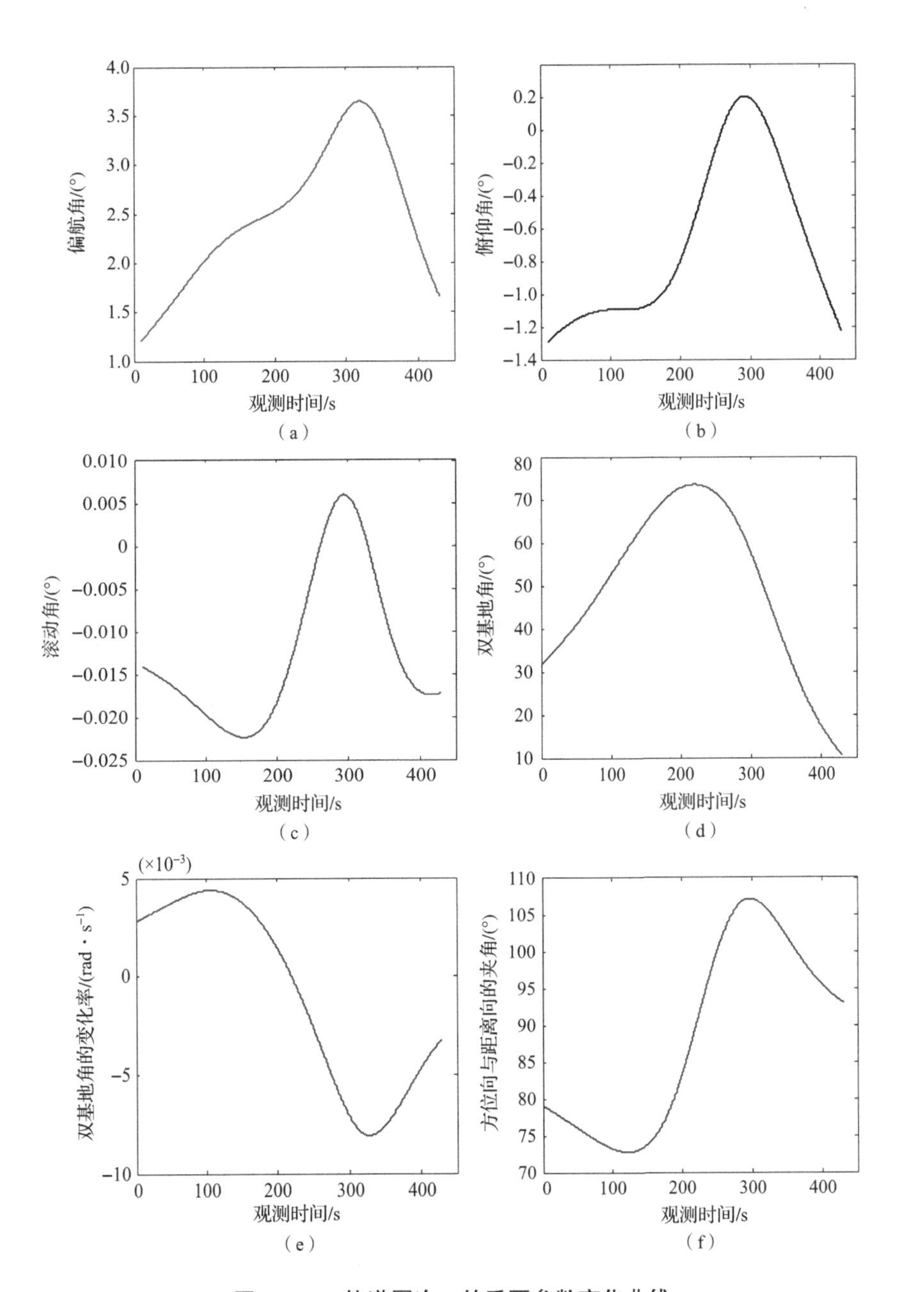

图 4－10　轨道圈次 1 的重要参数变化曲线

(a) 偏航角变化曲线（每 10 s）；(b) 俯仰角变化曲线（每 10 s）；(c) 滚动角变化曲线（每 10 s）；(d) 双基地角变化曲线；(e) 双基地角的变化率变化曲线；(f) 方位向与距离向的夹角变化曲线

图 4 - 11 给出了成像平面空变引起的距离单元走动个数和多普勒单元走动个数。从图 4 - 11（a）可以看出，在引起距离单元走动的两个因式中，因式 1 和因式 2 都很小，在该成像圈次，两个因式均不会引起距离单元走动。从图 4 - 11（b）可以看出，5 个多普勒因式中的因式 4 对多普勒单元走动的影响明显大于其他 4 个因式，当目标尺寸增加时，在该轨道圈次的某些成像弧段，空变会引起多普勒单元走动现象，影响成像质量。

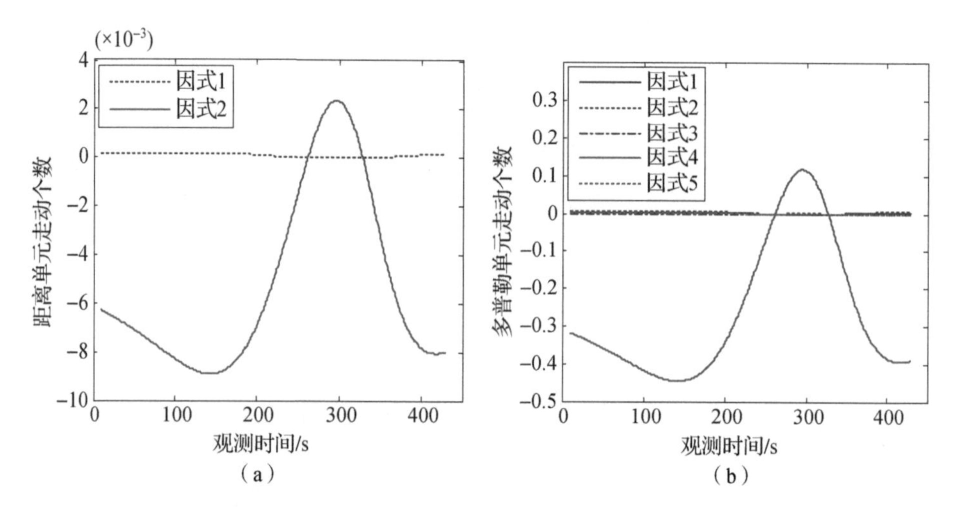

图 4 - 11 轨道圈次 1 成像平面空变引起的分辨单元走动个数（附彩图）

（a）越距离单元走动个数（每 10 s）；（b）越多普勒单元走动个数（每 10 s）

图 4 - 12 给出了轨道圈次 2 的重要参数变化情况，该圈次 3 个欧拉角的变化规律与轨道圈次 1 相似，且数值大小也在同一量级。图 4 - 13 给出了成像平面空变引起的距离单元走动个数和多普勒单元走动个数。从图 4 - 13（a）可以看出，引起距离单元走动的两个因式都很小（在 0.01 个距离单元量级），在该成像圈次，成像平面空变不会引起距离单元走动；从图 4 - 13（b）可以看出，与轨道圈次 1 一样，5 个多普勒因式中的因式 4 对多普勒单元走动的影响明显大于其他 4 个因式，达 0.5 个多普勒单元，因此在成像处理时，需要考虑该因式对成像的影响。

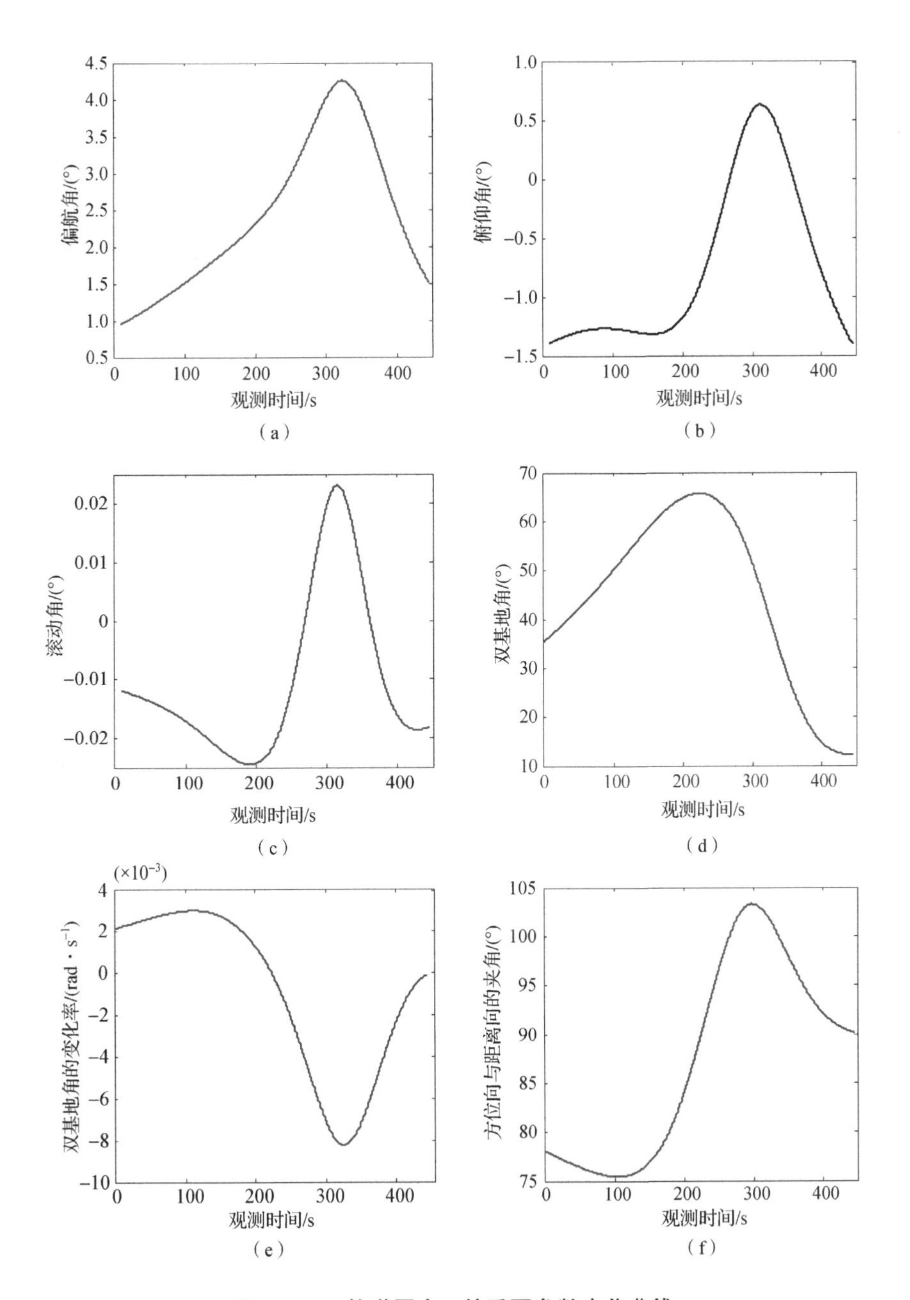

图 4-12　轨道圈次 2 的重要参数变化曲线

(a) 偏航角变化曲线（每 10 s）；(b) 俯仰角变化曲线（每 10 s）；(c) 滚动角变化曲线（每 10 s）；(d) 双基地角变化曲线；(e) 双基地角的变化率变化曲线；(f) 方位向与距离向的夹角变化曲线

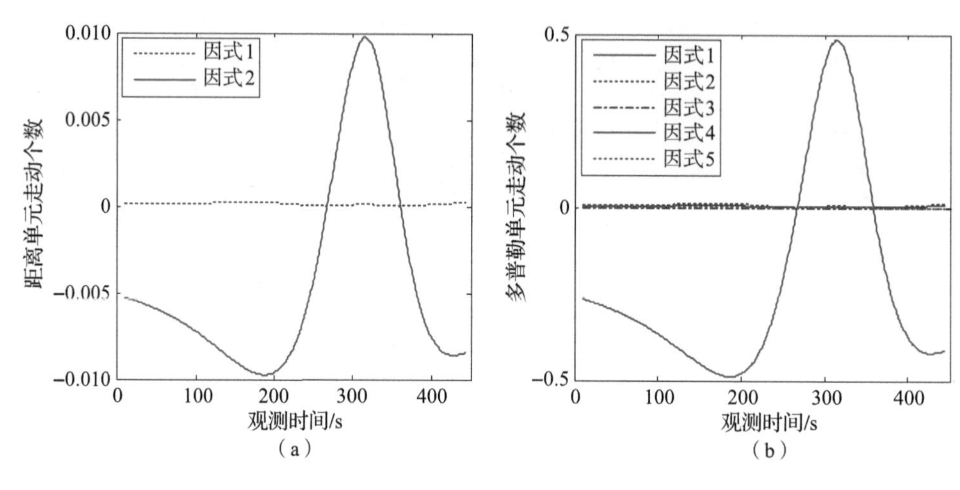

图 4－13　轨道圈次 2 成像平面空变引起的分辨单元走动个数（附彩图）

（a）越距离单元走动个数（每 10 s）；（b）越多普勒单元走动个数（每 10 s）

图 4－14 给出了轨道圈次 3 的重要参数变化情况，在该成像圈次，3 个欧拉角的数据值明显大于前两个轨道圈次，在 10 s 的积累时间内，偏航角在某些弧段高达 7.5°，空变角度中的俯仰角有的也接近 5°，滚动角量级在 10^{-1}(°)。从欧拉角的数值上看，该轨道圈次成像平面变化剧烈。图 4－15给出了成像平面空变引起的距离单元走动个数和多普勒单元走动个数。在该轨道圈次，成像平面空变引起的距离单元走动依然很小，不到 0.1 个距离单元；5 个多普勒因式中起主导作用的仍是多普勒因式 4，而引起的多普勒单元走动不可忽视，在部分弧段，对高度为 10 m 的目标有接近 4 个多普勒单元的走动。

以上仿真给出了 3 个轨道圈次空变角度的变化情况，以及空变引起的距离和多普勒单元走动个数。通过分析，可得到如下结论：

（1）在 3 个欧拉角中，偏航角和俯仰角的变化相对较大，达度（°）量级；而空变引起的滚动角变化很小，10 s 内变化量在 10^{-2}(°)～10^{-1}(°)量级。

（2）短时间成像期间，成像平面空变不会引起距离单元徙动。

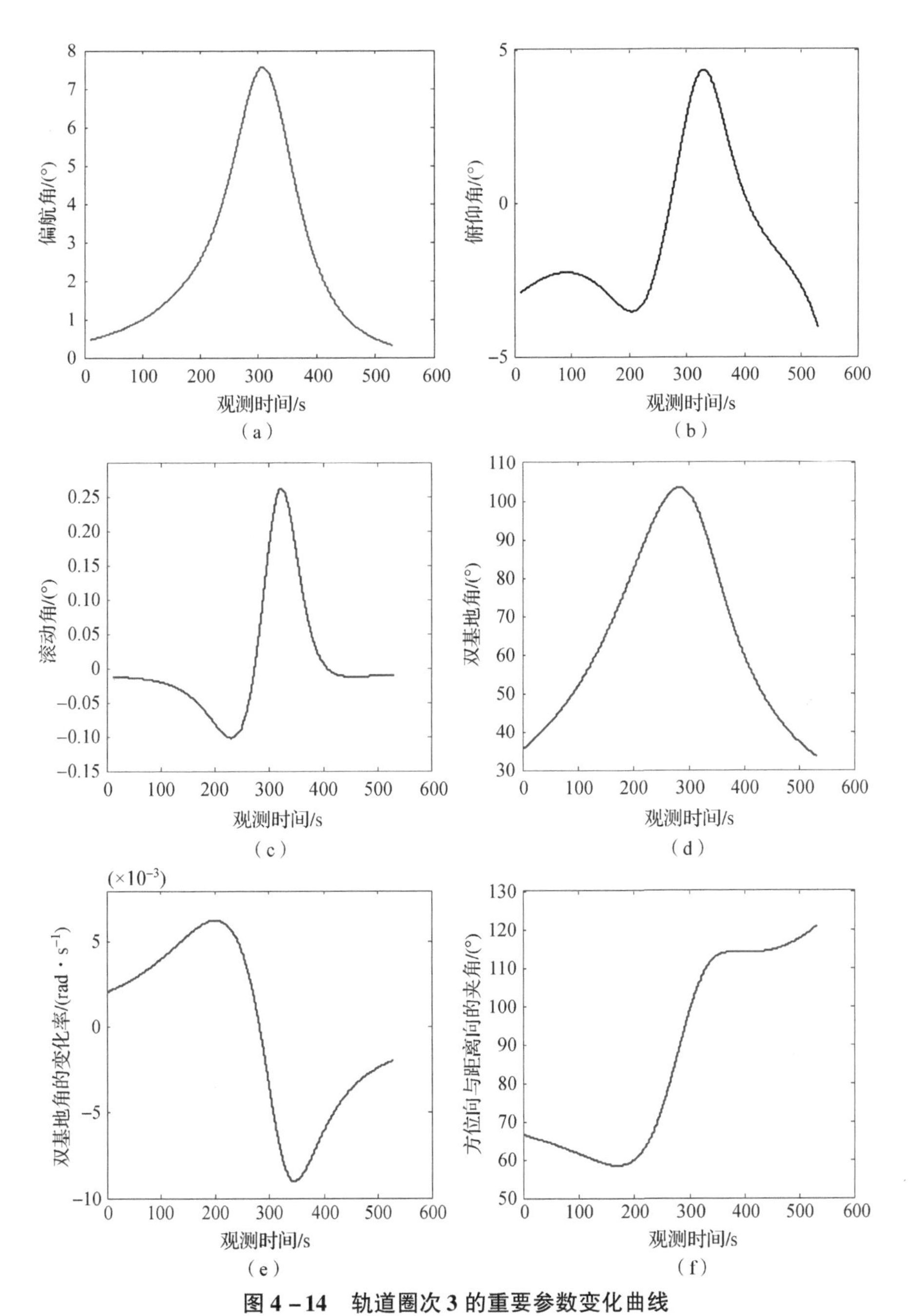

图 4-14　轨道圈次 3 的重要参数变化曲线

(a) 偏航角变化曲线（每 10 s）；(b) 俯仰角变化曲线（每 10 s）；(c) 滚动角变化曲线（每 10 s）；(d) 双基地角变化曲线；(e) 双基地角的变化率变化曲线；(f) 方位向与距离向的夹角变化曲线

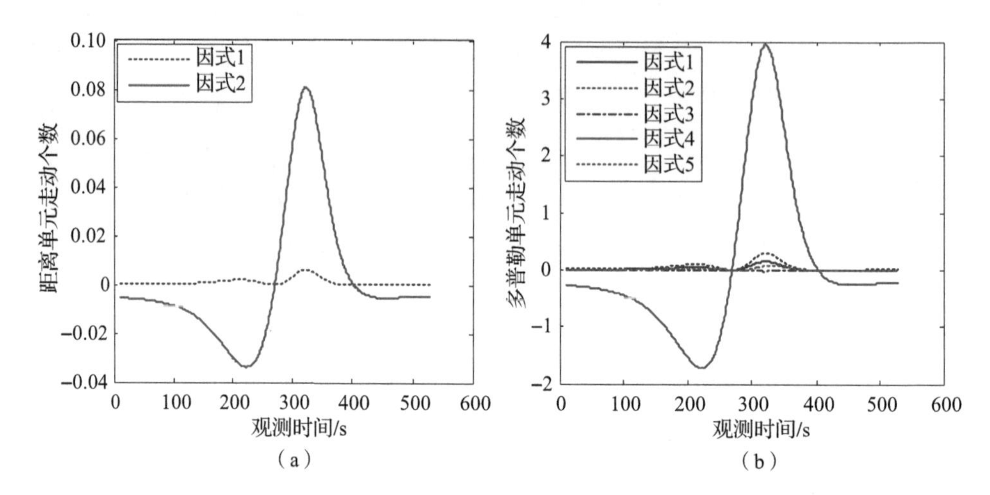

图 4-15 轨道圈次 3 成像平面空变引起的分辨单元走动个数（附彩图）

（a）越距离单元走动个数（每 10 s）；（b）越多普勒单元走动个数（每 10 s）

（3）空变性对多普勒徙动影响最大的项是多普勒因式 4，即 $f_{\mathrm{d}\_xy4}=(2f_{\mathrm{c}}/c)\xi'_{xm}\cos(\beta_m/2)z_p$，其他项在短时间成像期间一般不会产生越多普勒单元徙动。

4.5.3 成像平面空变对成像的影响仿真

从 4.5.2 节的空变特性仿真看出，空变性对成像的距离单元徙动基本无影响，对成像质量的影响主要体现在 $f_{\mathrm{d}\_xy4}=(2f_{\mathrm{c}}/c)\xi'_{xm}\cos(\beta_m/2)z_p$ 项引起的多普勒单元徙动上，若成像期间 ξ'_{xm} 的变化较大，就会引起散射点越多普勒单元徙动的发生，导致方位散焦，且多普勒走动量正比于散射点在成像坐标系下的高度坐标。空变性对成像的仿真验证可以通过对方位和距离相同而高度不同的散射点进行成像，理论上，高度坐标值越大，图像散焦就越严重，如果成像仿真结果与该结论吻合，则能够说明本章对空变性分析的正确性。

为了充分体现空变对成像的影响，选择滚动角 ξ_{xm} 变化较大的弧段进行成像仿真，这里选择 4.5.2 节中轨道圈次 3 观测的第 310 ~ 320 s 进行成像，具体仿真参数如表4-6所示。该成像段的重要参数变化曲线如图4-16所示，这些参数反映了成像平面的空变程度。

表4-6　空变性验证成像仿真参数

参数	参数值	参数	参数值	参数	参数值
载频/GHz	10	脉冲重复频率/Hz	50	累积转角/(°)	7.15
带宽/MHz	400	累积脉冲个数	500	距离分辨率/m	0.555
采样率/MHz	500	成像时间/s	10	方位分辨率/m	0.178
脉冲宽度/μs	20	双基地角变化/(°)	96.7~93.1	ξ'_{xm}变化/(rad·s^{-1})	0.000 87

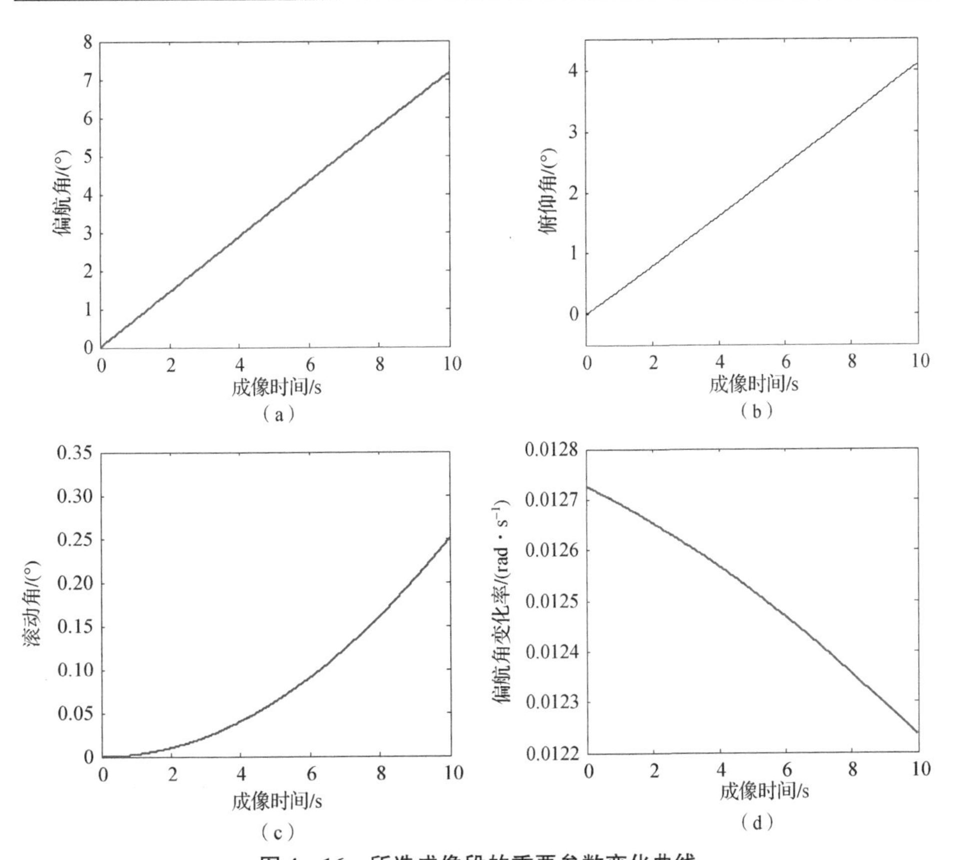

图4-16　所选成像段的重要参数变化曲线

(a) 偏航角变化曲线；(b) 俯仰角变化曲线；

(c) 滚动角变化曲线；(d) 偏航角变化率曲线

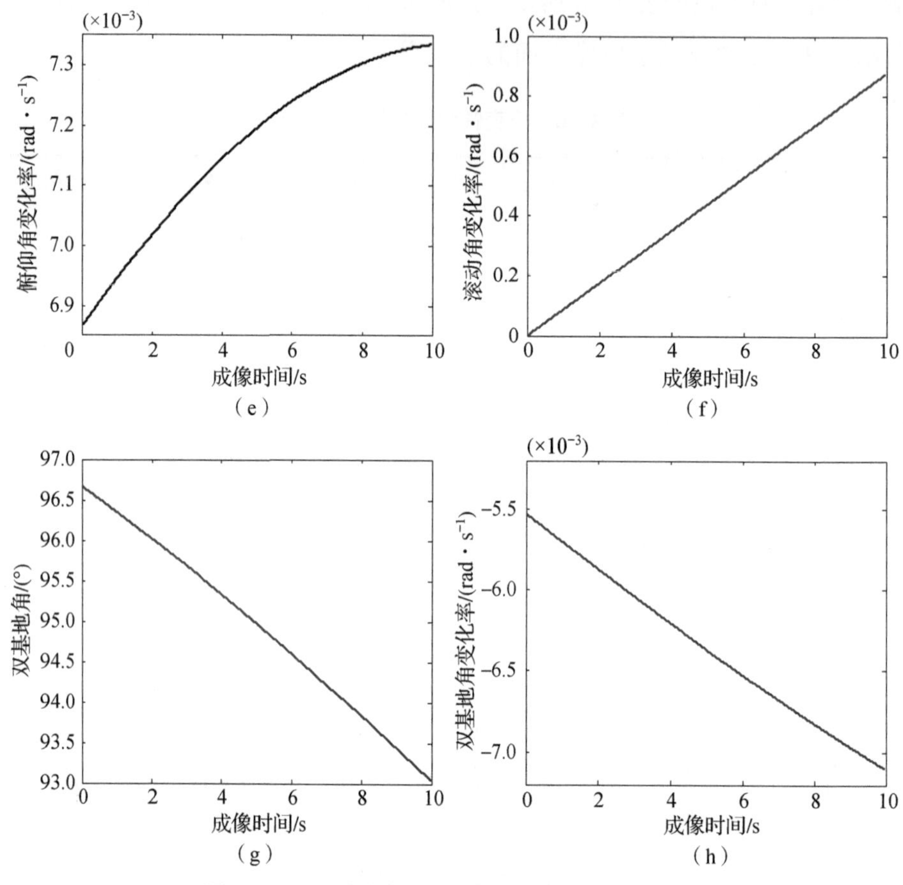

图 4-16 所选成像段的重要参数变化曲线（续）

（e）俯仰角变化率曲线；（f）滚动角变化率曲线；

（g）双基地角变化曲线；（h）双基地角变化率曲线

为了消除方位和距离坐标对成像的影响，成像选择单一的散射点，并且散射点在成像坐标系下的距离和方位投影均为 0，通过设置几组不同高度的散射点进行仿真对比，结果如图 4-17 所示。其中，图 4-17（a）所示为散射点高度为 0 m 时的成像结果，聚焦效果良好；图 4-17（b）所示为散射点高度为 15 m 时的成像结果，方位有一定程度的展宽；图 4-17（c）所示为散射点高度为 30 m 时的成像结果，方位散焦严重；图 4-17（d）所示为散射点所在距离单元的方位压缩结果对比，可明显看出，散射点越高，方位压缩结果散焦越严重。根据公式 $f_{d\_xy4} = (2f_c/c)\xi'_{xm}\cos(\beta_m/2)z_p$，结合表 4-6 及图 4-16 中的参数，可以计算出高度 z_p 为15 m、30 m 时的多普勒走动量分别为 0.6 Hz、1.2 Hz，即分别走动了 6 个、12 个多普勒单元；对比图 4-17（d）可知，理论计算出的走动量与实际成像结果吻合。

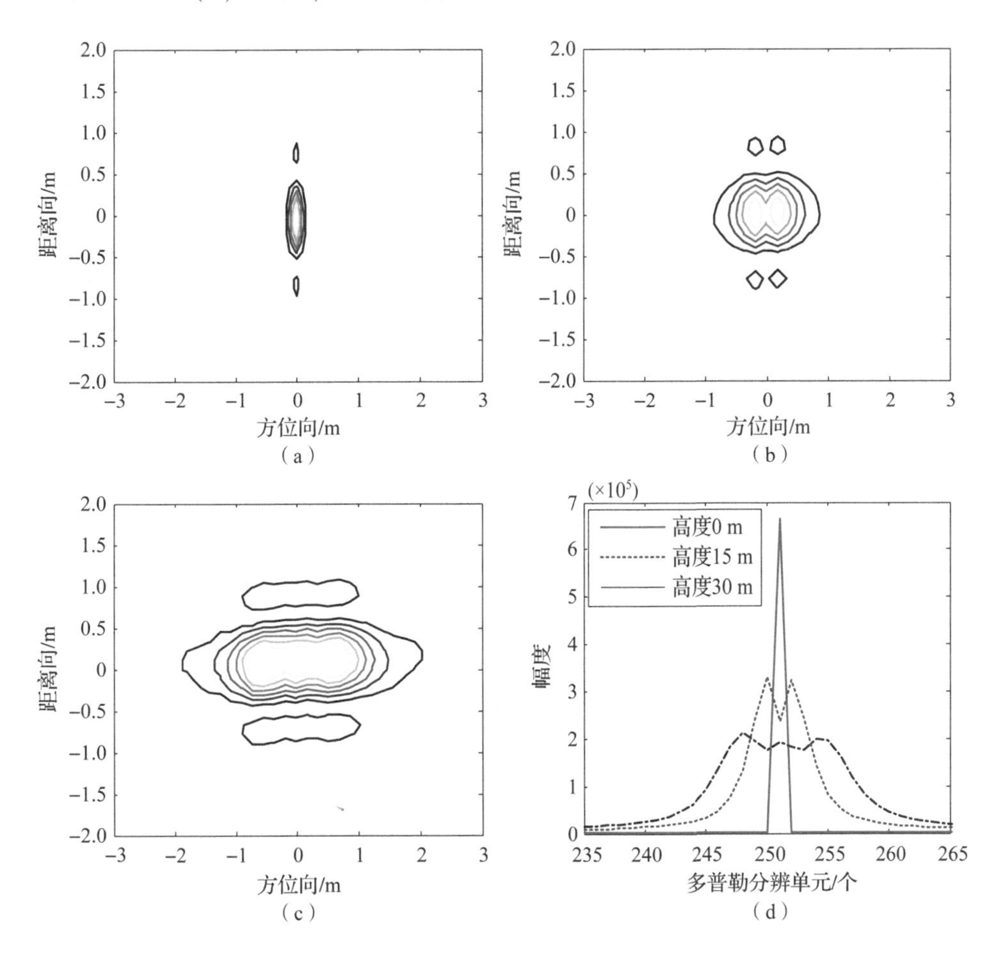

图 4-17　空变性对不同高度散射点的影响对比（附彩图）

（a）散射点高度为 0 m；（b）散射点高度为 15 m；

（c）散射点高度为 30 m；（d）方位压缩结果对比

接下来，通过两个轨道段的仿真实验来验证文中的结论。

选择轨道圈次 3 的两个成像段进行双基地 ISAR 成像仿真。成像段 1

是该圈次的 215 ~ 225 s（虽然成像段 310 ~ 320 s 空变性更严重，但 310 ~ 320 s 这段时间的累积转角较大（接近 8°），距离和方位变化容易引入越分辨单元走动，不便于观察空变性对成像的影响），该段的空变性较严重，会影响不同高度散射点的成像质量；成像段 2 是该圈次的 260 ~ 270 s，该段的成像平面几乎无空变，理论上对不同高度的散射点无影响。仿真散射点模型（在成像坐标系下的坐标）如图 4 – 18 所示，共 9 个散射点。散射点坐标如表 4 – 7 所示，散射点在距离向、方位向都相距很近，为 3 m，但高度差较大，$A \sim C$ 的高度向坐标为 0，$D \sim F$ 的高度向坐标为 20 m，$G \sim I$ 的高度向坐标为 40 m。两个轨道段的仿真参数及成像参数如表 4 – 8 所示。

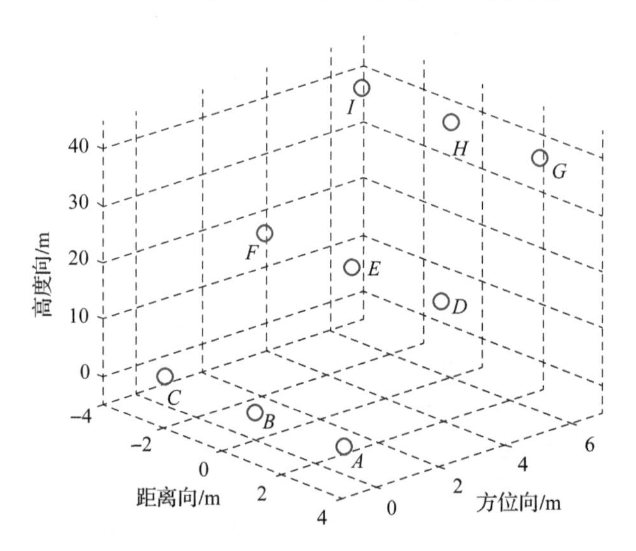

图 4 – 18　仿真散射点模型（成像坐标系下）

表 4 – 7　散射点坐标（成像坐标系下）

散射点		*A*	*B*	*C*	*D*	*E*	*F*	*G*	*H*	*I*
坐标	距离向/m	3	0	−3	3	0	−3	3	0	−3
	方位向/m	0	0	0	3	3	3	6	6	6
	高度向/m	0	0	0	20	20	20	40	40	40

表 4-8　仿真参数设置

参数	参数值	参数	参数值	参数	参数值	
					成像段 1	成像段 2
载频/GHz	10	脉冲重复频率/Hz	50	平均双基地角/(°)	88.46	100.0
带宽/MHz	400	累积脉冲个数	500	累积转角/(°)	3.39	5.79
脉冲宽度/μs	20	成像时间/s	10	距离分辨率/m	0.523	0.583
采样率/MHz	500	成像算法	RD 相参成像	方位分辨率/m	0.354	0.231

图 4-19 所示为两个成像段的仿真结果。可以看出，图 4-19（a）中，不同高度的散射点成像质量差别较大，高度越高，成像质量越差；图 4-19（b）中各散射点的成像结果较一致。这是因为：成像段 1 空变严重，对不同高度的散射点成像质量影响较大；成像段 2 基本无空变，不同高度的散射点成像质量差别很小。

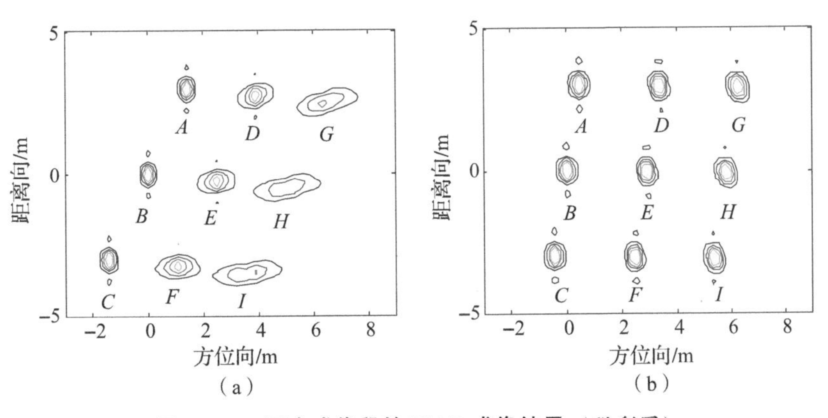

图 4-19　两个成像段的 ISAR 成像结果（附彩图）

（a）成像段 1 得到的 ISAR 二维图像；（b）成像段 2 得到的 ISAR 二维图像

为定量分析高度对越多普勒单元徙动的影响，提取散射点 B、E、H 所处的距离单元，其方位压缩结果如图 4-20 所示。成像段 1 的 3 个散射点差异很大，随高度的增加，主瓣展宽严重；成像段 2 的 3 个散射点差异不大。对两个成像段 ISAR 图像不同高度的散射点的距离和方位 3 dB 主瓣宽度进行统计，如表4－9 所示。可以看出，成像段1 的方位主瓣受高度影响较大，高度为0 m时，方位主瓣占据了1 个方位分辨单元，高度为20 m时，方位主瓣占据了3.6 个方位分辨单元，当高度为40 m时，跨越了7 个方位分辨单元，对比图4－15，对高度40 m的目标，该成像段空变不会引起距离走动，而会引起约7 个多普勒单元徙动的发生，仿真结果的多普勒走动量与图4－15 的结论完全吻合；成像段2 的方位主瓣受高度影响很小，不管高度为多少，散射点的方位3 dB 主瓣宽度均为1 个方位单元，该仿真结果也与图4－15 的结论一致。从两个成像段的距离主瓣宽度来看，散射点的距离走动受空变性的影响都很小。

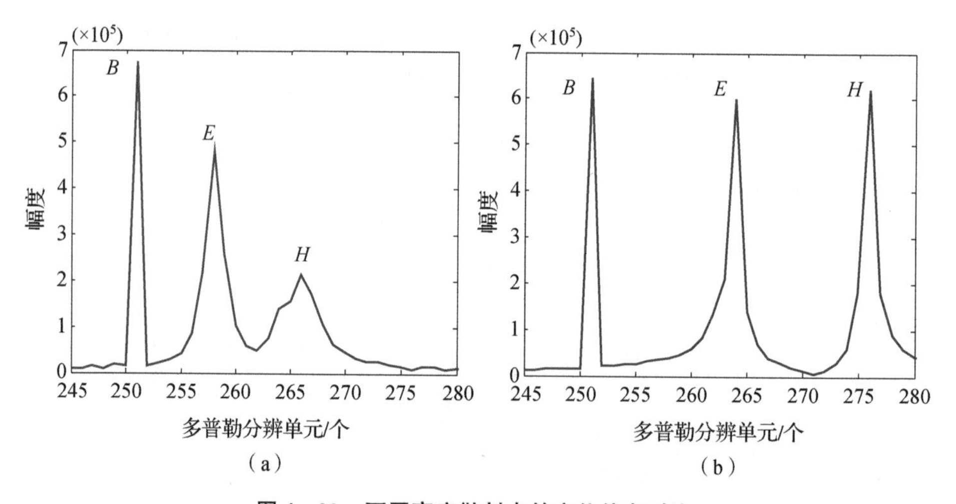

图4－20　不同高度散射点的方位信息对比

（a）成像段1 的方位压缩结果；（b）成像段2 的方位压缩结果

表4－9　两个成像段散射点3 dB 宽度统计　　m

不同高度值	距离向3 dB 主瓣宽度		方位向3 dB 主瓣宽度	
	成像段1	成像段2	成像段1	成像段2
高度0 m（*A*，*B*，*C*）	0.528	0.588	0.360	0.240
高度20 m（*D*，*E*，*F*）	0.533	0.592	1.352	0.244
高度40 m（*G*，*H*，*I*）	0.541	0.595	2.521	0.247

以上空变角度的仿真及双基地 ISAR 成像效果的对比，说明了理论分析与实际成像结果相吻合，表明了本章对空变性研究的正确性。

4.6 小　结

成像平面空变会影响成像质量，本章针对三轴稳定空间目标，介绍了双基地 ISAR 成像平面空变问题。首先，本章给出了双基地 ISAR 转台目标的成像平面表示。而后，本章通过公式推导确定了空间三轴姿稳目标的瞬时成像平面，指出：双基地 ISAR 的距离向为双基地雷达的角平分线方向，方位向由雷达相对收发双站位置矢量、速度矢量及目标姿稳转动矢量共同决定。然后，为定量分析成像平面的空变程度，本章提出了采用 3 个欧拉角（即偏航角、俯仰角和滚动角）对成像平面的空变特性进行描述的方法，给出了成像平面存在空变时的散射点的距离和多普勒信息，分析了成像平面空变对成像质量的影响。最后，本章进行了仿真实验，仿真结果及定量分析说明了成像平面的确定方法及空变特性分析的正确性。

第5章 双基地角时变下的ISAR越分辨单元徙动校正算法

5.1 引　言

双基地ISAR采用RD算法成像时，越分辨单元徙动问题（包括越距离单元徙动和越多普勒单元徙动）会导致二维图像散焦，影响后续的目标识别。Keystone变换常用于越距离单元徙动的校正[137]，文献［138］~［140］针对双基地ISAR的越距离单元徙动问题进行研究，通过Keystone变换实现了越距离单元徙动的校正，但没有考虑双基地角时变对距离徙动的影响及等效旋转角速度不均匀的情况，限制了算法的应用范畴。对越多普勒单元徙动校正的研究很少有文献涉及，若采用时频分析的方法，能够得到散射点的瞬时多普勒信息，避开多普勒单元徙动对成像质量的影响，但时频分析存在交叉项抑制问题，并且数据运算量和存储量都很大。由前文对常用成像算法的分析可知，BP、PFA等算法能够从本质上消除ISAR成像的越分辨单元徙动问题。然而，双基地雷达基线一般较长，存在“三大同步”的难题，且这些算法对目标的位置精度要求很高，因此在当前条件下，BP、PFA等对时钟、位置等信息敏感的算法在实际成像中很难应用。

RD算法物理意义明确、操作简单，对收发双站同步精度的要求低，是一种有效的成像算法。为提高成像质量，需要消除 RD 算法越分辨单元徙动对成像质量的不利影响。针对此问题，本章介绍双基地角时变下的越分辨单元徙动校正算法。

5.2 双基地 ISAR 越分辨单元徙动产生机理

当目标尺寸较大或成像累积转角较大时，RD 算法实现 ISAR 成像容易产生越分辨单元徙动现象，这是影响成像质量的关键因素。越距离单元徙动是指散射点在成像期间跨越多个距离单元格的现象，在进行方位压缩时，难以实现相同距离单元回波的相参累加，导致图像质量恶化；越多普勒单元徙动是指在成像过程中，散射点相对收发双站的转动多普勒发生变化，不在同一个多普勒单元内，进行方位压缩会导致方位主瓣展宽、图像质量下降。双基地 ISAR 的越分辨单元徙动产生机理较单基地 ISAR 复杂，影响因素更多，为了便于分析，本节首先从双基地 ISAR 转台模型来看 ISAR 越分辨单元徙动的产生及其对成像质量的影响，为后续空间目标双基地 ISAR 越分辨单元徙动的分析和校正打下基础。

双基地 ISAR 转台成像如图 5－1 所示，发射站雷达位置为 T，接收站雷达位置为 R，双基地雷达的等效单基地雷达位置为 E，则 E 在双基地角平分线上。以目标质心点 O 为原点，双基地角平分线为 y 轴建立右手直角坐标系 xOy。成像起始时刻，设定目标的散射点 $A\sim D$ 均在坐标轴上，散射点 P 不在坐标轴上，目标绕质心 O 以角速度 ω 转动。

目标转动过程中，多个脉冲回波的一维距离像序列如图 5－2（a）所示，ISAR 成像结果如图 5－2（b）所示。成像过程中，随着目标绕质心 O 的转动，质心以外的散射点到雷达的距离都是变化的，其中与雷达视线垂直方向上的 A、C 两点的距离变化最快；在雷达视线方向上的 B、D 两点的距离近似不变，但其多普勒是变化的。在成像示意图上就表现为：A、C

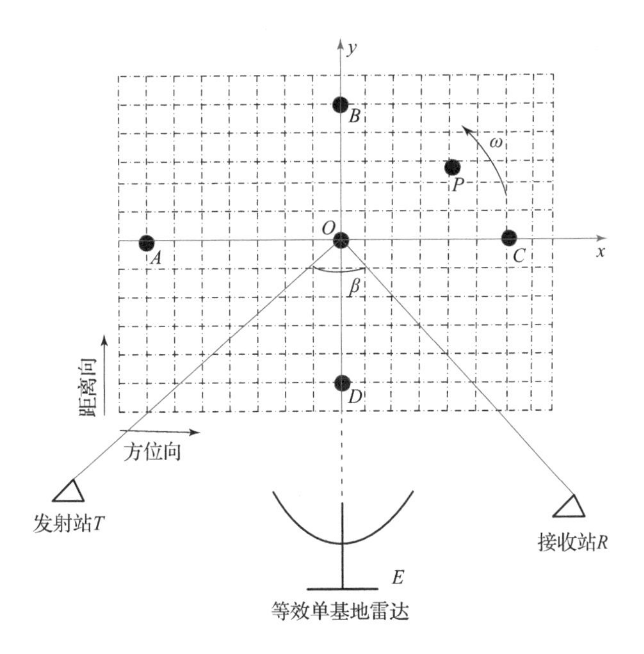

图5-1　双基地ISAR转台成像示意图

两点跨越了多个距离单元，距离向发生模糊；B、D两点跨越了多个多普勒单元，方位向发生散焦。散射点P不在坐标轴上，由于目标转动，因此该点会跨越多个距离单元和多普勒单元，表现在成像结果上为：既有距离向散焦，又有方位向散焦。

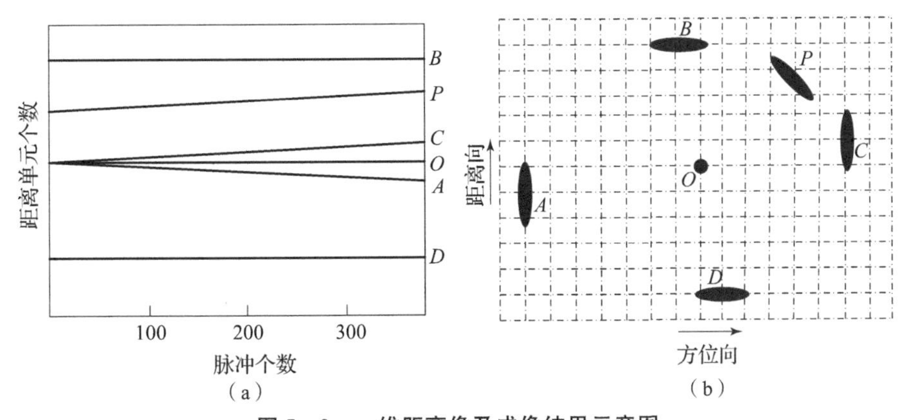

图5-2　一维距离像及成像结果示意图

(a) 一维距离像；(b) ISAR成像结果

设成像起始时刻为 t_1，目标上散射点 P 的坐标为（x_p,y_p），在 t_m 时刻，目标转动角度为 $\theta(t_m)$，并定义目标顺时针转动时角度为正（等效于坐标系逆时针转动为正，这样定义是为了与前面的定义相一致），则此时散射点 P 到双站的距离与目标质心 O 到双站的距离之差为

$$\Delta R_{pm} = -2x_p\sin\theta(t_m)\cos\frac{\beta}{2} + 2y_p\cos\theta(t_m)\cos\frac{\beta}{2} \tag{5-1}$$

对应的多普勒频率为

$$\begin{aligned} f_{\mathrm{d}} &= \frac{2f_{\mathrm{c}}}{c}(-\theta'(t_m)\cos\theta(t_m)x_p - \theta'(t_m)\sin\theta(t_m)y_p)\cos\frac{\beta}{2} \\ &\approx \frac{2f_{\mathrm{c}}}{c}(-\theta'(t_m)x_p - \theta'(t_m)\sin\theta(t_m)y_p)\cos\frac{\beta}{2} \end{aligned} \tag{5-2}$$

可以看出，在成像期间 ΔR_{pm} 不恒定，走动量由 $-2x_p\sin\theta(t_m)\cos(\beta/2)$ 引起，走动大小为目标转动过程在距离轴上的投影长度的 $2\cos(\beta/2)$ 倍。对于多普勒频率，若转动角速度恒定，即 $\theta'(t_m)$ 固定，则 t_m 时刻多普勒的走动量为 $\Delta f_{\mathrm{d}} = -(2f_{\mathrm{c}}/c)\theta'(t_m)\sin\theta(t_m)y_p\cos(\beta/2)$；若转动角速度变化，$\theta(t_m)$ 是慢时间的高次函数，则直接做傅里叶变换会导致方位向散焦，为得到聚焦良好的二维图像，就需要对回波在慢时间域重采样，使转动角速度均匀化。

式（5-1）、式（5-2）是双基地 ISAR 转台成像质量分析的依据，可以看出，越距离单元徙动是由目标转动引起的，越多普勒单元徙动是目标转动及转速是否均匀综合影响的结果。在对空间目标双基地 ISAR 成像分析时，考虑到双基地角时变及空变特性，需要根据其距离和多普勒变化历程进行分析和校正。

通过第 4 章的分析可知，式（4-32）、式（4-33）分别描述了成像过程中散射点 P（x_p,y_p）的距离和多普勒变化历程，该表达式包含了所有影响散射点距离和多普勒徙动的因素。同时，通过理论与仿真分析，针对空间目标双基地 ISAR 的成像实际，式（4-35）和式（4-34）对式（4-32）、式（4-33）作了简化。另外，成像平面空变角 ξ_{xm} 变化很小，

一般情况下可忽略该空变角对距离单元徙动的影响。空变性对多普勒徙动的影响主要体现在 $2(f_c/c)\xi'_{xm}\cos(\beta_m/2)z_p$ 项，该项与散射点的高度坐标值直接相关，后文分析可知，多普勒徙动的校正需要通过相位补偿的方式，而构造补偿相位项需要知道散射点的高度坐标值，由于 ISAR 成像得到的只有目标的距离和方位信息，高度信息不可能获知，因此高度引起的越分辨单元徙动是不能校正的，成像时应选择空变角较小的弧段成像。为方便后续分析，记累积转角 $\theta(t_m)=\xi_{zm}$、俯仰角 $\xi_y(t_m)=\xi_{ym}$、滚动角 $\xi_x(t_m)=\xi_{xm}$、双基地角 $\beta(t_m)=\beta_m$，不考虑高度信息对越分辨单元徙动的影响，此时的距离和多普勒变化历程可表示为

$$\Delta R_{pm}=2(-\sin\theta(t_m)+\sin\xi_y(t_m)\sin\xi_x(t_m))\cos\frac{\beta(t_m)}{2}x_p+2\cos\theta(t_m)\cos\xi_x(t_m)\cos\frac{\beta(t_m)}{2}y_p \tag{5-3}$$

$$f_d=\frac{2f_c}{c}\left[\left(-\theta'(t_m)\cos\frac{\beta(t_m)}{2}+\frac{\beta'(t_m)}{2}\sin\theta(t_m)\sin\frac{\beta(t_m)}{2}\right)x_p+\left(\xi'_y(t_m)\sin\xi_x(t_m)\cos\frac{\beta(t_m)}{2}+\xi'_x(t_m)\sin\xi_y(t_m)\cos\frac{\beta(t_m)}{2}\right)x_p+\left(-\theta'(t_m)\sin\theta(t_m)\cos\frac{\beta(t_m)}{2}-\frac{\beta'(t_m)}{2}\sin\frac{\beta(t_m)}{2}\right)y_p\right] \tag{5-4}$$

5.3　双基地 ISAR 越距离单元徙动校正

5.3.1　越距离单元徙动校正机理及 Keystone 变换

式（2-14）描述了散射点经过理想的运动补偿后的一维距离像，为保持叙述的完整性，重写如下：

$$s_{if_c}(\hat{t},t_m) = \sigma_P \sqrt{\mu} T_p \cdot \mathrm{sinc}\left[\mu T_p\left(\hat{t} - \frac{\Delta R_{pm}}{c}\right)\right]\exp\left(-\mathrm{j}2\pi f_c \frac{\Delta R_{pm}}{c}\right) \tag{5-5}$$

从一维距离像时域看，ΔR_{pm}是慢时间的函数，其导致成像期间散射点的峰值位置相对目标质心位置发生变化，并由此产生了越距离单元徙动。将式（5－3）代入式（5－5），并转换到频域可得

$$\begin{aligned} S_{if_c}(f,t_m) &= \sigma_P \left|S_b(f)\right|^2 \cdot \\ &\exp\left[-\mathrm{j}4\pi(f_c+f)\frac{(-\sin\theta(t_m)+\sin\xi_y(t_m)\sin\xi_x(t_m))x_p}{c}\cos\frac{\beta(t_m)}{2}\right]\cdot \\ &\exp\left[-\mathrm{j}4\pi(f_c+f)\frac{\cos\theta(t_m)\cos\xi_x(t_m)y_p}{c}\cos\frac{\beta(t_m)}{2}\right] \end{aligned} \tag{5-6}$$

在式（5－6）的指数项中，快时间频率f与慢时间t_m存在耦合，该耦合项使其在 IFFT（inverse fast Fourier transform，快速傅里叶逆变换）之后散射点峰值位置是慢时间的函数关系，若能消除两者之间的耦合关系，就可以消除散射点的越距离单元徙动。

假定成像期间双基地角不变且成像平面不存在空变，分析目标的等效旋转速度恒定与不恒定两种情况下的越距离单元徙动校正方法。

（1）假设双基地 ISAR 成像期间，双基地角恒为β，成像平面无空变，且累积转角均匀变化，转动角速度恒为ω，则$\sin\theta(t_m)\approx\omega\cdot t_m$，$\cos\theta(t_m)\approx1$，$\xi_y(t_m)=\xi_x(t_m)\equiv0$，式（5－6）可表示为

$$S_{if_c}(f,t_m) = \sigma_P \left|S_b(f)\right|^2 \cdot \exp\left[-\mathrm{j}4\pi(f_c+f)\frac{-\omega t_m x_p + y_p}{c}\cos\frac{\beta}{2}\right] \tag{5-7}$$

Keystone 变换是一种尺度变换，常用于越距离单元徙动的校正。通过定义虚拟慢时间τ_m，使其满足

$$(f_c+f)t_m = f_c\tau_m \tag{5-8}$$

将式（5－8）代入式（5－7），可得

$$
\begin{aligned}
S_{if_c}(f,t_m) &= \sigma_P \left|S_b(f)\right|^2 \cdot \exp\left\{j\frac{4\pi}{c}\left[f_c x_p \omega \tau_m - (f_c + f) y_p\right]\cos\frac{\beta}{2}\right\} \\
&= \sigma_P \left|S_b(f)\right|^2 \cdot \exp\left\{j\frac{4\pi}{c}\left[f_c(x_p \omega \tau_m - y_p) - f y_p\right]\cos\frac{\beta}{2}\right\}
\end{aligned}
\tag{5-9}
$$

可见，Keystone 变换消除了快时间频率 f 与慢时间 t_m 的耦合。对式（5－9）的快时间频率 f 作 IFFT 变换，可得

$$
\begin{aligned}
s_{if_c}(\hat{t},t_m) = \sigma_P \sqrt{\mu} T_p \cdot \operatorname{sinc}\left[\mu T_p\left(\hat{t} - \frac{2y_p}{c}\cos\frac{\beta}{2}\right)\right] \cdot \\
\exp\left[j\frac{4\pi f_c}{c}(x_p \omega \tau_m - y_p)\cos\frac{\beta}{2}\right]
\end{aligned}
\tag{5-10}
$$

这样，散射点峰值出现的位置保持恒定，不再存在越距离单元徙动问题，同时，指数项中只含有慢时间 τ_m 的一次项，直接对慢时间作 FFT 即可提取出散射点的多普勒信息，对多普勒定标后也就得到了散射点的方位坐标。

Keystone 变换的实质是针对 t_m 所做的尺度变换，变换的尺度与快时间频率 f 有关，通过变换来完成数据的重采样。从式（5－8）可以看出，重采样时刻为

$$
\tau_m = (1 + f/f_c)t_m \tag{5-11}
$$

原始数据（对一维距离像的每次回波 FFT 变换的数据）是在 $t_m - f$ 平面以矩形采样的，但经过式（5－8）的变换，即得到了在重采样时刻 τ_m 的数据，数据矩阵在 $\tau_m - f$ 平面转换为梯形，如图 5－3 所示，图中的 f_s 为回波采样率。重采样时刻 τ_m 的斜率与 t_m 成正比，随着 t_m 的增加，每次回波采样斜率变大。

（2）若成像期间，双基地角恒定，成像平面无空变，但目标的等效旋转速度不恒定，不妨设累积转角 $\theta(t_m)$ 为慢时间的 t_m 二次函数，记为

$$
\theta(t_m) = \omega\left(t_m + \frac{1}{2}a_\omega t_m^2\right) \tag{5-12}
$$

式中，a_ω——转动角速度的加速度系数（相对 ω 的值）。

则式（5－6）可表示为

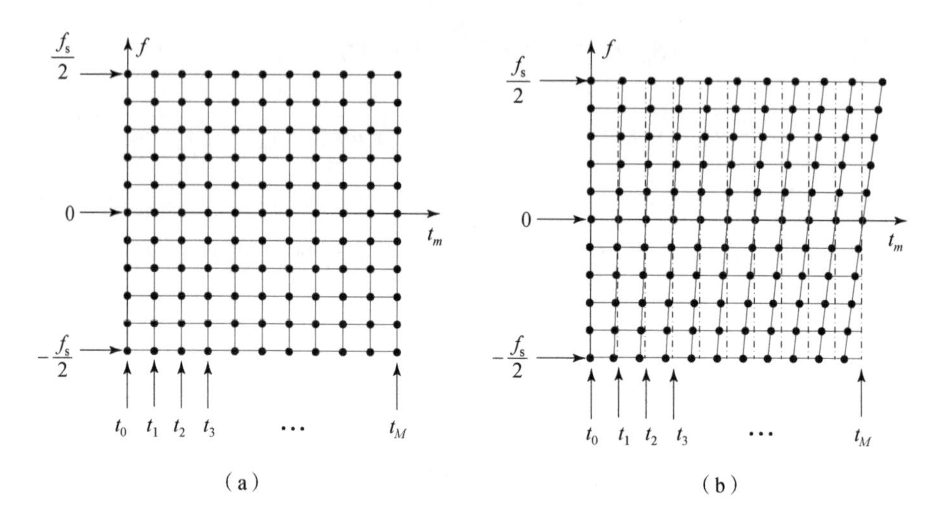

图 5-3 Keystone 变换采样平面转换（附彩图）

（a）重采样前平面；（b）重采样后平面

$$S_{if_c}(f,t_m) = \sigma_P \left|S_b(f)\right|^2 \cdot \exp\left\{-j4\pi \frac{(f_c+f)}{c}\left[-x_p\omega\left(t_m+\frac{1}{2}a_\omega t_m^2\right)+y_p\right]\cos\frac{\beta}{2}\right\} \tag{5-13}$$

对比等效旋转速度恒定时的式（5-7），此时，快时间频率 f 与慢时间 t_m 的耦合项不是一次的，而是高次的，若仍采用式进行 Keystone 变换完成重采样，则经过变换后的快频域数据可表示为

$$S_{if_c}(f,t_m) = \sigma_P \left|S_b(f)\right|^2 \cdot \exp\left\{j\frac{4\pi}{c}\left[f_c x_p\omega\tau_m\left(1+\frac{1}{2}a_\omega t_m\right)-(f_c+f)y_p\right]\cos\frac{\beta}{2}\right\} \tag{5-14}$$

此时，式中也不存在 f 与 t_m 的耦合项，即通过式（5-8）的 Keystone 变换可以校正越距离单元徙动，可表示为

$$s_{if_c}(\hat{t},t_m) = \sigma_P\sqrt{\mu}T_p \cdot \text{sinc}\left[\mu T_p\left(\hat{t}-\frac{2y_p}{c}\cos\frac{\beta}{2}\right)\right] \cdot \exp\left\{j\frac{4\pi f_c}{c}\left[x_p\omega\tau_m\left(1+\frac{1}{2}a_\omega t_m\right)-y_p\right]\cos\frac{\beta}{2}\right\} \tag{5-15}$$

但含方位坐标 x_p 的指数相位项不是 t_m 的单频函数，慢时间与虚拟慢时间是耦合的，若直接 FFT 提取目标的多普勒信息，二次项会使峰值主瓣展宽，展宽程度不仅与转动角速度的加速度系数 a_ω 有关，还与散射点的方位坐标 x_p 的大小有关，并且该耦合无法通过相位补偿的方式消除，因此在 Keystone 变换时就应该考虑 f 与 t_m 的耦合阶数问题，使其不至于影响后续方位信息的提取。

针对转动角速度不恒定的情况，定义广义 Keystone 变换，使虚拟慢时间 τ_m 满足下式：

$$(f_c+f)\left(t_m+\frac{1}{2}a_\omega t_m^2\right)=f_c\tau_m \tag{5-16}$$

采用式（5-16）对式（5-13）进行变量代换，并化简可得

$$S_{if_c}(f,t_m)=\sigma_P\left|S_b(f)\right|^2\cdot\exp\left\{j\frac{4\pi}{c}[f_c(x_p\omega\tau_m-y_p)-fy_p]\cos\frac{\beta}{2}\right\} \tag{5-17}$$

广义 Keystone 变换后的结果与式（5-9）一致，x_p 是 τ_m 的一次函数，进而可以对快时间频域 IFFT，再进行方位压缩得到目标的二维图像，并且不会出现方位散焦现象。

广义 Keystone 变换实施时，采样时间满足下式：

$$\tau_m=\left(1+\frac{f}{f_c}\right)\left(t_m+\frac{1}{2}a_\omega t_m^2\right) \tag{5-18}$$

对比式（5-11）和式（5-18）可知，$f=0$ 时，两者对应的采样时刻不同，广义 Keystone 变换（式（5-18））的数据采样点与基本 Keystone 变换（式（5-11））的数据采样点对比如图 5-4 所示。

通过前文的分析知道，基本 Keystone 变换（式（5-8））对转速均匀和非均匀的越距离单元徙动都能校正，使相同散射点的峰值位置处于同一距离单元，说明基本的 Keystone 变换对越距离单元徙动的校正不受快时间频域与慢时间耦合阶次的影响。但是，慢时间存在高阶项时，基本的 Keystone 变换会使距离单元徙动校正后的相位项中含有方位坐标与慢时间

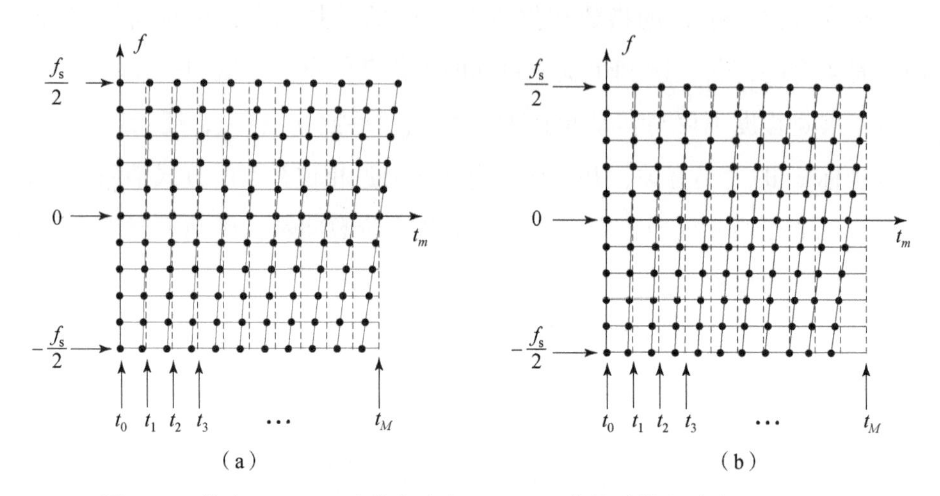

图 5-4 基本 Keystone 变换与广义 Keystone 变换采样点对比（附彩图）

（a）基本 Keystone 变换采样平面；（b）广义 Keystone 变换采样平面

高次项的耦合，该耦合无法通过相位补偿的方式消除，在提取多普勒信息时会出现严重的方位散焦现象。采用广义 Keystone 变换（式（5-16））的目的在于使变换后的相位中只含有方位坐标与慢时间一次项的耦合（距离坐标与慢时间高次项的耦合可以通过相位补偿的方式消除，这涉及多普勒单元徙动校正的问题，下文将详细论述），消除了潜在的方位坐标项引起的方位散焦因素。

5.3.2 越距离单元徙动校正

5.3.1 节在不考虑成像期间的双基地角时变的情况下，给出了 Keystone 变换实现越距离单元徙动校正的方法，本节针对双基地角和目标等效旋转速度都不恒定的情况，研究越距离单元徙动校正方法。

双基地 ISAR 中，双基地角及等效转速不均匀都会引入慢时间的二次项甚至高次项。此时，快慢时间的耦合不再是慢时间的一次函数，若仍采用式（5-8）进行 Keystone 变换，将不能完全消除方位坐标与慢时间的高次耦合项，方位压缩时会导致图像散焦。因此，需要针对双基地 ISAR 的成像特点对算法进行改进。

式（5-6）的指数项体现了双基地ISAR快时间频率与慢时间的耦合，记耦合项为

$$\phi = (f_c + f)\left[\left(-\sin\theta(t_m) + \sin\xi_y(t_m)\sin\xi_x(t_m)\right)x_p + \cos\theta(t_m)\cos\xi_x(t_m)y_p\right]\cos\frac{\beta(t_m)}{2} \tag{5-19}$$

该耦合项包含了散射点的距离向与方位向坐标，且都受双基地角余弦函数的调制，从越距离单元徙动的机理上，双基地角的余弦项使分辨率变化，导致散射点在距离单元上的投影位置发生变化。因此，应先进行一次Keystone变换，消除双基地角对距离走动的影响。

定义虚拟快频率f_1，使其满足下式：

$$f\cos\frac{\beta(t_m)}{2} = f_1\cos\frac{\beta_A}{2} \tag{5-20}$$

式中，β_A——成像期间的平均双基地角。

将式（5-20）代入式（5-6），得

$$S_{if_c}(f,t_m) = |S_b(f)|^2 \cdot \exp\left[-j4\pi\left(f_c\cos\frac{\beta(t_m)}{2} + f_1\cos\frac{\beta_A}{2}\right)\cdot \frac{\left(-\sin\theta(t_m) + \sin\xi_y(t_m)\sin\xi_x(t_m)\right)x_p + \cos\theta(t_m)\cos\xi_x(t_m)y_p}{c}\right] \tag{5-21}$$

这样，双基地角变化引起的慢时间项与快时间频率不再有耦合关系，剩余的快慢时间耦合就转化为快时间与累积转角的耦合。

定义虚拟慢时间τ_m，使其满足下式：

$$\left(f_c\cos\frac{\beta(t_m)}{2} + f_1\cos\frac{\beta_A}{2}\right)\left(\sin\theta(t_m) - \sin\xi_y(t_m)\sin\xi_x(t_m)\right) = f_c\omega_A\cos\frac{\beta_A}{2}\tau_m \tag{5-22}$$

式中，ω_A——成像期间的平均等效旋转角速度。

将式（5-22）代入式（5-21），可得

$$S_{if_c}(f,t_m) = \sigma_P \cdot |S_b(f)|^2 \cdot \exp\left(j4\pi f_c \frac{x_p\omega_A\tau_m}{c}\cos\frac{\beta_A}{2}\right)\cdot$$
$$\exp\left[-j4\pi\left(f_c\cos\frac{\beta(\tau_m)}{2}+f_1\cos\frac{\beta_A}{2}\right)\frac{y_p\cos\theta(\tau_m)\cos\xi_x(\tau_m)}{c}\right] \tag{5-23}$$

此时，快时间频率与慢时间的耦合只有 $f_1\cdot\cos\theta(\tau_m)\cos\xi_x(\tau_m)$ 项，由于 $\theta(\tau_m)\ll 1$，故 $\cos\theta(\tau_m)\cos\xi_x(\tau_m)$ 的变化很小，散射点不会出现距离单元徙动现象。式（5－20）和式（5－22）的两步操作可通过一次广义的 Keystone 变换实现，该变量代换可记为

$$(f_c+f)\left(\sin\theta(t_m)-\sin\xi_y(t_m)\sin\xi_x(t_m)\right)\cos\frac{\beta(t_m)}{2}=f_c\omega_A\cos\frac{\beta_A}{2}\tau_m \tag{5-24}$$

经过式（5－24）的变量代换，式（5－6）可得到式（5－23）。对式（5－23）作 IFFT 到快时间域，即可得到越距离单元徙动校正后的一维距离像，可表示为

$$s_{if_c}(\hat{t},\tau_m) = \sigma_P\sqrt{\mu}T_p\cdot \text{sinc}\left[\mu T_p\left(\hat{t}-\frac{2y_p}{c}\cos\frac{\beta_A}{2}\right)\right]\cdot\exp\left[-j2\pi\cdot\right.$$
$$\left.\left(-f_c\frac{2x_p\omega_A\tau_m}{c}\cos\frac{\beta_A}{2}+f_c\frac{2y_p\cos\theta(\tau_m)\cos\xi_x(\tau_m)}{c}\cos\frac{\beta(\tau_m)}{2}\right)\right] \tag{5-25}$$

此时，一维距离像包络峰值始终出现在 $\hat{t}=(2y_p/c)\cos(\beta_A/2)$ 的位置，不存在越距离单元徙动现象。观察式（5－25）中的指数项，散射点的方位坐标 x_p 的系数是慢时间的一次函数，即通过提出的广义 Keystone 变换校正了越距离单元徙动，同时消除了目标不均匀转动、双基地角变化引入的高次项对方位压缩的影响。但校正后的一维距离像相位中含有散射点的距离坐标 y_p 与慢时间的高次项，该项的存在同样会导致方位散焦，这需要通过越多普勒单元徙动进行校正，使相位项仅是方位坐标的单频函数。

需要注意的是，当信号发射脉冲重复频率较小、目标转动速度过大

时，Keystone 变换会出现速度模糊的问题，导致算法失效。在双基地 ISAR 越距离单元徙动校正中，也应避免速度模糊的问题，这就要求成像期间散射点的转动多普勒不大于 PRF（pulse repetition frequency，脉冲重复频率）的一半，即式（4 - 34）满足 $|f_{\mathrm{d}}| \leqslant \mathrm{PRF}/2$。这对成像目标的尺寸和成像轨道具有一定的约束，一般情况下，进行空间目标成像时，转动多普勒比较小，不会出现多普勒模糊的现象。

5.4　双基地 ISAR 越多普勒单元徙动校正

距离 - 多普勒原理实现方位分辨时，既可以直接通过傅里叶变换实现，也可以通过时频分析的方法实现。由于双基地角时变、目标机动运动等因素，进行多普勒分析的相位项中会含有慢时间的二次项甚至高次项，直接对方位向 FFT 会出现方位散焦现象，成像质量不高。时频分析适合于慢时间二次项的多普勒提取，但一般交叉项较多，也难以抑制；而且，时频分析需要很大的运算量和存储空间，即时频分析方法对成像的实施也有诸多不利。

若能够通过相位补偿的方式消除一维距离像序列中相位项所含有的慢时间的二次项及高次项，则可以采用 FFT 进行方位压缩，并且能量得到有效积累、方位不再散焦。基于这个思路，对越距离单元徙动后的一维距离像进行相位补偿，以期达到方位聚焦的效果。

5.4.1　越多普勒单元徙动校正

距离徙动校正后的双基地 ISAR 一维距离像如式（5 - 25）所示，记其相位项为

$$\varphi_{\mathrm{Bi}} = -2\pi\left(-f_{\mathrm{c}}\frac{2x_p\omega_{\mathrm{A}}\tau_m}{c}\cos\frac{\beta_{\mathrm{A}}}{2} + f_{\mathrm{c}}\frac{2y_p\cos\theta(\tau_m)\cos\xi_x(\tau_m)}{c}\cos\frac{\beta(\tau_m)}{2}\right) \tag{5-26}$$

并令

$$\varphi_1 = 4\pi \frac{f_c}{c} x_p \omega_A \tau_m \cos\frac{\beta_A}{2} \tag{5-27}$$

$$\varphi_2 = -4\pi \frac{f_c}{c} y_p \cos\theta(\tau_m)\cos\xi_x(\tau_m)\cos\frac{\beta(\tau_m)}{2} \tag{5-28}$$

方位压缩的目的在于提取目标的多普勒信息，式中含 x_p 的系数项 φ_1 是慢时间的一次函数，但含 y_p 的项 φ_2 会含有慢时间的高次函数，该项的存在会引起散射点越多普勒单元徙动的发生。理论上，可以直接将 φ_2 补偿掉，从而消除越多普勒单元的徙动，剩余慢时间的单频信号。但是，ISAR 成像结果会产生一定程度的"歪斜"，若直接将 φ_2 补偿，"歪斜"就会随之消除，这样会引起散射点波瓣的分裂（这是多普勒单元未细化引起的）。因此，在进行相位补偿的同时，不能破坏图像的"歪斜"特性。

对式（5-26）的相位求导，可得散射点的多普勒信息：

$$\begin{aligned} f_{d\_Bi} = & -\frac{2f_c}{c} x_p \omega_A \cos\frac{\beta_A}{2} - \frac{2f_c}{c} y_p \theta'(\tau_m)\sin\theta(\tau_m)\cos\frac{\beta(\tau_m)}{2} - \\ & \frac{2f_c}{c} y_p \xi_x'(\tau_m)\sin\xi_x(\tau_m)\cos\frac{\beta(\tau_m)}{2} - \frac{f_c}{c} y_p \beta'(\tau_m)\sin\frac{\beta(\tau_m)}{2} \end{aligned} \tag{5-29}$$

在式（5-29）中的四项中，第一项是散射点等效旋转引起的多普勒，可得到目标方位信息；第二、三项由于瞬时成像平面空变、双基地角时变及等效旋转速度不均匀等因素，会产生多普勒徙动，其中第三项因滚动角及其变化率都比较小，产生越多普勒单元徙动的可能性就很小；第四项是图像的"歪斜"项，由于双基地角时变，该项也可能引入多普勒徙动。从第四项可以看出，双基地 ISAR 图像的"歪斜"量与距离坐标成正比，散射点离散射中心越远，"歪斜"量就越大。针对距离单元 y_p 处，散射点"歪斜"量的均值为 $-(f_c/c)y_p\overline{\beta'}\sin(\beta_A/2)$，其中 $\overline{\beta'}$ 为成像期间 $\beta'(\tau_m)$ 的均值，在构造相位补偿项时，若将 φ_2 补偿掉，则需加入多普勒 $-(f_c/c)y_p\overline{\beta'}\sin(\beta_A/2)$ 对应的相位项，即不改变图像的"歪斜"特性。

因此，可以构造补偿相位如下：

$$\Phi_{\mathrm{comp}} = \exp\left[\mathrm{j}4\pi\frac{f_{\mathrm{c}}}{c}\left(y_p\cos\theta(\tau_m)\cos\xi_x(\tau_m)\cos\frac{\beta(\tau_m)}{2} + \frac{y_p}{2}\overline{\beta'}\sin\frac{\beta_{\mathrm{A}}}{2}t_m\right)\right] \tag{5-30}$$

式中，$\theta(\tau_m)$ 和 $\beta(\tau_m)$ 可由式（5－24）通过对 $\theta(t_m)$ 和 $\beta(t_m)$ 插值得到（为得到插值位置，令式（5－24）中的 $f=0$）。相位补偿后的一维距离像为

$$s_{if_{\mathrm{c}}}(\hat{t},\tau_m) = \sigma_P\sqrt{\mu}T_{\mathrm{p}}\cdot\mathrm{sinc}\left[\mu T_{\mathrm{p}}\left(\hat{t} - \frac{2y_p}{c}\cos\frac{\beta_{\mathrm{A}}}{2}\right)\right]\cdot \exp\left[\mathrm{j}2\pi\left(f_{\mathrm{c}}\frac{2x_p\omega_{\mathrm{A}}\tau_m}{c}\cos\frac{\beta_{\mathrm{A}}}{2} + \frac{y_p}{2}\overline{\beta'}\sin\frac{\beta_{\mathrm{A}}}{2}t_m\right)\right] \tag{5-31}$$

对慢时间作方位压缩，可得 ISAR 二维图像：

$$\mathrm{ISAR}(\hat{t},f_{\mathrm{d}}) = A\cdot\mathrm{sinc}\left[\mu T_{\mathrm{p}}\left(\hat{t} - \frac{2y_p}{c}\cos\frac{\beta_{\mathrm{A}}}{2}\right)\right]\cdot \mathrm{sinc}\left(f_{\mathrm{d}} - \frac{2f_{\mathrm{c}}\omega_{\mathrm{A}}x_p}{c}\cos\frac{\beta_{\mathrm{A}}}{2} - \frac{y_p}{2}\overline{\beta'}\sin\frac{\beta_{\mathrm{A}}}{2}\right) \tag{5-32}$$

式中，A——幅度。

这样，通过相位补偿的方式，就完成了散射点越多普勒单元徙动的校正。

从式（5－32）方位信息可以看出，双基地 ISAR 的二维图像是“歪斜”的，成像结果不利于目标的识别，因此需要进行图像的“歪斜”校正，这里可以通过对 ISAR 图像方位插值后移位的方法实现。由前文的分析可知，图像的“歪斜”角度（或距离向和方位向夹角）可通过 4.2.2 节的式（4－15）和式（4－16）确定，然后对得到的 ISAR 二维图像在方位向多倍插值（一般 3～5 倍插值），根据图像“歪斜”的角度计算任意距离单元上多普勒单元的移位个数，对二维图像在方位向进行移位操作，即可得到“歪斜”校正后的图像。双基地 ISAR“歪斜”校正如图 5－5 所示。其中，图 5－5（a）是散射点模型；图 5－5（b）是双基地 ISAR 成像结果

示意图；图 5-5（c）是“歪斜”校正后的成像结果示意图，该图中的点 B、D 是图 5-5（b）中的点 B、D 在方位向平移的结果。

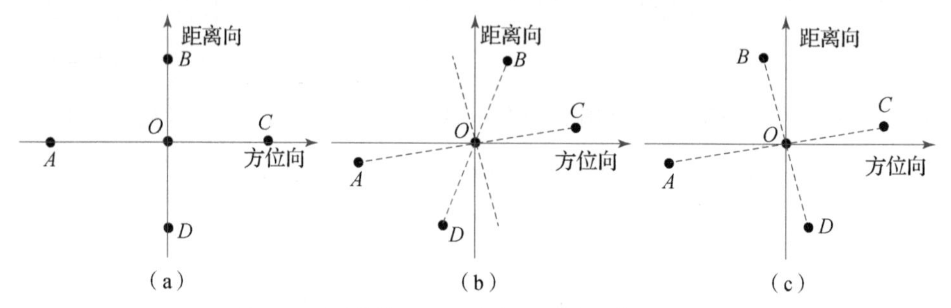

图 5-5 双基地 ISAR 图像“歪斜”校正示意图

（a）散射点模型；（b）成像结果示意图；（c）“歪斜”校正后的成像结果示意图

5.4.2 等效旋转中心估计及误差分析

构造多普勒徙动的补偿相位项 Φ_{comp}，需要知道散射点相对散射中心的距离向坐标、双基地角、等效旋转角速度等信息。其中，双基地角可通过目标与双基地雷达的位置关系得到，等效旋转角速度可根据空间目标的精轨数据求得。距离的绝对定标需要知道成像的等效旋转中心位置，虽然目标等效旋转中心可由基于单特显点的运动补偿方法近似得到，但该方法得到的旋转中心位置精度较低，影响后续图像校正的聚焦效果；而且，不是所有的图像都有理想的单特显点单元，尤其是实测数据中，回波信噪比一般很低，找单一的特显点会更难。因此，该方法的应用受到很大的限制。针对平动补偿不能提供等效旋转中心的情况，清华大学的叶春茂等[141-142]提出了利用某一散射点在两幅图像中的位置差提取目标等效旋转中心的位置。然而，由于成像过程视角变化一般很小，一个散射点在两幅图像中的位置变化也很小，因此该方法估计精度也不高，并且受所选散射点相对等效旋转中心的位置影响较大。基于此，本节介绍两种目标等效旋转中心的估计方法。

方法 1：基于图像旋转相关最大的等效旋转中心估计方法。

该方法将成像过程等分成两部分，则两幅图像是不同视角的成像结果，这两幅图像绕旋转中心旋转可达到最大程度的吻合，即通过图像旋转相关性最大准则对旋转中心位置进行搜索，相关性最大时对应的距离单元就是等效旋转中心位置。

方法 2：基于图像对比度最大的等效旋转中心估计方法。

该方法首先假定等效旋转中心位置，并以此中心进行距离定标，构造补偿相位项 Φ_{comp}，并对越距离单元徙动校正后的一维距离像相位补偿，之后进行方位压缩，得到 ISAR 二维图像，计算图像对比度，更换假定的等效旋转中心位置，当等效旋转中心位置是实际旋转中心时，图像对比度会最大，据此找出等效旋转中心位置。

下面就方法 1 和方法 2 的具体实施及其适用范围进行论述。

5.4.2.1　基于图像旋转相关最大的等效旋转中心估计

双基地 ISAR 成像时，不同的视角会得到不同的图像，当图像不产生“歪斜”时（即双基地角近似恒定），两幅图像只存在视角差，这样令其中一幅图像绕旋转中心旋转，就会得到与另一幅图像相吻合的结果，可以据此搜索旋转中心位置。

距离 - 多普勒算法成像时，设成像期间双基地角近似不变，恒为 β_0，目标等效旋转中心在二维图像中的像素点位置为 $(X_{\mathrm{c}},Y_{\mathrm{c}})$，散射点 P 在二维图像中的坐标为 $(x_{p'},y_{p'})$，则 P 在二维图像中的像素位置可表示为

$$X(t_m)=X_{\mathrm{c}}+\frac{x_{p'}}{\Delta x} \tag{5-33}$$

$$Y(t_m)=Y_{\mathrm{c}}+\frac{y_{p'}}{\Delta y} \tag{5-34}$$

式中，$\Delta x,\Delta y$——方位向和距离向的尺度因子，$\Delta x=\dfrac{\lambda}{2\theta_{\mathrm{M}}\cos(\beta_0/2)}$，$\Delta y=\dfrac{t_{\mathrm{s}}c}{2\cos(\beta_0/2)}$，$\lambda$ 为载波波长，θ_{M} 为成像累积转角，t_{s} 为快时间采样间隔。

式（5－33）和式（5－34）可用矩阵表示为

$$\begin{bmatrix} X(t_m) \\ Y(t_m) \end{bmatrix} = \begin{bmatrix} X_c \\ Y_c \end{bmatrix} + \boldsymbol{SQ} \begin{bmatrix} x_p \\ y_p \end{bmatrix} \tag{5-35}$$

式中，$\boldsymbol{S}$——尺度因子矩阵，$\boldsymbol{S} = \begin{bmatrix} 1/\Delta x & 0 \\ 0 & 1/\Delta y \end{bmatrix}$；

$\boldsymbol{Q}$——旋转矩阵，$\boldsymbol{Q} = \begin{bmatrix} \cos\theta_0 & -\sin\theta_0 \\ \sin\theta_0 & \cos\theta_0 \end{bmatrix}$（注意：由于雷达成像不是瞬时的，而是一个过程，这里 $\theta_0 \neq \theta_M$）；

(x_p, y_p)——成像起始时刻散射点 P 相对目标质心的坐标，即 $(x_{p'}, y_{p'})$ 由 (x_p, y_p) 旋转一定角度得到。

将运动补偿后得到的总观测时间内的回波数据等分成两段，并分别成像，得到 ISAR1 图像和 ISAR2 图像。由于两幅图像相对初始时刻转角不同，散射点位置的旋转矩阵不同，设 ISAR1 图像成像时间内对应目标角度转动为 φ_1，在 ISAR2 图像成像时间内目标转动角度为 φ_2，即总转角 $\theta_M = \varphi_1 + \varphi_2$，则两幅图像的视角差为 $\Delta\varphi = (\varphi_1 + \varphi_2)/2$。散射点位置对应关系依照（5－35）式可写为

$$\begin{bmatrix} X_1 \\ Y_1 \end{bmatrix} = \begin{bmatrix} X_c \\ Y_c \end{bmatrix} + \boldsymbol{S}_1 \boldsymbol{Q}_1 \begin{bmatrix} x_p \\ y_p \end{bmatrix} \tag{5-36}$$

$$\begin{bmatrix} X_2 \\ Y_2 \end{bmatrix} = \begin{bmatrix} X_c \\ Y_c \end{bmatrix} + \boldsymbol{S}_2 \boldsymbol{Q}_2 \begin{bmatrix} x_p \\ y_p \end{bmatrix} \tag{5-37}$$

其中，

$$\boldsymbol{S}_1 = \begin{bmatrix} 2\varphi_1 \cos(\beta_0/2)/\lambda & 0 \\ 0 & 2\cos(\beta_0/2)/(t_s c) \end{bmatrix} \tag{5-38}$$

$$\boldsymbol{S}_2 = \begin{bmatrix} 2\varphi_2 \cos(\beta_0/2)/\lambda & 0 \\ 0 & 2\cos(\beta_0/2)/(t_s c) \end{bmatrix} \tag{5-39}$$

$$\boldsymbol{Q}_1 = \begin{bmatrix} \cos\dfrac{\varphi_1}{2} & -\sin\dfrac{\varphi_1}{2} \\ \sin\dfrac{\varphi_1}{2} & \cos\dfrac{\varphi_1}{2} \end{bmatrix} \tag{5-40}$$

$$\boldsymbol{Q}_2 = \begin{bmatrix} \cos\left(\varphi_1 + \dfrac{\varphi_2}{2}\right) & -\sin\left(\varphi_1 + \dfrac{\varphi_2}{2}\right) \\ \sin\left(\varphi_1 + \dfrac{\varphi_2}{2}\right) & \cos\left(\varphi_1 + \dfrac{\varphi_2}{2}\right) \end{bmatrix} \tag{5-41}$$

$\boldsymbol{S}_1$、$\boldsymbol{S}_2$ 分别为 ISAR1 和 ISAR2 的尺度因子矩阵，$\boldsymbol{Q}_1$、$\boldsymbol{Q}_2$ 分别为 ISAR1 和 ISAR2 的旋转矩阵，并记视角差旋转矩阵为 $\boldsymbol{Q}_\Delta = \begin{bmatrix} \cos\Delta\varphi & -\sin\Delta\varphi \\ \sin\Delta\varphi & \cos\Delta\varphi \end{bmatrix}$，则 $\boldsymbol{Q}_2 = \boldsymbol{Q}_1 \cdot \boldsymbol{Q}_\Delta$。

根据式（5-36）和式（5-37），散射点在两幅 ISAR 图像中的像素位置关系满足下式：

$$\begin{bmatrix} X_2 \\ Y_2 \end{bmatrix} = \begin{bmatrix} X_c \\ Y_c \end{bmatrix} + \boldsymbol{S}_2\boldsymbol{Q}_1\boldsymbol{Q}_\Delta(\boldsymbol{S}_1\boldsymbol{Q}_1)^{-1}\left(\begin{bmatrix} X_1 \\ Y_1 \end{bmatrix} - \begin{bmatrix} X_c \\ Y_c \end{bmatrix}\right) \tag{5-42}$$

令 $\boldsymbol{\Phi} = \boldsymbol{S}_2\boldsymbol{Q}_1\boldsymbol{Q}_\Delta(\boldsymbol{S}_1\boldsymbol{Q}_1)^{-1}$，则式（5-42）可改写为

$$\begin{bmatrix} X_2 \\ Y_2 \end{bmatrix} - \begin{bmatrix} X_c \\ Y_c \end{bmatrix} = \boldsymbol{\Phi}\left(\begin{bmatrix} X_1 \\ Y_1 \end{bmatrix} - \begin{bmatrix} X_c \\ Y_c \end{bmatrix}\right) \tag{5-43}$$

$\boldsymbol{\Phi}$ 为两幅图像的坐标转换因子矩阵，即：第二幅 ISAR 图像的散射点相对等效旋转中心的位置可由第一幅图像相对等效旋转中心的位置经变换矩阵 $\boldsymbol{\Phi}$ 得到。双基地 ISAR 的等效旋转中心零多普勒线上，只需假定等效旋转中心的对应距离单元位置，对第一幅图通过 $\boldsymbol{\Phi}$ 进行旋转变换，用得到的图像与第二幅图作互相关，当相关性最大时，该假定的旋转中心位置即目标的等效旋转中心。

5.4.2.2　基于图像对比度最大的等效旋转中心估计

前面已经提到，双基地角近似不变时，等效旋转中心位置可以通过两

幅图像的旋转相关最大准则估计得到。考虑到双基地角时变引起 ISAR 图像“畸变”，在这种情况下，两幅图像不能通过旋转的方式达到吻合，如果仍采用旋转相关最大准则估计等效旋转中心位置，误差就会很大，导致算法达不到理想的校正效果。

针对双基地角时变的实际情况，本节介绍一种基于图像对比度最大的等效旋转中心估计方法。该方法首先假定某一距离单元为等效旋转中心位置，而后对 ISAR 图像定标、相位补偿，计算图像对比度，然后变换假定的等效旋转中心位置，再对 ISAR 图像定标、相位补偿，得到新的图像对比度，如此循环，当假定的等效旋转中心位置就是实际的等效旋转中心时，图像对比度最大，据此，通过搜索就找到了等效旋转中心位置。

设对距离绝对定标时，实际等效旋转中心位于第 M 个距离单元上，此时散射点 P 的实际距离坐标为 y_p，估计的等效旋转中心位于第 $\hat{M}$ 个距离单元上，点 P 的距离定标为$\hat{y}_p$，误差为 $\Delta y_p = y_p - \hat{y}_p$。进行相位补偿时，由式（5－30）可得构造的补偿相位项为

$$\phi_{\mathrm{Bi\_comp}} = \exp\left[\mathrm{j}4\pi\frac{f_{\mathrm{c}}}{c}\left(\hat{y}_p\cos\theta(\tau_m)\cos\xi_x(\tau_m)\cos\frac{\beta(\tau_m)}{2} + \frac{\hat{y}_p}{2}\overline{\beta'}\sin\frac{\beta_{\mathrm{A}}}{2}t_m\right)\right] \tag{5-44}$$

补偿的多普勒为

$$f_{\mathrm{d\_comp}} = \frac{2f_{\mathrm{c}}}{c}\hat{y}_p\theta'(\tau_m)\sin\theta(\tau_m)\cos\frac{\beta(\tau_m)}{2} + \frac{2f_{\mathrm{c}}}{c}\hat{y}_p\xi_x'(\tau_m)\sin\xi_x(\tau_m)\cos\frac{\beta(\tau_m)}{2} + \frac{f_{\mathrm{c}}}{c}\hat{y}_p\left(\beta'(\tau_m)\sin\frac{\beta(\tau_m)}{2} - \overline{\beta'}\sin\frac{\beta_{\mathrm{A}}}{2}\right) \tag{5-45}$$

散射点实际多普勒可由式（5－25）的指数项的相位提取得到，为

$$f_{\mathrm{d\_Bi}} = -\frac{2f_{\mathrm{c}}}{c}x_p\omega_{\mathrm{A}}\cos\frac{\beta_{\mathrm{A}}}{2} - \frac{2f_{\mathrm{c}}}{c}y_p\theta'(\tau_m)\sin\theta(\tau_m)\cos\frac{\beta(\tau_m)}{2} - \frac{2f_{\mathrm{c}}}{c}y_p\xi_x'(\tau_m)\sin\xi_x(\tau_m)\cos\frac{\beta(\tau_m)}{2} - \frac{f_{\mathrm{c}}}{c}y_p\beta'(\tau_m)\sin\frac{\beta(\tau_m)}{2} \tag{5-46}$$

经补偿后，散射点多普勒为

$$
\begin{aligned}
f_{\mathrm{d}} &= f_{\mathrm{d\_Bi}} + f_{\mathrm{d\_comp}} \\
&= -\frac{2f_{\mathrm{c}}}{c}x_p\omega_{\mathrm{A}}\cos\frac{\beta_{\mathrm{A}}}{2} + \frac{2f_{\mathrm{c}}}{c}(\hat{y}_p - y_p)\theta'(\tau_m)\sin\theta(\tau_m)\cos\frac{\beta(\tau_m)}{2} + \\
&\quad \frac{2f_{\mathrm{c}}}{c}(\hat{y}_p - y_p)\xi_x'(\tau_m)\sin\xi_x(\tau_m)\cos\frac{\beta(\tau_m)}{2} + \\
&\quad \frac{f_{\mathrm{c}}}{c}(\hat{y}_p - y_p)\beta'(\tau_m)\sin\frac{\beta(\tau_m)}{2} - \frac{f_{\mathrm{c}}}{c}\hat{y}_p\overline{\beta'}\sin\frac{\beta_{\mathrm{A}}}{2}
\end{aligned}
\tag{5-47}
$$

并令

$$
f_{\mathrm{d1}} = -\frac{2f_{\mathrm{c}}}{c}x_p\omega_{\mathrm{A}}\cos\frac{\beta_{\mathrm{A}}}{2} - \frac{f_{\mathrm{c}}}{c}\hat{y}_p\overline{\beta'}\sin\frac{\beta_{\mathrm{A}}}{2} \tag{5-48}
$$

$$
\begin{aligned}
f_{\mathrm{d2}} &= \frac{2f_{\mathrm{c}}}{c}(\hat{y}_p - y_p)\theta'(\tau_m)\sin\theta(\tau_m)\cos\frac{\beta(\tau_m)}{2} + \\
&\quad \frac{2f_{\mathrm{c}}}{c}(\hat{y}_p - y_p)\xi_x'(\tau_m)\sin\xi_x(\tau_m)\cos\frac{\beta(\tau_m)}{2} + \\
&\quad \frac{f_{\mathrm{c}}}{c}(\hat{y}_p - y_p)\beta'(\tau_m)\sin\frac{\beta(\tau_m)}{2}
\end{aligned}
\tag{5-49}
$$

式中，f_{d1}——常数项，距离坐标估计不精确时，会使散射点在方位上整体偏移，不会引起越方位分辨单元的徙动；

f_{d2}——慢时间的函数项，当距离坐标估计存在误差时，该项不为零，会使多普勒单元上发生散焦现象。

基于此，可以在零多普勒轴上搜索等效旋转中心位置。当估计的旋转中心与实际旋转中心吻合时，距离绝对定标没有偏差，此时$f_{\mathrm{d2}}=0$，图像聚焦效果最好，对应的图像对比度最大。

5.4.2.3 两种方法对比及等效旋转中心估计精度要求

前面论述了等效旋转中心估计方法1和方法2的具体实施，现对这两种方法进行对比。方法1通过图像旋转求相关性，该方法简单易行、计算量小，但缺点明显，只适用于图像不“歪斜”时的ISAR旋转中心估计，且精度受制于成像的累积转角大小。方法 2 需要每次得到 ISAR 二维图像，运算量大，但其适用于双基地角时变的 ISAR 成像，并且以二维图像对比度作为最有函数，精度较高。方法 2 对单/双基地具有普适性，方法 1 更适合于单基地 ISAR 成像。

多普勒补偿的精度受制于目标旋转中心估计的准确程度，由于距离定标误差引起f_{d2}变化，为保证多普勒补偿的效果，应使成像期间f_{d2}的变化不超过一个多普勒分辨单元。此期间，多普勒的变化量 Δf_{d2}可表示为

$$\begin{aligned}\Delta f_{d2} &= f_{d2}(\tau_M) - f_{d2}(\tau_0)\\ &\approx \frac{f_c}{c}\Delta y_p\left(2\theta'(\tau_M)\sin\theta(\tau_M)\cos\frac{\beta(\tau_M)}{2} + 2\xi_x'(\tau_M)\sin\xi_x(\tau_M)\cos\frac{\beta(\tau_M)}{2}\right)+\\ &\quad \frac{f_c}{c}\Delta y_p\left(\beta'(\tau_M)\sin\frac{\beta(\tau_M)}{2} - \beta'(\tau_0)\sin\frac{\beta(\tau_0)}{2}\right)\end{aligned} \tag{5-50}$$

式中，$\Delta y_p = \hat{y}_p - y_p$。

式（5-50）应满足

$$|\Delta f_{d2}| < \frac{1}{T} \tag{5-51}$$

即要求成像任意时刻相对初始时刻的多普勒变化不超过一个多普勒分辨单元。令估计误差对应的距离单元个数 $\Delta M = \hat{M} - M$，则距离定标误差为

$$\Delta y_p = \Delta M \cdot \delta_y = \Delta M \cdot \frac{ct_s}{2\cos(\beta_A/2)} \tag{5-52}$$

式中，t_s——快时间采样间隔。由式（5-50）~式（5-52）可得允许的估计误差距离单元个数需满足下式：

$$\Delta M < \frac{2\cos(\beta_A/2)}{f_c t_s T \cdot A} \tag{5-53}$$

式中，

$$\begin{aligned}A &= 2\theta'(\tau_M)\sin\theta(\tau_M)\cos\frac{\beta(\tau_M)}{2} + 2\xi_x'(\tau_M)\sin\xi_x(\tau_M)\cos\frac{\beta(\tau_M)}{2} +\\ &\quad \beta'(\tau_M)\sin\frac{\beta(\tau_M)}{2} - \beta'(\tau_0)\sin\frac{\beta(\tau_0)}{2}\end{aligned} \tag{5-54}$$

设雷达成像时间 $T=5$ s，发射载波频率 $f_c=10$ GHz，快时间采样率 $f_s=500$ MHz，成像累积转角 $\theta(\tau_M)=5°$，旋转角速度近似恒定，双基地角也近似恒定，可设为 $\beta=90°$。通过上式计算可得 $\Delta M<6.6$，即估计误差不能超过6个距离单元，否则仍然会存在越多普勒单元徙动现象。同时，考虑旋转中心搜索时，若对每个距离单元都搜索，那么数据处理运算量将会很大，因此可以根据估计误差要求确定旋转中心搜索的步进量。

5.5　角度误差对校正算法的影响分析

在实际成像过程中，越分辨单元徙动校正时所用到的参数一般都存在误差，这会导致成像性能的下降，严重时甚至得不到ISAR图像。

越距离单元徙动校正时，通过式（5-24）的变量代换来完成数据重采样，采样时刻 τ_m 的准确度主要受累积转角 $\theta(t_m)$ 精度的影响，同时 $\theta(t_m)$ 会影响越多普勒徙动校正（式（5-30））补偿相位项的构造。本节分析累积转角 $\theta(t_m)$ 的误差对算法校正性能的定量影响。

5.5.1　角度误差建模

设成像期间积累脉冲个数为 M，积累时间为 t_M；对于 t_m 时刻，测量得到的累积转角为 $\hat{\theta}(t_m)$，真实值为 $\theta(t_m)$，测量误差为 $\theta_e(t_m)$，则

$$\hat{\theta}(t_m)=\theta(t_m)+\theta_e(t_m) \tag{5-55}$$

由式（5-24），角度存在误差情况下所作Keystone变换为

$$(f_c+f)\left(\sin\hat{\theta}(t_m)-\sin\xi_y(t_m)\sin\xi_x(t_m)\right)\cos\frac{\beta(t_m)}{2}=f_c\hat{\omega}_A\cos\frac{\beta_A}{2}\hat{\tau}_m \tag{5-56}$$

式中，$\hat{\omega}_A$——成像期间测量得到的平均转动角速度，$\hat{\omega}_A=\hat{\theta}(t_M)/t_M$。

根据测量角度信息，可以得到Keystone变换时数据的重采样时刻为

$$\hat{\tau}_m = \frac{(f_c + f)\left(\sin\hat{\theta}(t_m) - \sin\xi_y(t_m)\sin\xi_x(t_m)\right)\cos\dfrac{\beta(t_m)}{2}}{f_c\hat{\omega}_A\cos\dfrac{\beta_A}{2}} \tag{5-57}$$

而理想无误差重采样时刻为

$$\tau_m = \frac{(f_c + f)\left(\sin\theta(t_m) - \sin\xi_y(t_m)\sin\xi_x(t_m)\right)\cos\dfrac{\beta(t_m)}{2}}{f_c\omega_A\cos\dfrac{\beta_A}{2}} \tag{5-58}$$

则采样时间误差为

$$\begin{aligned}\tau_{em} &= \hat{\tau}_m - \tau_m \\ &= \frac{(f_c + f)\cos\dfrac{\beta(t_m)}{2}}{f_c\cos\dfrac{\beta_A}{2}}\left(\frac{\hat{\theta}(t_m) - \xi_y(t_m)\xi_x(t_m)}{\hat{\omega}_A} - \frac{\theta(t_m) - \xi_y(t_m)\xi_x(t_m)}{\omega_A}\right)\end{aligned} \tag{5-59}$$

由于成像平面的空变角 $\xi_y(t_m)$、$\xi_x(t_m)$ 都很小，尤其是 $\xi_x(t_m)$ 一般在 10^{-2}(°) 量级，因此对慢时间采样位置的影响很小，这里可以忽略。于是，有

$$\tau_{em} \approx \frac{(f_c + f)\cos\dfrac{\beta(t_m)}{2}}{f_c\cos\dfrac{\beta_A}{2}}\left(\frac{\hat{\theta}(t_m)}{\hat{\omega}_A} - \frac{\theta(t_m)}{\omega_A}\right) \tag{5-60}$$

5.5.2 角度二次误差对校正算法的影响

ISAR 成像时，一般成像累积时间很短。在此期间，累积转角可用慢时间的二次函数表示：

$$\theta(t_m) = a \cdot t_m + b \cdot t_m^2 \tag{5-61}$$

若角度测量存在误差，且是规律的，不妨用二次函数表示该误差：

$$\theta_{\mathrm{e}}(t_m)=a_{\mathrm{e}}\cdot t_m+b_{\mathrm{e}}\cdot t_m^2 \tag{5-62}$$

则测量数据得到累积转角为

$$\hat{\theta}(t_m)=\theta(t_m)+\theta_{\mathrm{e}}(t_m)=\hat{a}\cdot t_m+\hat{b}\cdot t_m^2 \tag{5-63}$$

式中，$\hat{a}=a+a_{\mathrm{e}}$，$\hat{b}=b+b_{\mathrm{e}}$。

此时，式（5-60）为

$$\tau_{em}=\frac{(f_{\mathrm{c}}+f)\cos\dfrac{\beta(t_m)}{2}}{f_{\mathrm{c}}\cos\dfrac{\beta_{\mathrm{A}}}{2}}\left(\frac{\hat{a}\cdot t_m+\hat{b}\cdot t_m^2}{\hat{\omega}_{\mathrm{A}}}-\frac{a\cdot t_m+b\cdot t_m^2}{\omega_{\mathrm{A}}}\right) \tag{5-64}$$

式中，$\hat{\omega}_{\mathrm{A}}$、$\omega_{\mathrm{A}}$ 分别为成像期间测量的等效转动角速度和实际的等效转动角速度，可分别记为

$$\hat{\omega}_{\mathrm{A}}=\frac{\hat{\theta}(t_M)}{t_M}=\frac{\hat{a}\cdot t_M+\hat{b}\cdot t_M^2}{t_M}=\hat{a}+\hat{b}\cdot t_M \tag{5-65}$$

$$\omega_{\mathrm{A}}=\frac{\theta(t_M)}{t_M}=\frac{a\cdot t_M+b\cdot t_M^2}{t_M}=a+b\cdot t_M \tag{5-66}$$

将式（5-65）、式（5-66）代入式（5-64），可得重采样时刻误差：

$$\begin{aligned}\tau_{em}&=\frac{(f_{\mathrm{c}}+f)\cos\dfrac{\beta(t_m)}{2}}{f_{\mathrm{c}}\cos\dfrac{\beta_{\mathrm{A}}}{2}}\cdot\frac{(\hat{a}b-a\hat{b})(t_M-t_m)t_m}{(\hat{a}+\hat{b}\cdot t_M)(a+b\cdot t_M)}\\&=\frac{(f_{\mathrm{c}}+f)\cos\dfrac{\beta(t_m)}{2}}{f_{\mathrm{c}}\cos\dfrac{\beta_{\mathrm{A}}}{2}}\cdot\frac{(a_{\mathrm{e}}b-ab_{\mathrm{e}})(t_M-t_m)t_m}{(\hat{a}+\hat{b}\cdot t_M)(a+b\cdot t_M)}\end{aligned} \tag{5-67}$$

一般情况下，在测量累积转角有误差时，Keystone 变换重采样时刻 τ_{em} 是有误差的，但存在以下两种情况：

（1）$\theta_{\mathrm{e}}(t_m)$ 的系数与 $\theta(t_m)$ 的系数成比例，即 $b/a=b_{\mathrm{e}}/a_{\mathrm{e}}$，此时 $a_{\mathrm{e}}b-ab_{\mathrm{e}}=0$；

（2）$\theta_e(t_m)$ 和 $\theta(t_m)$ 均为慢时间的一次函数，即 $b = b_e = 0$，此时 $a_e b - a b_e = 0$。

对于以上两种情况，累积转角误差函数的变化规律与实际累积转角变化规律一致，即 $\theta_e(t_m) = (a_e/a) \cdot \theta(t_m)$，重采样时刻误差 $\tau_{em} \equiv 0$，数据经过 Keystone 变换后，相位中只含有散射点的方位坐标与慢时间的一次项，不含有与慢时间的高次耦合项。

如果不满足上述情况，则重采样时刻误差 τ_{em} 使 Keystone 变换后的散射点方位坐标与慢时间的二次项（甚至高次项）有耦合，并且在后续无法通过相位补偿的方式校正，在进行越多普勒单元徙动的校正后，散射点依然会出现散焦，散焦程度取决于 τ_{em} 的大小。

当累积转角误差满足上述两种情况之一时，Keystone 变换不受影响，则进行多普勒补偿时需要构造补偿相位项：

$$\Phi_{\mathrm{comp}} = \exp\left[\mathrm{j}4\pi\frac{f_{\mathrm{c}}}{c}\left(y_p\cos\hat{\theta}(\tau_m)\cos\xi_x(\tau_m)\cos\frac{\beta(\tau_m)}{2} + \frac{y_p}{2}\overline{\beta'}\sin\frac{\beta_{\mathrm{A}}}{2}t_m\right)\right] \tag{5-68}$$

对越距离单元徙动校正后的一维距离像（式（5-25））相位补偿，则补偿后的一维距离像为

$$\begin{aligned} s_{if_{\mathrm{c}}}(\hat{t},\tau_m) = {}& \sigma_P\sqrt{\mu}T_{\mathrm{p}}\cdot\mathrm{sinc}\left[\mu T_{\mathrm{p}}\left(\hat{t}-\frac{2y_p}{c}\cos\frac{\beta_{\mathrm{A}}}{2}\right)\right]\cdot\exp\left[\mathrm{j}4\pi\frac{f_{\mathrm{c}}}{c}x_p\omega_{\mathrm{A}}\tau_m\cos\frac{\beta_{\mathrm{A}}}{2}\right]\cdot \\ & \exp\left[-\mathrm{j}4\pi\frac{f_{\mathrm{c}}}{c}y_p\left(\cos\theta(\tau_m)-\cos\hat{\theta}(\tau_m)\right)\cos\xi_x(\tau_m)\cos\frac{\beta(\tau_m)}{2}\right]\cdot \\ & \exp\left(-\mathrm{j}2\pi y_p\overline{\beta'}\sin\frac{\beta_{\mathrm{A}}}{2}t_m\right) \end{aligned} \tag{5-69}$$

式（5-69）的指数项共有三项。其中，第一项和第三项都是慢时间的一次函数，产生的多普勒是恒定的；第二项由于测量角度 $\hat{\theta}(\tau_m)$ 与实际角度 $\theta(\tau_m)$ 存在误差，导致该项相位中含有慢时间的高次项。记第二项指数项为

$$\varphi_{\mathrm{e}} = \exp\left[-\mathrm{j}4\pi\frac{f_{\mathrm{c}}}{c}y_p\left(\cos\theta(\tau_m) - \cos\hat{\theta}(\tau_m)\right)\cos\xi_x(\tau_m)\cos\frac{\beta(\tau_m)}{2}\right] \tag{5-70}$$

由于 $\cos\theta(\tau_m)\approx 1-\theta^2(\tau_m)$，$\cos\hat{\theta}(\tau_m)\approx 1-\hat{\theta}^2(\tau_m)$，故有

$$\varphi_{\mathrm{e}} = \exp\left[\mathrm{j}2\pi\frac{f_{\mathrm{c}}}{c}y_p\left(\theta^2(\tau_m) - \hat{\theta}^2(\tau_m)\right)\cos\xi_x(\tau_m)\cos\frac{\beta(\tau_m)}{2}\right] \tag{5-71}$$

对应的多普勒为

$$\begin{aligned} f_{\mathrm{e}} = &\frac{f_{\mathrm{c}}}{c}y_p\left(2\hat{\theta}'(\tau_m)\hat{\theta}(\tau_m) - 2\theta'(\tau_m)\theta(\tau_m)\right)\cos\xi_x(\tau_m)\cos\frac{\beta(\tau_m)}{2} + \\ &\frac{f_{\mathrm{c}}}{c}y_p\left(\theta^2(\tau_m) - \hat{\theta}^2(\tau_m)\right)\xi_x'(\tau_m)\sin\xi_x(\tau_m)\cos\frac{\beta(\tau_m)}{2} + \\ &\frac{f_{\mathrm{c}}}{c}y_p\left(\theta^2(\tau_m) - \hat{\theta}^2(\tau_m)\right)\cos\xi_x(\tau_m)\frac{\beta'(\tau_m)}{2}\sin\frac{\beta(\tau_m)}{2} \end{aligned} \tag{5-72}$$

可见，累积转角估计误差使多普勒走动项不能完全补偿掉。举例说明：雷达发射宽带 LFM 信号，信号载频为 10 GHz，双基地角近似不变（恒为 90°），成像时间 10 s，实际累积转角均匀变化为 5°，而实测转角变化率恒定（累积了 6°），成像平面空变角度 $\xi_x(\tau_m)$ 很小（可忽略），对于 $y_p=30$ m 的目标，实际上雷达产生了 11 个多普勒单元走动（走动了 1.07 Hz），采用实测数据校正后（校正了 1.55 Hz）仍残留 5 个多普勒单元的走动（0.48 Hz），则必然会导致散射点在方位向的散焦。

5.5.3　角度随机误差对校正算法的影响

当角度误差 $\theta_{\mathrm{e}}(t_m)$ 存在随机误差时，$\hat{\omega}_{\mathrm{A}}=\omega_{\mathrm{A}}$，则根据式（5-60），重采样时刻误差可表示为

$$\tau_{\mathrm{e}m} = \frac{(f_{\mathrm{c}}+f)\cos\dfrac{\beta(t_m)}{2}}{f_{\mathrm{c}}\cos\dfrac{\beta_{\mathrm{A}}}{2}}\cdot\frac{\theta_{\mathrm{e}}(t_m)}{\omega_{\mathrm{A}}} \tag{5-73}$$

从式（5－73）可以看出，$\theta_e(t_m)$ 使重采样时刻 τ_m 具有随机性，如图 5－6 所示。

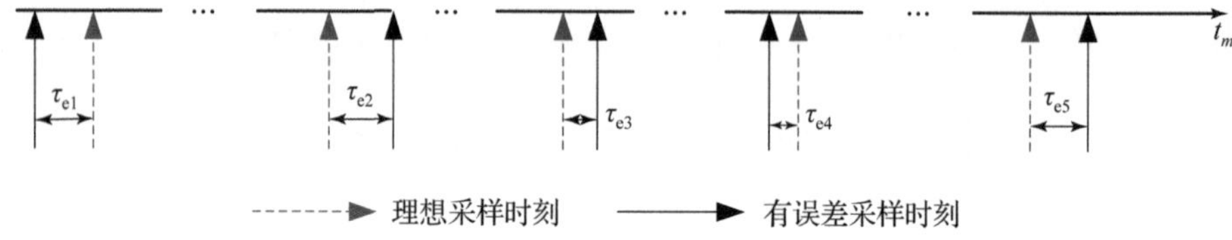

图 5－6　角度随机误差导致数据重采样时刻误差示意图

使用有误差的累积转角进行 Keystone 变换后，一维距离像（式（5－25））可表示为

$$
\begin{aligned}
s_{if_c}(\hat{t},\tau_m) = {} & \sigma_P\sqrt{\mu}T_p\cdot\operatorname{sinc}\left[\mu T_p\left(\hat{t}-\frac{2y_p}{c}\cos\frac{\beta_A}{2}\right)\right]\cdot \\
& \exp\left[-j2\pi\frac{f_c}{c}\left(-2x_p\omega_A\hat{\tau}_m\cos\frac{\beta_A}{2}+\right.\right. \\
& \left.\left.2y_p\cos\theta(\hat{\tau}_m)\cos\xi_x(\hat{\tau}_m)\cos\frac{\beta(\hat{\tau}_m)}{2}\right)\right]
\end{aligned}
\tag{5-74}
$$

$\hat{\tau}_m$ 的测量随机误差 τ_{em} 会对成像引入随机相位：

$$
\varphi_r = 4\pi\frac{f_c}{c}x_p\omega_A\tau_{em}\cos\frac{\beta_A}{2} \tag{5-75}
$$

傅里叶变换对随机相位很敏感，如图 5－7 所示，仿真了单频信号中添加随机相位后的 FFT 结果，定量给出了随机相位对 FFT 的影响。从图中可以看出，当随机相位误差低于 0.2π 时，FFT 的信噪比高于 25 dB；当随机相位误差小于 0.4π 时，FFT 的信噪比高于 20 dB；当随机相位误差大于 0.6π 时，FFT 的信噪比已小于 15 dB。为了保证足够的信噪比，并考虑到实际数据中其他因素在一定程度上也会影响相位信息，角度测量误差引入的随机相位应不大于 0.2π，即要求 $\varphi_r<0.2\pi$。

将式（5－73）代入式（5－75），可得

$$
\varphi_r = 4\pi\frac{f_c+f}{c}\theta_e(t_m)x_p\cos\frac{\beta(t_m)}{2} \tag{5-76}
$$

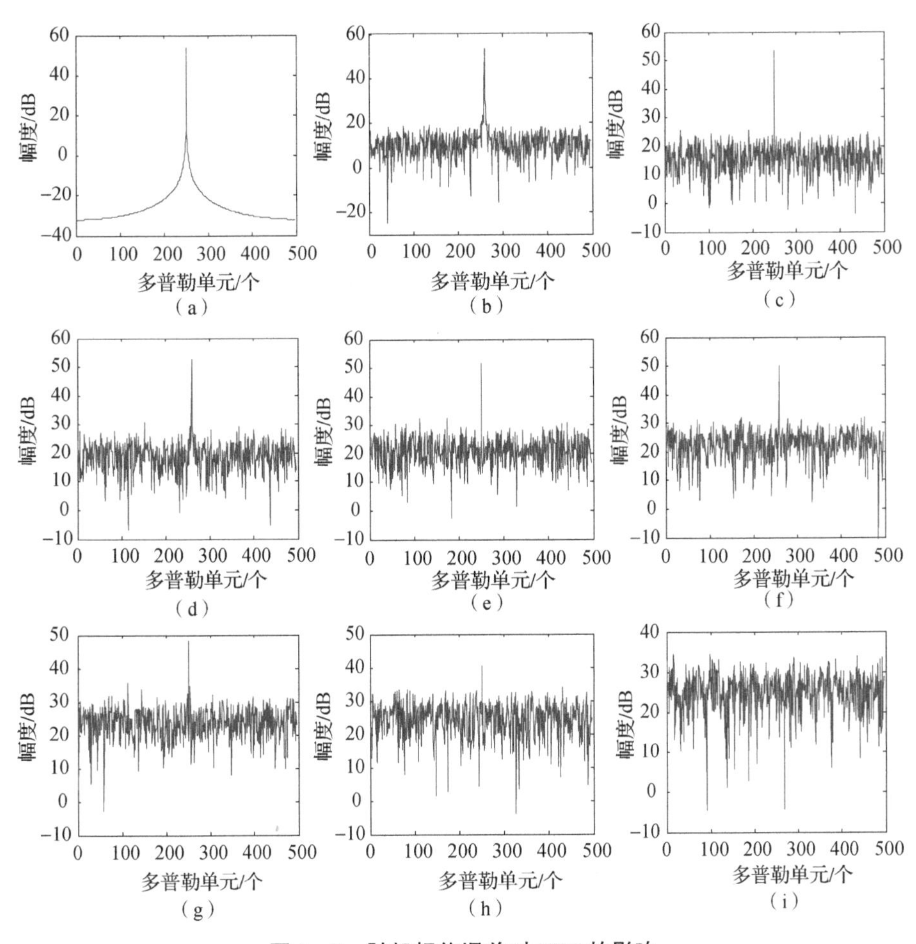

图5-7　随机相位误差对FFT的影响

(a) 随机相位误差为0；(b) 随机相位误差为0.1π；(c) 随机相位误差为0.2π；
(d) 随机相位误差为0.3π；(e) 随机相位误差为0.4π；(f) 随机相位误差为0.5π；
(g) 随机相位误差为0.6π；(h) 随机相位误差为0.8π；(i) 随机相位误差为1.0π

若要求 $\varphi_{\mathrm{r}} < 0.2\pi$，则累积转角估计误差 $\theta_{\mathrm{e}}(t_m)$ 需满足

$$\theta_{\mathrm{e}}(t_m) < \frac{c}{20(f_{\mathrm{c}}+f)x_p\cos(\beta(t_m)/2)} \tag{5-77}$$

由于 f 是变化的，取 f 的上限 f_{s}，可得

$$\theta_{\mathrm{e}}(t_m) < \frac{c}{20(f_{\mathrm{c}}+f_{\mathrm{s}})x_p\cos(\beta(t_m)/2)} \tag{5-78}$$

若载频 $f_c = 10$ GHz，$f_s = 500$ MHz，散射点 $x_p = 20$ m，双基地角 β 恒为 90°，则通过式（5-78）可计算出累积转角估计误差 $\theta_e(t_m) < 0.058°$，该角度精度要求还是比较苛刻的。

5.6 双基地 ISAR 成像及越分辨单元徙动校正流程

双基地 ISAR 成像及越分辨单元徙动校正的具体步骤如下：

第 1 步，通过构造速度补偿相位项对基带回波信号进行高速运动补偿，消除脉内多普勒对脉冲压缩性能的影响。

第 2 步，将回波数据转换到频域，与参考信号的频谱共轭相乘，即实现了数据的频域匹配滤波，然后对快时间 IFFT 就可得到 ISAR 的一维距离像。

第 3 步，对一维距离像进行运动补偿，包括包络对齐和相位校正。

第 4 步，对运动补偿后的一维距离像直接作慢时间的 FFT，即可完成方位压缩，得到 ISAR 二维图像。这是经典的 RD 算法成像过程。

第 5 步，将运动补偿后的一维距离像的快时间域作 FFT，变换到快频域，通过广义的 Keystone 变换完成越距离单元徙动校正。

第 6 步，假定等效旋转中心位置，并构造多普勒补偿相位项，对一维距离像的频域数据进行相位补偿，方位压缩得到 ISAR 二维图像，计算图像的对比度。

第 7 步，假定新的等效旋转中心位置，重复第 6 步，并将此时的图像对比度与之前的进行对比，将图像对比度较大的 ISAR 二维图像存储到 Image 矩阵，如此循环，直到将可能的等效旋转中心位置遍历结束。

第 8 步，当遍历结束，存储到 Image 矩阵的 ISAR 二维图像对应的图像对比度达到最大，直接输出 Image 矩阵就可得到最优的越多普勒单元徙动校正后的 ISAR 图像。

第 9 步，根据需要，选择是否进行双基地 ISAR 图像的“歪斜”校正。

双基地 ISAR 成像及越分辨单元徙动校正流程如图 5-8 所示。

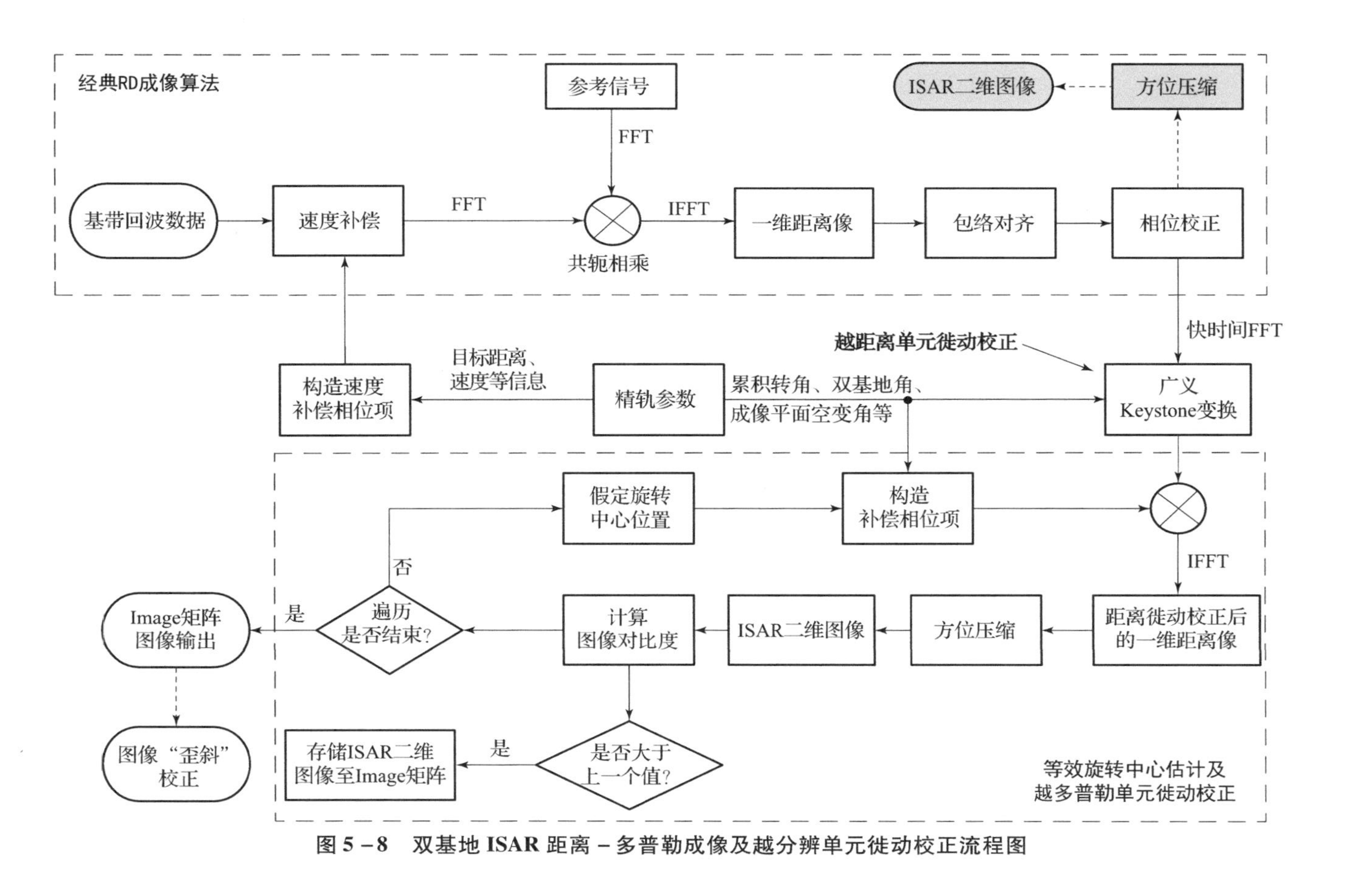

图 5-8　双基地 ISAR 距离－多普勒成像及越分辨单元徙动校正流程图

5.7 仿真实验及结果分析

以上各节研究了双基地角时变下的 ISAR 越距离单元徙动与越多普勒单元徙动校正算法，并对影响算法性能的误差参数进行定量分析。针对给出的算法，本节进行仿真验证。

5.7.1 仿真场景及雷达参数设置

仿真实验时，设置发射站在城市 A，接收站在城市 B，地理坐标与 3.5.1 节相同，仿真目标是我国的天宫一号卫星，TLE 根数摘自美国国家空间监视网，如表 5－1 所示，其历元初始时刻为 2014 年 4 月 14 日 20：39：40.68。

表 5－1 天宫一号卫星 TLE 根数（2014 年 4 月 14 日）

1	37820U	11053A	14104.86088755	.00057267	00000－0	50311－3	0	9357
2	37820	042.7734	335.3498 0012276	284.0961	185.9363	15.67862963146089		

卫星对双站雷达的可视观测时间段为 2014 年 4 月 15 日 05：39：30～05：46：30，初始观测时刻相对历元 32 389 s，对成像平面空变特性不严重的某一弧段进行成像仿真，这里选择观测期间的第 120～130.22 s。仿真场景如图 5－9 所示；仿真散射点模型如图 5－10 所示，其中图 5－10（a）所示为目标的立体模型，图 5－10（b）所示为其俯视图；设置雷达成像仿真参数如表 5－2 所示。

图 5－11 给出了成像期间目标的等效旋转角速度和双基地角变化情况。可见，角速度不是均匀的，双基地角变化也较大。

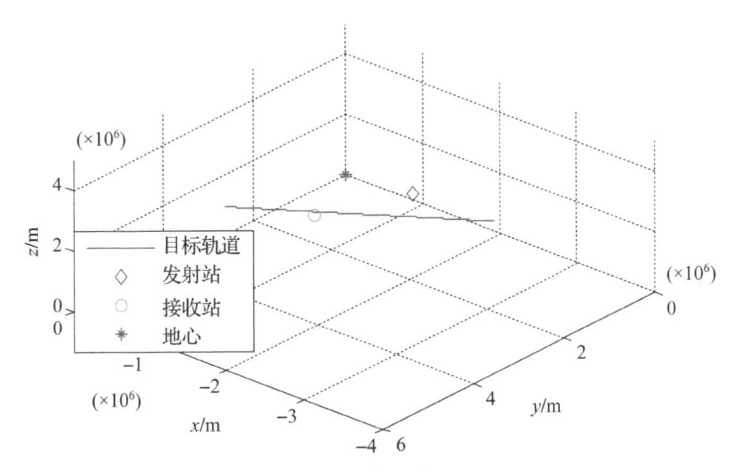

图 5－9　成像仿真场景（附彩图）

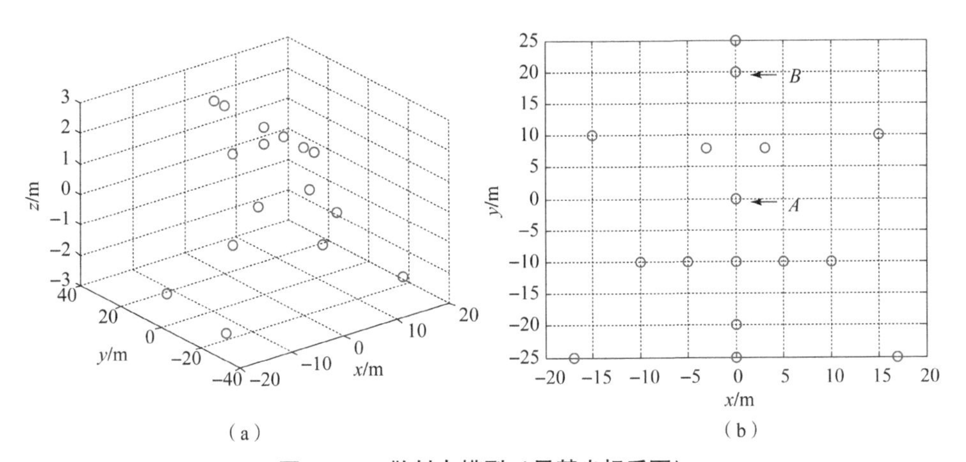

图 5－10　散射点模型（星基坐标系下）

（a）目标立体模型；（b）俯视图

表 5－2　雷达成像仿真参数

参数	参数值	参数	参数值	参数	参数值
载频/GHz	10	脉冲重复频率/Hz	50	累积转角/(°)	5.63
带宽/MHz	400	累积脉冲个数	512	距离分辨率/m	0.456
采样率/MHz	500	成像时间/s	10.22	方位分辨率/m	0.185
脉冲宽度/μs	20	平均双基地角/(°)	69.2		

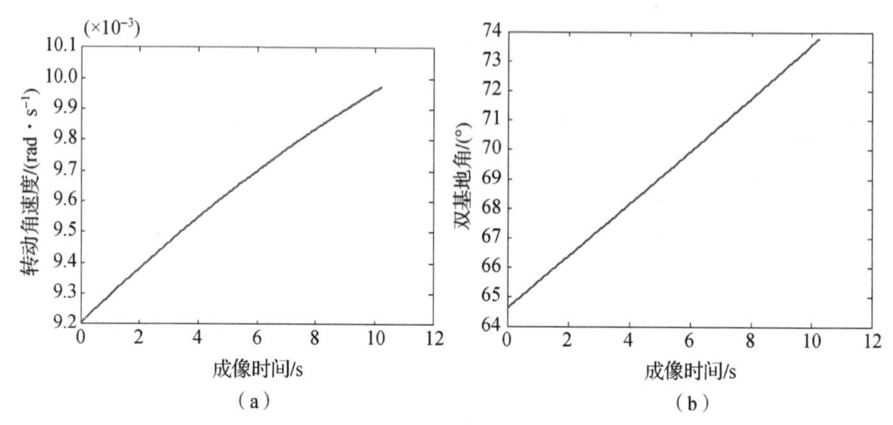

（a）　　　　　　（b）

图 5 - 11　等效旋转角速度及双基地角变化曲线

（a）等效旋转角速度；（b）双基地角

5.7.2　越分辨单元徙动校正算法仿真验证

包络对齐后的一维距离像如图 5 - 12（a）所示，可以看出，由于成像期间累积转角较大，双基地角变化也较大，一维距离像的越距离单元徙动现象严重，尤其是上下两端走动量很大，高达 8 个距离采样单元。RD 算法的成像结果如图 5 - 12（b）所示，该图像中心的散射点聚焦效果较好，而距离目标中心越远的散射点，散焦越严重。

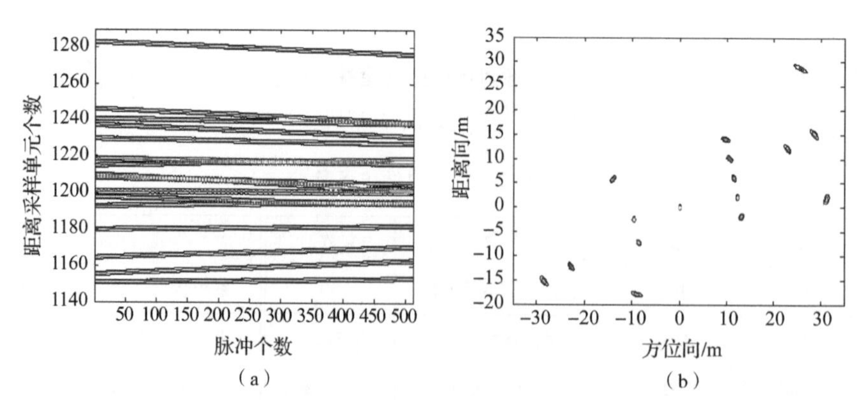

（a）　　　　　　（b）

图 5 - 12　包络对齐后的一维距离像及其 ISAR 成像结果（附彩图）

（a）一维距离像；（b）ISAR 二维图像

将每次回波的一维距离像变换到频域，并按照式（5－24）作广义的Keystone变换，完成数据的重采样；作IFFT变换到时域，得到越距离单元徙动校正后的一维距离像如图5－13（a）所示；对其进行方位压缩，得到越距离单元徙动校正后的ISAR二维图像如图5－13（b）所示。越距离单元徙动校正后的一维距离像被“拉直”，不再有走动的现象，ISAR二维图像中散射点距离徙动引起的横向散焦被消除，图中的散焦体现在上下两端，这是越多普勒单元徙动造成的。

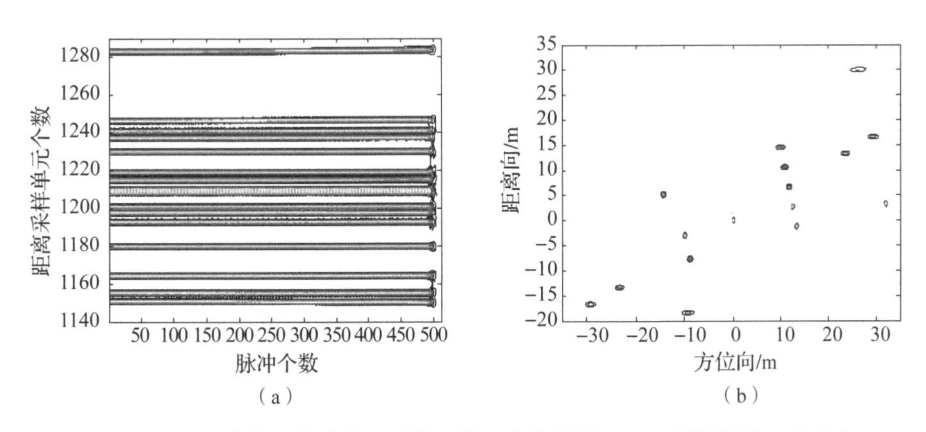

图5－13　越距离单元徙动校正后的一维距离像及其ISAR成像结果（附彩图）

（a）一维距离像；（b）ISAR二维图像

要完成越多普勒单元徙动的校正，需先估计出目标的等效旋转中心位置，该成像段双基地角是时变的，图像会有“歪斜”，前面提出的基于图像旋转相关最大的等效旋转中心估计方法误差会很大，这里采用基于图像对比度最大的搜索方法实现。为了减小搜索范围，考虑到等效旋转中心位置一般与强散射点有关，因此选择峰值较大的距离单元两侧进行搜索。经过式（5－53）可以计算得到，等效旋转中心估计精度应在3.35个距离采样单元以内，据此可设置旋转中心搜索步进为2，这样既可以找到等效旋转中心，又减少了运算量。等效旋转中心估计曲线如图5－14（a）所示，图像对比度最大时对应第1201个距离采样单元，以等效旋转中心位置为原点，对距离向进行绝对定标，并根据式（5－30）构造相位补偿项，完成对一维距离像慢时间高次项相位的补偿。图 5－14（b）所示为越多普勒单元徙动校正后的 ISAR 图像，该图像在方位向的散焦现象消除，聚焦效果良好。

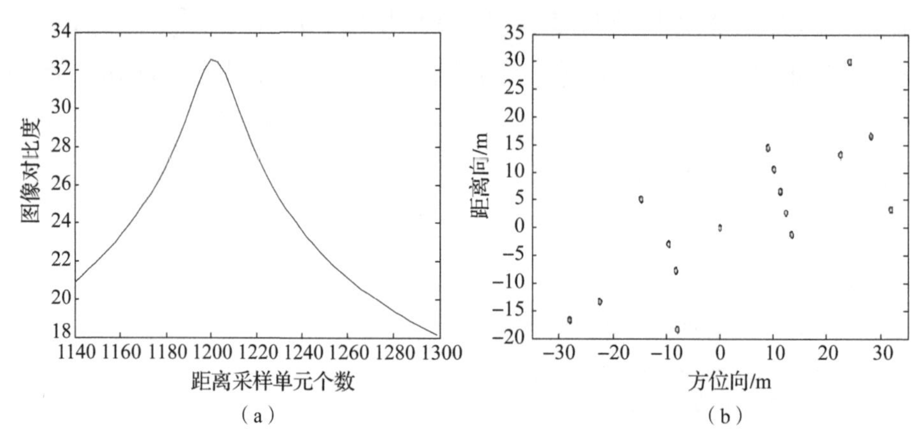

（a） （b）

图 5－14　等效旋转中心估计曲线及越多普勒徙动校正后的 ISAR 成像结果（附彩图）

（a）等效旋转中心估计曲线；（b）ISAR 二维图像

为了进一步说明本章算法的优势，接下来将本章的越分辨单元徙动校正算法与文献［138］的方法进行对比。文献［138］研究了双基地 ISAR 的越距离单元徙动问题，但既没有考虑双基地角时变对分辨单元徙动的影响，也没有考虑等效旋转速度不均匀引起的方位散焦问题。采用文献［138］方法越距离单元徙动校正后的双基地 ISAR 成像结果如图 5－15（a）所示，从图中可以看出，由于没有考虑双基地角的变化，在不同距离单元上的散射点散焦程度不同，并且比图 5－13（b）散焦程度严重。不考虑双基地角变化，对越距离单元徙动校正后的一维距离像进行多普勒徙动校正，校正后的 ISAR 图像如图 5－15（b）所示，该图像质量相对图 5－15（a）有一定程度的提高，但部分散射点依然存在散焦现象。将文献［138］算法校正得到的 ISAR 图像（图 5－15）与本章算法校正得到的 ISAR 图像（图 5－13（b）、图 5－14（b））对比，可以明显看出，本章的校正算法较文献［138］有明显的优势，即本章算法适用于双基地角时变的情况，具有更广的应用范畴。

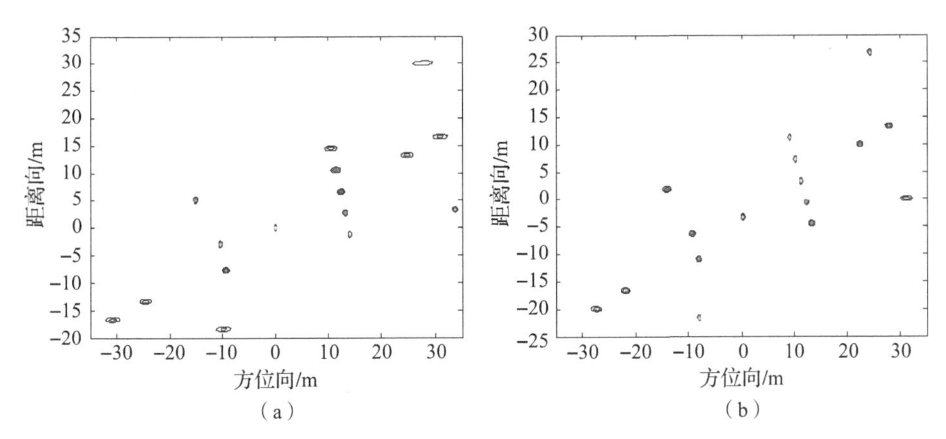

图 5-15　文献［138］越分辨单元徙动校正后的 ISAR 成像结果（附彩图）

（a）越距离单元徙动校正后二维图像；（b）越多普勒单元徙动校正后二维图像

为直观对比本章算法的校正性能，表 5-3 统计了越分辨单元徙动校正前后散射点的距离和方位 3 dB 主瓣宽度以及图像的对比度。经过越距离单元徙动的校正，文献［138］算法和本章算法都使图像的距离向 3 dB 主瓣宽度明显减小，但文献［138］算法略差于本章算法，经过越多普勒单元徙动校正，本章算法得到的 3 dB 主瓣宽度与理论分辨率吻合（注意：这里需要考虑 Hamming 窗对主瓣宽度的影响，该窗使主瓣展宽约 30%），文献［138］算法存在较明显的方位主瓣展宽，从图像对比度上说明了本章算法的性能及其相对文献［138］算法的优越性。

表 5-3　越分辨单元徙动校正前后散射点 3 dB 主瓣宽度统计及图像对比度比较

性能参数	原始 ISAR 二维图像	越距离单元徙动校正后 ISAR 二维图像		越多普勒单元徙动校正后 ISAR 二维图像	
		文献［138］算法	本章算法	文献［138］算法	本章算法
距离向 3 dB 主瓣宽度/m	1.170	0.610	0.607	0.608	0.602
方位向 3 dB 主瓣宽度/m	0.420	0.410	0.402	0.272	0.246
图像对比度	28.4	29.7	30.3	30.9	32.5

根据第 4 章的相关理论，图 5－16（a）给出了成像期间方位向与距离向夹角，该角度由 62.4°变化到 59.2°，即该角度不是正交的，图像“歪斜”的平均角度约为 29.2°，可依据该角度对图像进行“歪斜”校正，校正结果如图 5－16（b）所示，图像的“歪斜”消除，有利于后续的目标分类与识别。

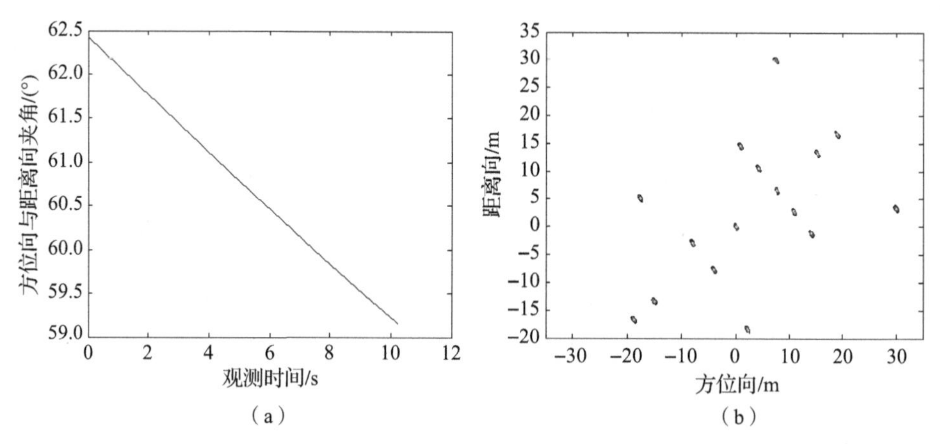

图 5－16　图像方位向与距离向夹角及“歪斜”校正后的 ISAR 成像结果（附彩图）

（a）方位向与距离向夹角；（b）“歪斜”校正后的 ISAR 图像

5.7.3　数据误差对算法校正性能影响的仿真验证

本小节的仿真实验验证等效旋转中心估计误差及角度误差对算法校正性能的影响。

1. 等效旋转中心估计误差对校正性能的影响仿真

当等效旋转中心估计位置与实际位置存在偏差时，会导致距离绝对定标有误差，进而使散射点发生越多普勒单元徙动现象，并且所有散射点的多普勒走动程度是一样的。结合以上分析，给出了等效旋转中心估计存在误差时，越多普勒单元徙动校正后的 ISAR 成像结果，如图 5－17 所示。其中，图 5－17（a）等效旋转中心的估计误差为 10 个距离采样单元，图 5－17（b）的估计误差为 20 个距离采样单元。对比图 5－14（b）可以看出，图5－17所示的散射点成像结果较图5－14（b）在方位向有所“变胖”，并且图5－17（b）的“变胖”程度更剧烈。这是因为，误差10个距离采样单元会引起散射点走动3个多普勒单元，20个距离采样单元误差则对应6个多普勒单元。

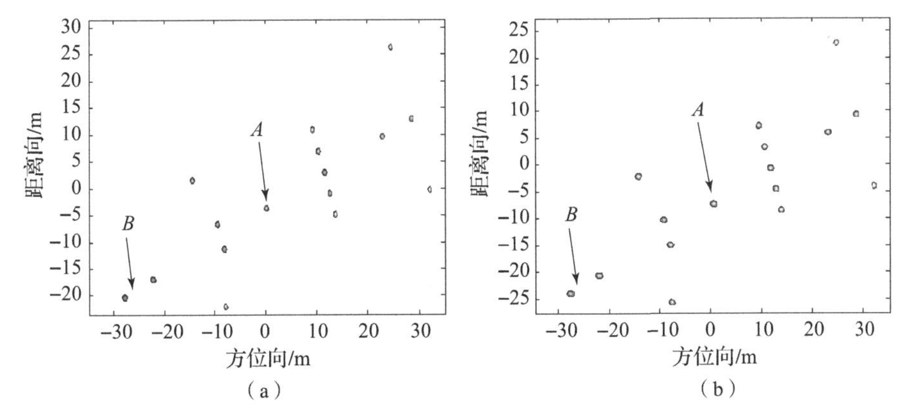

图5－17　等效旋转中心估计误差对越多普勒徙动校正的影响对比（附彩图）

（a）估计误差为10个距离采样单元；（b）估计误差为20个距离采样单元

为了直观地看出等效旋转中心估计误差对单一散射点的影响，在此提取散射点模型（图5－10）中的点*A*和点*B*，其中点*B*距等效旋转中心位置较远，考虑等效旋转中心估计无误差、有10个采样单元误差和有20个采样单元误差三种情况，分别构造补偿相位项，对越距离单元徙动校正后的一维距离像进行相位补偿，将*A*、*B*两点对应的方位压缩结果进行对比，如图5－18所示。可以看出，等效旋转中心估计无误差时，多普勒徙动校正后*A*、*B*两点的主瓣宽度一样；旋转中心估计位置存在误差时，两个散射点的主瓣展宽，并且展宽幅度基本一致，这说明等效旋转中心的估计精度对各个散射点的影响是统一的，与散射点所处的位置无关。

2. 角度误差对校正性能的影响仿真

由前文分析可知，累积转角存在误差时，Keystone变换依然可以消除散射点的越距离单元徙动现象，使散射点包络位于同一距离单元上，但是由于Keystone变换后相位含有慢时间的高次项，散射点方位压缩后存在方

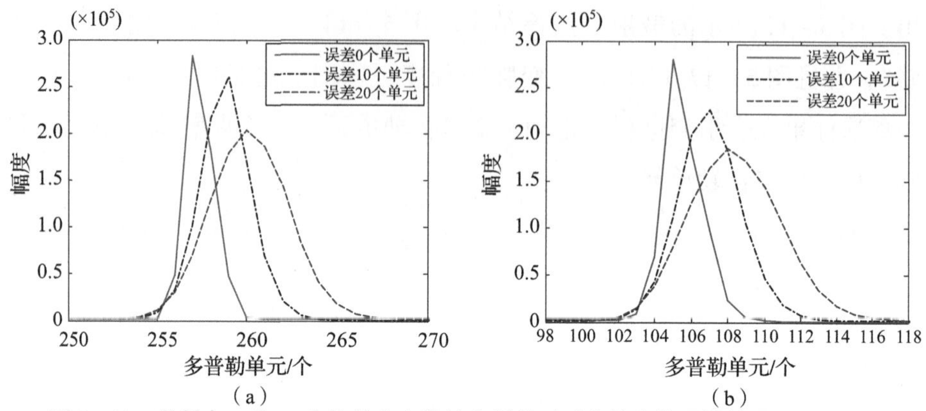

图 5－18　散射点 *A* 和 *B* 在旋转中心估计有误差时对应的方位压缩结果（附彩图）

（a）散射点 *A*；（b）散射点 *B*

位散焦的现象。针对前文分析，接下来向累积转角中分别添加线性误差和随机误差，并对比越分辨单元徙动的校正效果。

图 5－19 分别给出了添加 1°、2°和 3°累积转角线性误差时，越距离徙动校正后和越多普勒徙动校正后的 ISAR 图像，从结果中可以看出，不管加入误差大小，越距离徙动校正后的 ISAR 图像与不添加误差时得到的结果基本一致，但是，对比越多普勒徙动校正结果，ISAR 图像较无误差时上下两端出现了散焦现象，并且散焦程度与散射点的距离坐标成正比，这是角度误差使多普勒徙动没有完全补偿掉引起的。

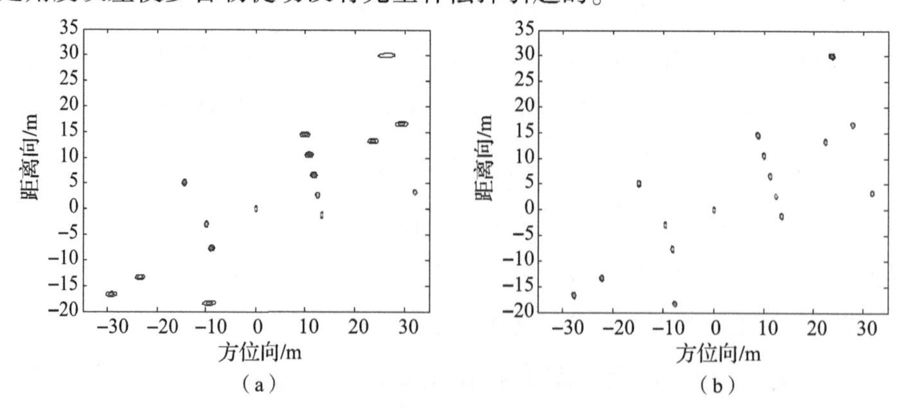

图 5－19　不同幅度的角度线性误差对越分辨单元徙动校正效果的影响对比（附彩图）

（a）越距离徙动校正后（线性误差为 1°）；（b）越多普勒徙动校正后（线性误差为 1°）

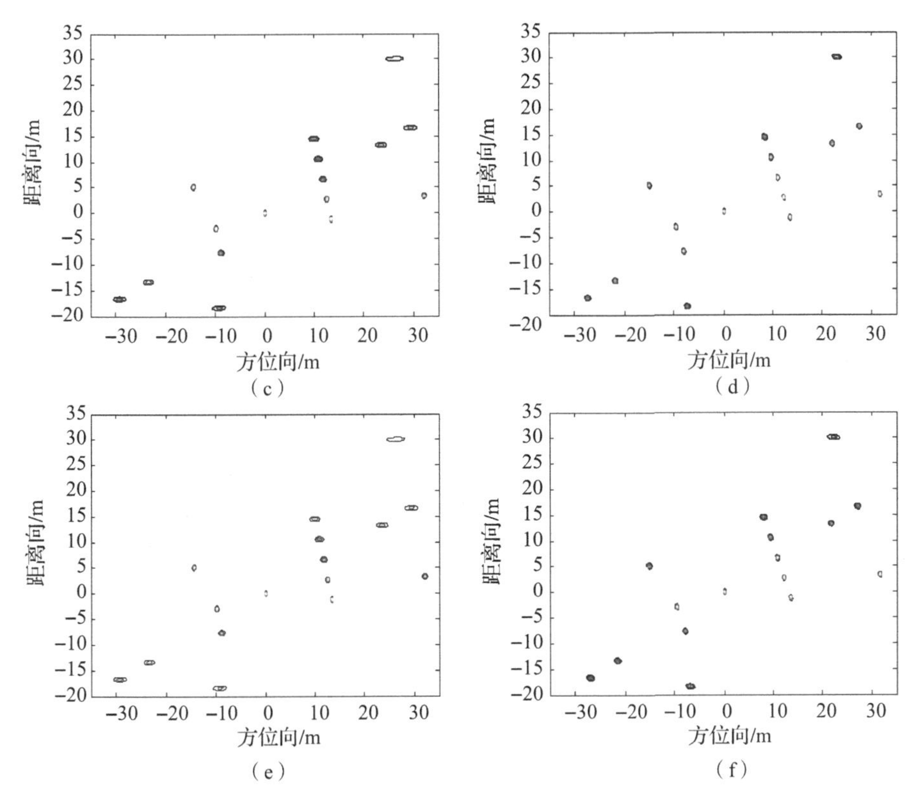

图 5 - 19　不同幅度的角度线性误差对越分辨单元徙动校正效果的影响对比（续）（附彩图）

（c）越距离徙动校正后（线性误差为 2°）；（d）越多普勒徙动校正后（线性误差为 2°）；（e）越距离徙动校正后（线性误差为 3°）；（f）越多普勒徙动校正后（线性误差为 3°）

角度随机误差会使越距离单元徙动校正时重采样时刻发生随机抖动，引入随机相位，进而影响方位压缩。仿真了添加 0.005°、0.01°、0.015°、0.02°、0.025°累积转角随机误差对越分辨单元徙动校正的影响，如图 5 - 20所示，并提取了对应的散射点 A 和 B 越多普勒徙动校正后的方位压缩结果，如图 5 - 21 所示。可以看出，随着误差的增大，方位坐标大的散射点在方位压缩后的幅度下降剧烈，以致最后成像点在图像中消失。为保证成像质量，需要限制随机相位不大于 0.2π，仿真的散射点模型方位坐标最大接近 30 m，根据式（5 - 78）可计算出，角度随机误差应不超过

0.0077°，否则随机相位对方位坐标较大的散射点影响很大，直接影响最后的成像效果。对比仿真结果，随机误差为0.01°时，图5-20（c）中散射点恶化不明显，随机误差为0.015°时，图5-20（f）中有散射点由于幅度太小而不能显示，说明理论得到的门限值与实际成像结果相吻合。

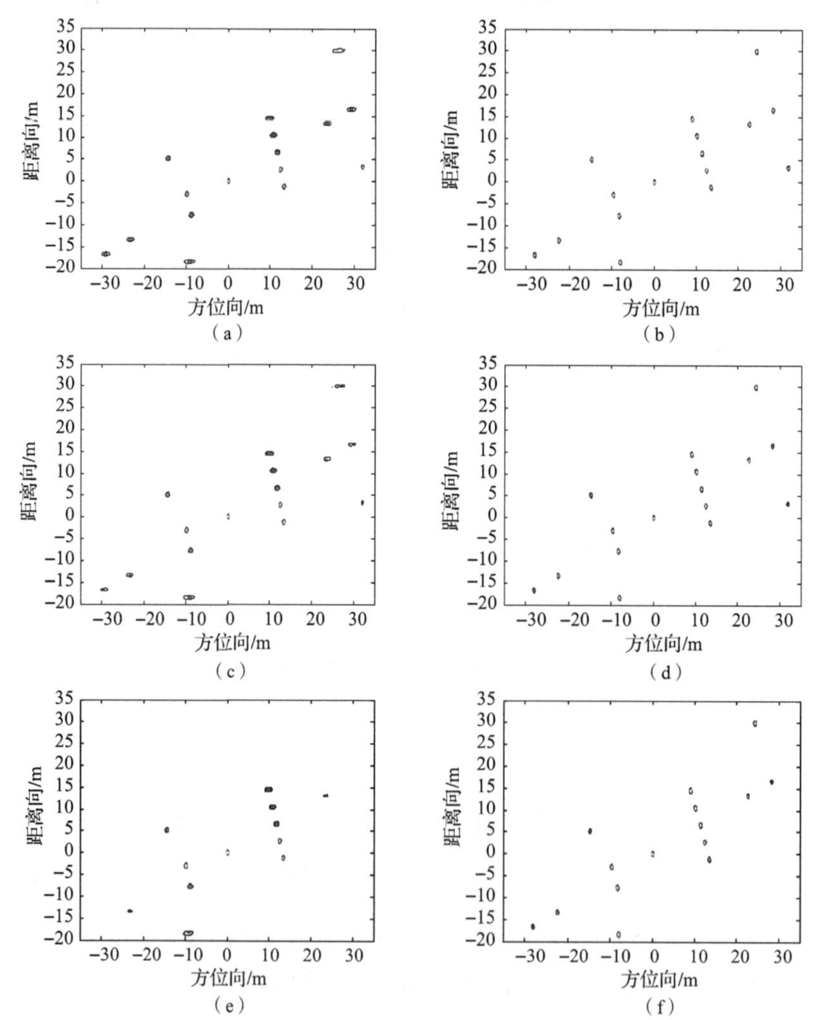

图5-20 不同幅度的角度随机误差对越分辨单元徙动校正效果的影响对比（附彩图）

（a）越距离徙动校正后（随机误差为0.005°）；（b）越多普勒徙动校正后（随机误差为0.005°）；（c）越距离徙动校正后（随机误差为0.01°）；（d）越多普勒徙动校正后（随机误差为0.01°）；（e）越距离徙动校正后（随机误差为0.015°）；（f）越多普勒徙动校正后（随机误差为0.015°）

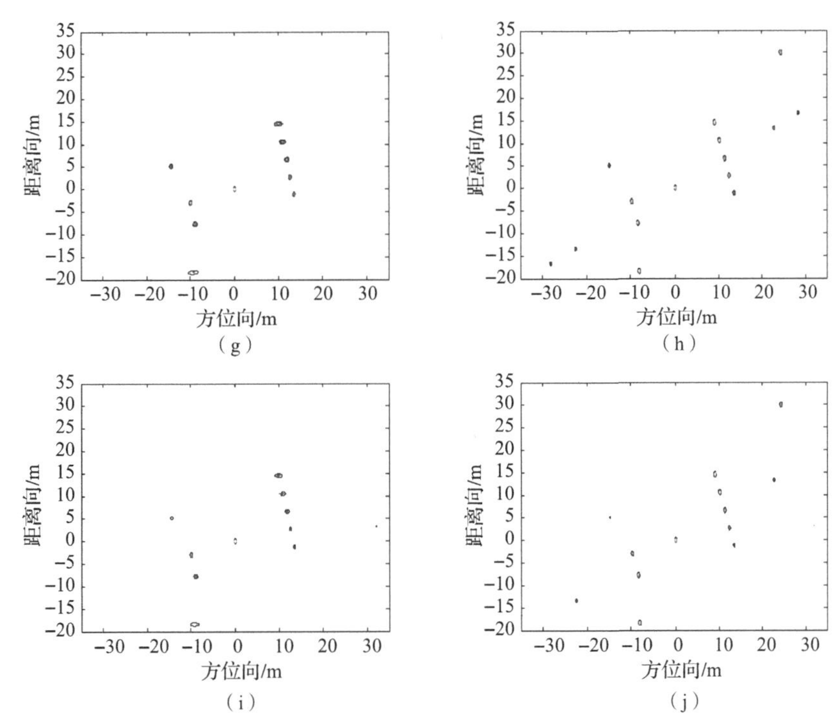

图 5-20　不同幅度的角度随机误差对越分辨单元

徙动校正效果的影响对比（续）（附彩图）

(g) 越距离徙动校正后（随机误差为 0.02°）；(h) 越多普勒徙动校正后（随机误差为 0.02°）；(i) 越距离徙动校正后（随机误差为 0.025°）；(j) 越多普勒徙动校正后（随机误差为 0.025°）

从以上的数据误差对算法校正性能的影响仿真可以看出：

(1) 等效旋转中心估计存在误差时，会使越多普勒单元徙动校正性能下降；并且，该误差对各个散射点的影响是一致的，与散射点所处的位置无关。

(2) 对比角度误差对算法校正性能的影响可以看出，校正算法对规律误差（如线性误差、二次误差）的容忍程度较大，但对随机误差很敏感。因此，在实际成像时应尽量避免随机因素引入的随机相位，在使用有误差的角度数据时，应先进行数据的平滑拟合，消除随机误差的影响，而后将其应用到校正算法中。

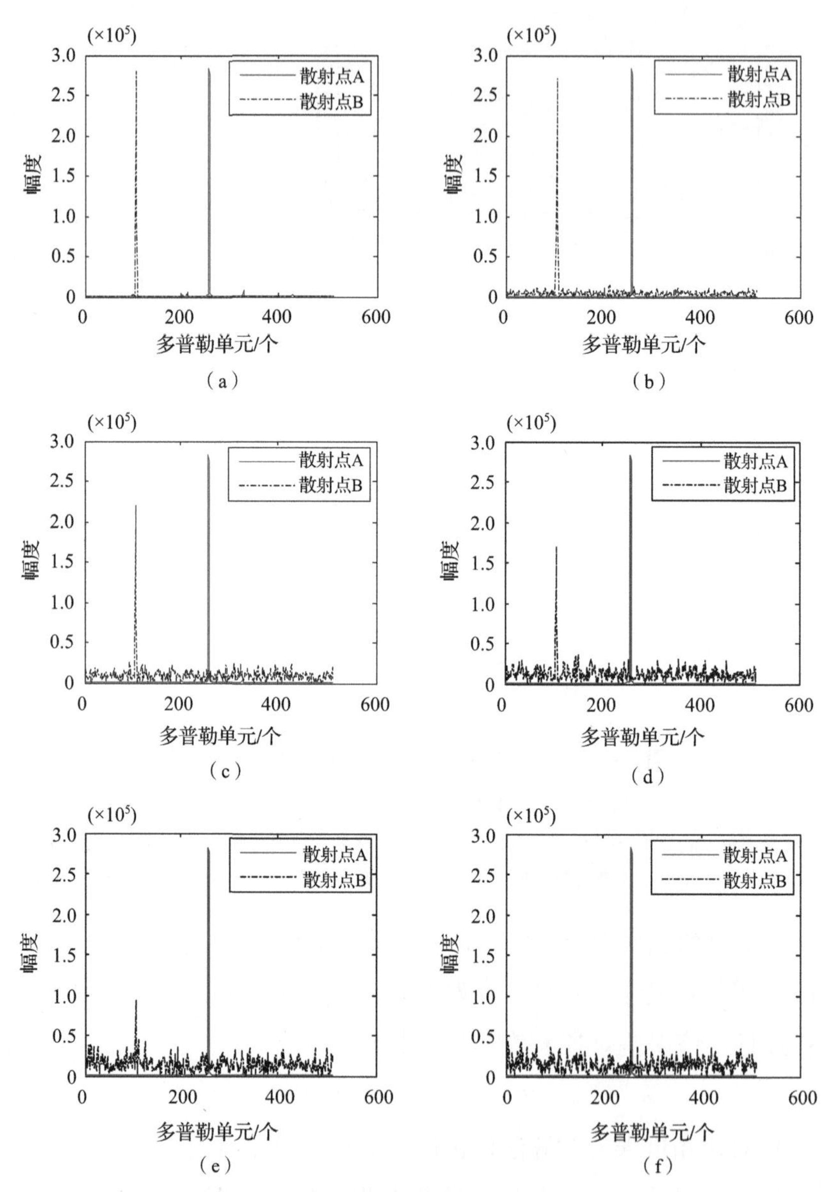

图 5-21 不同角度随机误差越多普勒徙动校正后散射点 *A* 和 *B* 的方位压缩结果（附彩图）

（a）方位压缩结果（随机误差为0°）；（b）方位压缩结果（随机误差为0.005°）；（c）方位压缩结果（随机误差为0.01°）；（d）方位压缩结果（随机误差为0.015°）；（e）方位压缩结果（随机误差为0.02°）；（f）方位压缩结果（随机误差为0.025°）

5.8 小　结

针对 RD 成像时越分辨单元徙动影响成像质量的问题，本章介绍了双基地角时变下的 ISAR 越分辨单元徙动校正算法。首先，分析了双基地角时变下越分辨单元徙动的产生机理，通过广义的 Keystone 变换实现了越距离单元徙动的校正，消除了目标非匀速转动引入的高次相位；其次，提出了基于图像旋转相关最大和图像对比度最大的等效旋转中心位置估计方法，通过构造补偿相位项完成了越多普勒单元徙动的校正；然后，分析了角度线性误差及随机误差对越分辨徙动校正的影响；最后，进行了仿真实验，结果表明，本章方法能够有效地校正双基地角时变下的越分辨单元徙动问题，提高成像质量。

5.6 小结

第6章 总结与展望

本书以空间目标监视、成像及识别的需求为背景，对双基地 ISAR 成像技术进行了系统论述，内容主要包括双基地 ISAR 成像原理、双基地 ISAR 成像算法、双基地 ISAR 回波建模、成像平面空变特性、双基地角时变下的越分辨单元徙动校正算法等理论和方法。总结全书，主要内容如下：

第 1 章是绪论部分。首先，阐述了空间目标监视的重要意义，以及双基地雷达相对单基地雷达所具有的优势；其次，综述了雷达成像技术的发展概况；然后，给出了各国典型的空间目标探测与成像系统，最后，介绍了国内外双基地 ISAR 成像的研究情况，总结了研究成果，并指出了该领域研究存在的不足。

第 2 章是基础理论部分。首先，给出了双基地 ISAR 成像的基本原理；其次，由双基地雷达方程推导了双基地雷达的作用距离，根据成像原理得到了双基地 ISAR 的二维分辨率；然后，介绍了双基地 ISAR 常用的成像算法，并重点阐述了该算法的优缺点及适用范围；最后，采用常用的成像算法进行了成像仿真，成像结果说明了这些算法的成像特点。

第 3 章介绍了基于二体运动模型的三轴稳定空间目标双基地 ISAR 回波建模方法。由于现代卫星基本都采用三轴稳定的姿态控制方式，该回波模拟方法以三轴稳定目标为研究对象，在三维空间建立散射点模型，利用二体运动模拟空间目标的在轨运动，考虑了目标平稳运动及三轴姿稳转动引起的散射点相对雷达视角变化，并加入目标的高速运动特性，生成了双基地 ISAR 的基带回波数据。另外，由于空间目标为高速运动目标，回波会受到脉内多普勒调制，不再满足“停－走”模型的要求，因此针对空间目标双基地 ISAR 的脉内速度补偿问题，本章介绍了基于相位精确补偿的速度补偿算法。

第 4 章介绍了双基地 ISAR 成像平面的空变特性。首先，从双基地 ISAR 转台模型成像平面的确定方法出发，确定了三轴稳定空间目标的瞬时成像平面；然后，阐述了基于 3 个欧拉角（即偏航角、俯仰角和滚动角）对成像平面空变程度进行表征的方法，给出了成像平面存在空变时散射点的距离和多普勒信息变化特性，并据此分析了成像平面空变和双基地角时变对成像质量的影响；最后，进行了仿真实验及定量分析。双基地 ISAR 成像平面的空变论述对雷达成像试验轨道段的选择具有重要意义，也为后续的数据处理和补偿算法的实施提供依据。

第 5 章介绍了双基地角时变下越分辨单元徙动校正算法。首先，详细分析了双基地角时变下越分辨单元徙动的产生机理；其次，通过广义的 Keystone 变换实现了越距离单元徙动的校正，并消除了目标非匀速转动引入的慢时间高次相位项；然后，介绍了两种目标等效旋转中心估计方法，并构造了补偿相位项，完成了越多普勒单元徙动的校正；最后，分析了角度误差对越分辨徙动校正性能的影响，并给出了双基地 ISAR 成像及越分辨单元徙动校正的流程。

第 6 章总结全文的主要工作，并指出需要进一步研究的问题。

本书围绕空间目标双基地 ISAR 二维成像的相关理论及关键技术进行了深入论述，但由于双基地 ISAR 的复杂性，仍然存在很多问题需要继续深入分析，主要包括以下几方面：

（1）虽然基于二体运动的双基地 ISAR 回波模拟方法有利于空间目标

的精确成像，但其没有考虑到目标的遮挡效应、散射截面积变化、双基地角时变下雷达散射特性损失等问题，这与实际成像存在差异，有待进一步分析改进。

（2）本书的越分辨单元徙动校正算法对成像平面空变特性不严重的轨道段具有很好的校正效果。然而，当成像平面空变严重时，由于目标在成像坐标系下的高度信息是未知的，该校正算法无法校正散射点高度对成像质量的影响，使得算法应用范围受限，需要对此深入研究，以消除散射点高度信息引入的图像散焦问题。

参考文献

[1] KLINKRAD H. Space debris: model and risk analysis [M]. New York: Springer, 2006.

[2] INTER – AGENCY SPACE DEBRIS COORDINATION COMMITTEE. IADC space debris mitigation guidelines [Z]. Vienna: United Nations Office for Outer Space Affairs, 2007.

[3] 吴连大. 人造卫星与空间碎片的轨道和探测 [M]. 北京: 中国科学技术出版社, 2011.

[4] 李振伟. 空间目标光电观测技术研究 [D]. 北京: 中国科学院大学, 2014.

[5] SCHAUB H, JASPER L E Z, ANDERSON P V, et al. Cost and risk assessment for spacecraft operation decisions caused by the space debris environment modeling [J]. Acta astronautica, 2015, 113: 66 – 79.

[6] LOGINOV S, YAKOVLEV M, MIKHAILOV M, et al. About Russian federation activity on space debris problem [C]//Proceedings of the 5th European Conference on Space Debris, Darmstadt, 2009.

[7] 李宏伟, 韩建伟, 蔡明辉, 等. 激光诱导等离子体模拟微小空间碎片撞击诱发放电研究 [J]. 物理学报, 2014, 63 (11): 119601.

[8] 马林. 空间目标探测雷达技术 [M]. 北京：电子工业出版社，2013.
[9] 王若璞，张浚哲，郑勇，等. 基于 TLE 的空间目标碰撞预警计算 [J]. 测绘科学技术学报，2009，26 (4)：269 – 275.
[10] VAN ZYL M W，INGGS M R. Inverse synthetic aperture radar images of moving targets [C]//South African Symposium on Communications and Signal Processing，Pretoria，1991：42 – 46.
[11] 保铮，邢孟道，王彤. 雷达成像技术 [M]. 北京：电子工业出版社，2005.
[12] LV X L，XING M D，WAN C R，et al. ISAR imaging of maneuvering targets based on the range centroid Doppler technique [J]. IEEE transactions on image processing，2010，19 (1)：141 – 153.
[13] 杨振起，张永顺，骆永军. 双 (多) 基地雷达系统 [M]. 北京：国防工业出版社，1998.
[14] CHERNYAK S V. 双 (多) 基地雷达系统 [M]. 周万幸，吴鸣亚，胡明春，等译. 北京：电子工业出版社，2011.
[15] 郑泽星，姜义成. 双基地 ISAR 成像及其影响因素分析 [J]. 中国雷达，2007 (1)：76 – 78.
[16] SHI L，GUO B F，HAN N，et al. Bistatic ISAR distortion mitigation of a space target via exploiting the orbital prior information [J]. IET radar sonar and navigation，2019，13：1140 – 1148.
[17] 云日升. 多基站 ISAR 成像模型与运动参数估计 [J]. 系统工程与电子技术，2011，33 (1)：74 – 78.
[18] CHEN V C，DES ROSIERS A，RON L. Bi – static ISAR range – Doppler imaging and resolution analysis [C]//IEEE Radar Conference，Pasadena，2009：1 – 5.
[19] 郭克成，陆静. 双基地雷达的抗干扰能力及有效干扰区分析 [J]. 现代雷达，2004，26 (9)：20 – 22.

[20] SHERWIN C W, RUINA J P, RAWCLIFFE R D. Some early developments in synthetic aperture radar systems [J]. IRE transactions on military electronics, 1962, 6 (2): 111 – 115.

[21] AUSHERMAN D A, KOZMA A, WALKER JACK L, et al. Developments in radar imaging [J]. IEEE transactions on aerospace and electronic systems, 1984, 20 (4): 363 – 400.

[22] BROWN W M, FREDERICKS R J. Synthetic aperture radar imaging of rotating objects [J]. Annual radar symposium, 1967.

[23] KIRK J C. Digital synthetic aperture radar technology [C]//IEEE International Radar Conference, 1975.

[24] 刘高峰. 极化 SAR 图像特征提取与分类方法研究 [D]. 西安: 西安电子科技大学, 2014.

[25] ENDER H, JOACHIM G. Experimental results achieved with the airborne multi – channel SAR system AER_II [J]. EUSAR, 1998, 2 (1): 315 – 318.

[26] WEHNER D R. High – resolution radar [M]. Boston London: Artech House, 1995.

[27] CHEN C C, ANDREWS H C. Target – motion – induced radar imaging [J]. IEEE transactions on aerospace and electronic systems, 1980, 10 (1): 2 – 14.

[28] CHEN C C, ANDREWS H C. Multifrequency imaging of radar turntable data [J]. IEEE transactions on aerospace and electronic systems, 1980, 16 (1): 15 – 22.

[29] JAIN A, PATEL I. SAR/ISAR imaging of a nonuniformly rotating target [J]. IEEE transactions on aerospace and electronic systems, 1992, 28 (1): 317 – 321.

[30] SOUMEKH M, NUGROHO S. ISAR imaging of an airborne DC – 9

[A]. ProcICASS, 1993: 465 - 468.
[31] GOODMAN R, NAGY W, WILHELM J. A high fidelity ground to air imaging radar system [A]. IEEE National Radar Conference Record, 1994: 29 - 34.
[32] 李亚丽, 刘宏伟, 曹向海, 等. 基于 InISAR 像的目标识别方法[J]. 电子与信息学报, 2008, 30 (9): 2089 - 2093.
[33] WANG G Y, XIA X G, CHEN V C. Three - dimensional ISAR imaging of maneuvering targets using three receivers [J]. IEEE transactions on signal processing, 2001, 10 (3): 436 - 447.
[34] XU X J, NARAYANAN R M. Three - dimensional interferometric ISAR imaging for target scattering diagnosis and modeling [J]. IEEE transactions on image processing, 2001, 10 (7): 1094 - 1102.
[35] STAGLIANÒ D, MARTORELLA M, CASALINI E. Interferometric bistatic ISAR processing for 3D target reconstruction [C]//The 11th European Radar Conference, Rome, 2014: 161 - 164.
[36] MARTORELLA M, STAGLIANO D, SALVETTI F, et al. 3D interferometric ISAR imaging of noncooperative targets [J]. IEEE transactions on aerospace and electronic systems, 2014, 50 (4): 3102 - 3114.
[37] ZHU X X, SHI L, GUO B F, et al. Bi - ISAR sparse imaging algorithm with complex Gaussian scale mixture prior [J]. IET radar sonar and navigation, 2019, 13 (2): 2202 - 2211.
[38] 王海峰, 多频段合成雷达成像技术 [D]. 南京: 南京理工大学, 2012.
[39] ZHU X X, SHANG C X, GUO B F, et al. Multiband fusion inverse synthetic aperture radar imaging based on variational Bayesian inference [J]. Journal of applied remote sensing, 2020, 14 (3): 036511.
[40] 贺夏. 近地轨道多目标 ISAR 成像方法研究 [J]. 计算机仿真, 2008,

25 (11): 211 -213.

[41] SHI J, ZHANG X L, HUANG S W. Multi - target ISAR imaging method [J]. International geoscience and remote sensing Symposium, 2005, 7: 4745 -4748.

[42] 吴家伟. ISAR 的多目标成像 [D]. 哈尔滨: 哈尔滨工业大学, 2012.

[43] CHEN V C, HAO L. Joint time - frequency analysis for radar signal and image processing [J]. IEEE signal processing magazine, 1999, 16 (2): 81 -93.

[44] XING M D, WU R B, LI Y, et al. New ISAR imaging algorithm based on modified Wigner - Ville distribution [J]. IET radar, sonar and navigation, 2009, 3 (1): 70 -80.

[45] 赵霜, 张社欣, 方有培, 等. 美俄空间目标监视现状与发展研究 [J]. 航天电子对抗, 2008, 24 (1): 27 -29.

[46] 宋正鑫, 胡卫东, 郁文贤. 空间碎片的雷达探测——技术与趋势 [J]. 现代防御技术, 2008, 36 (4): 142 -147.

[47] 杨朋翠, 施浒立, 李圣明. 空间碎片地基雷达探测综述 [J]. 天文研究与技术, 2007, 4 (4): 320 -326.

[48] SHI L, GUO B F, HAN N, et al. Bistatic - ISAR linear geometry distortion alleviation of space targets [J]. Electronics, 2019, 8 (5): 560 .

[49] MICHAL TH, EGLIZEAUD J P, BOUCHARD J. GRAVES: the new French system for space surveillance [C]//Proceedings of the 4th European Conference on Space Debris, Darmstadt, 2005: 61 -65.

[50] 刘永征, 刘学斌. 美国空间态势感知能力研究 [J]. 航天电子对抗, 2009, 25 (3): 1 -3.

[51] 胡坤娇, 罗健. 我国空间监视地基雷达系统分析 [J]. 雷达科学与技

术，2008，6（2）：87 -91.

[52] 李玉书，万伦. 雷达技术在深空目标探测中的作用［J］. 现代雷达，2005，27（10）：1 -4.

[53] 超绍颖，杨文军. 用于空间目标监视的相控阵雷达需求分析［J］. 现代雷达，2006，28（1）：16 -19.

[54] 马君国，付强，肖怀铁，等. 雷达空间目标识别技术综述［J］. 现代防御技术，2006，34（5）：90 -94.

[55] 李颖，张占月，方秀花. 空间目标监视系统发展现状及展望［J］. 国际太空，2004（6）：28 -32.

[56] 魏晨曦. 俄罗斯的空间目标监视、识别、探测与跟踪系统［J］. 中国航天，2006（8）：39 -41.

[57] 魏晨曦，汪琦，韦荻山. 俄罗斯空间监视系统及其发展［J］. 国际太空，2007（5）：8 -12.

[58] AVENT R K，SHELTON J D，BROWN P. The ALCOR C - band imaging radar［J］. IEEE antennas and propagation magazine，1996，38（3）：16 -27.

[59] MIT Lincoln Laboratory 2009 Annual Report［R］. Lexington，MA：Lincoln Laboratory，2009.

[60] WEISS H G. The millstone and haystack radars［J］. IEEE transactions on aerospace and electronic systems，2001，37（1）：365 -379.

[61] MEHRHOLZ D，LEUSHACKE L，FLURY W，et al. Detecting，tracking and imaging space debris［J］. European Space Agency bulletin，2002（109）：128 -134.

[62] GOMBERT G，BECKNER F. High resolution 2 - D ISAR imaging collection and processing［C］//Proceedings of National Aerospace and Electronics Conference（NAECON'94），Dayton，1994：371 -377.

[63] ZHU Z B，ZHANG Y B，TANG Z Y. Bistatic inverse synthetic aperture

radar imaging [C]//2005 IEEE International Radar Conference, Arlington, 2005: 354 - 358.

[64] 彭望泽，华茂夏，陆怡放，等. 陆空导弹武器系统电子对抗技术[M]. 北京：宇航出版社，1995.

[65] MARTORELLA M, PALMER J, HOMER J, et al. On bistatic inverse synthetic aperture radar [J]. IEEE transactions on aerospace and electronic systems, 2007, 43 (3): 1125 - 1134.

[66] MARTORELLA M. Bistatic ISAR image formation in presence of bistatic angle changes and phase synchronisation errors [C]//The 7th European Conference on Synthetic Aperture Radar, Friedrichshafen, 2008: 1 - 4.

[67] MARTORELLA M, PALMERO J, BERIZZI F, et al. Improving the total rotation vector estimation via a bistatic ISAR system [C]//2005 IEEE International Geoscience and Remote Sensing Symposium, Seoul, 2005: 1068 - 1071.

[68] MARTORELLA M, HAYWOOD B, NEL W, et al. Optimal sensor placement for multi - bistatic ISAR imaging [C]//The 7th European Radar Conference, Paris, 2010: 228 - 231.

[69] GELLI S, BACCI A, MARTORELLA M, et al. A sub - optimal approach for bistatic joint STAP - ISAR [C]//2015 IEEE Radar Conference, Arlington, 2015: 992 - 997.

[70] BURKHOLDER R J, GUPTA L J, JOHNSON J T. Comparison of monostatic and bistatic radar images [J]. IEEE antennas and propagation magazine, 2003, 45 (3): 41 - 50.

[71] SIMON M P, SCHUH M J, WOO A C. Bistatic ISAR images from a time - domain code [J]. IEEE antennas and propagation magazine, 1995, 37 (5): 25 - 32.

[72] PASTINA D, BUCCIARELLI M, SPINA C. Multi - sensor rotation

motion estimation for distributed ISAR target imaging [C]//2009 European Radar Conference (EuRAD), Rome, 2009: 282 – 285.

[73] BERIZZI F, DIANI M. ISAR Imaging of targets at low elevation angles [J]. IEEE transaction on aerospace and electronic systems, 2001, 37 (2): 419 – 425.

[74] GAO J J, SU F L, XU G D. Multipath effects cancellation in ISAR image reconstruction [J]. 2007 international conference on microwave and millimeter wave technology, 2007: 1 – 4.

[75] BERIZZI F, DIANI M. Multipath effects on ISAR image reconstruction [J]. IEEE transactions on aerospace and electronic systems, 1998, 34 (2): 645 – 653.

[76] PALMER J, HOMER J, LONGSTAFF I D, et al. ISAR imaging using an emulated multistatic radar system [J]. IEEE transactions on aerospace and electronic systems, 2005, 41 (4): 1464 – 1472.

[77] 赵亦工. 双基地逆合成孔径雷达成像及信号外推方法的研究 [D]. 北京：北京理工大学，1989.

[78] 吴勇. 双站逆合成孔径雷达二维成像算法研究 [D]. 长沙：国防科学技术大学，2005.

[79] 朱玉鹏，张月辉，王宏强，等. 运动目标双基地 ISAR 成像建模与仿真 [J]. 系统仿真学报，2009 (9): 2696 – 2699.

[80] 高昭昭，梁毅，邢孟道，等. 双基地逆合成孔径雷达成像分析 [J]. 系统工程与电子技术，2009 (5): 1055 – 1059.

[81] 黄艺毅. 双站逆合成孔径雷达的成像算法研究 [D]. 上海：上海交通大学，2008.

[82] 朱仁飞，罗迎，张群，等. 双基地 ISAR 成像分析 [J]. 现代雷达，2011, 33 (8): 33 – 38.

[83] 朱仁飞，张群，罗迎，等. 双基地 ISAR 二维分辨率分析研究 [J].

弹箭与制导学报，2010，30（1）：182－186.

[84] ZHANG S S，SUN S B，ZHANG W，et al. High－resolution bistatic ISAR image formation for high－speed and complex－motion targets［J］. IEEE journal of selected topics in applied Earth observations and remote sensing，2015，8（7）：3520－3531.

[85] ZHANG S S，ZHANG W，ZONG Z L，et al. High－resolution bistatic ISAR imaging based on two－dimensional compressed sensing［J］. IEEE transactions on antennas and propagation，2015，63（5）：2098－2111.

[86] 董健，尚朝轩，高梅国，等. 空间目标双基地 ISAR 成像的速度补偿研究［J］. 中国电子科学研究院学报，2010（1）：78－85.

[87] 董健，尚朝轩，高梅国，等. 双基地 ISAR 成像平面研究及回波模型修正［J］. 电子与信息学报，2010，32（8）：1855－1862.

[88] 董健，尚朝轩，高梅国，等. 间接同步连续采样模式双基地 ISAR 时间同步仿真［J］. 数据采集与处理，2011，26（3）：347－355.

[89] 董健. 空间目标双基地 ISAR 成像关键技术研究［D］. 石家庄：军械工程学院，2009.

[90] 赵会朋，王俊岭，高梅国，等. 基于轨道误差搜索的双基地 ISAR 包络对齐算法［J］. 系统工程与电子技术，2017，39（6）：1235－1243.

[91] CAO X H，SU F L，SUN H D，et al. Three－dimensional In－ISAR imaging via the emulated bistatic radar［C］//2007 the 2nd IEEE Conference on Industrial Electronics and Applications，Harbin，2007：2826－2830.

[92] XIE X C，ZHANG Y H. 3D ISAR imaging based on MIMO radar array［C］//2009 the 2nd Asian－Pacific Conference on Synthetic Aperture Radar，Xi'an，2009：1018－1021.

[93] ZHU Y T，SU Y，YU W X. An ISAR imaging method based on MIMO technique［J］. IEEE transactions on geoscience and remote sensing，

2010, 48 (8): 3290 - 3299.

[94] ZHAO L Z, GAO M G, MARTORELLA M, et al. Bistatic three - dimensional interferometric ISAR image reconstruction [J]. IEEE transactions on aerospace electronics and systems, 2015, 51 (2): 951 - 961.

[95] ZHAO L Z, MARTORELLA M, FU X J, et al. Three - dimensional bistatic interferometric ISAR imaging [J]. Journal of Beijing Institute of Technology, 2015, 24 (1): 105 - 109.

[96] 张亚标，朱振波，汤子跃，等. 双站逆合成孔径雷达成像理论研究 [J]. 电子与信息学报，2006，28 (6): 969 - 972.

[97] MARTORELLA M. Analysis of the robustness of bistatic inverse synthetic aperture radar in the presence of phase synchronisation errors [J]. IEEE transactions on aerospace and electronic systems, 2011, 47 (4): 2673 - 2689.

[98] MARTORELLA M, PALMER J, BERIZZI F, et al. Advances in bistatic inverse synthetic aperture radar [C]//International Radar Conference "Surveillance for a Safer World", Bordeaux, 2009: 1 - 6.

[99] FU X J, ZHAO L Z, Zhao H P, et al. Bistatic inverse synthetic aperture radar imaging for space objects [C]//The 5th International Congress on Image and Signal Processing, Chongqing, 2012: 1769 - 1772.

[100] MARTORELLA M, CATALDO D, BRISKEN S. Bistatically equivalent monostatic approximation for bistatic ISAR [C]//2013 IEEE Radar Conference, Ottawa, 2013: 1 - 5.

[101] 丁鹭飞. 雷达原理 [M]. 北京：电子工业出版社，2009.

[102] 邵甜鸽. 双基地SAR空间分辨特性的研究 [D]. 成都：电子科技大学，2004.

[103] PALMER J, HOMER J, MOJARRABI B. Improving on the monostatic radar cross section of targets by employing sea clutter to emulate a bistatic

radar [C]//IEEE International Geoscience and Remote Sensing Symposium, Toulouse, 2003: 324 – 326.

[104] YEH C M, XU J, PENG Y N, et al. Rotating velocity estimation for ISAR via point feature extraction on range – Doppler images [C]//2009 2nd Asian – Pacific Conference on Synthetic Aperture Radar, Xi'an, 2009: 343 – 346.

[105] XING M D, LAN J Q, BAO Z, et al. ISAR echoes coherent processing and imaging [J]. IEEE aerospace conference proceedings, 2004, 3: 1946 – 1960.

[106] XING M D, WU R B, BAO Z. High resolution imaging of high speed moving targets [J]. IEE radar, sonar and navigation, 2005, 152 (2): 58 – 67.

[107] ZHENG P, JING X J, SUN S L, et al. Range migration subaperture algorithm for spotlight SAR in near space [C]//2012 the 3rd IEEE International Conference on Network Infrastructure and Digital Content, Beijing, 2012: 562 – 566.

[108] ZHANG L, LI H L, QIAO Z J, et al. Intergrating autofocus techniques with fast factorized back – projection for high – resolution spotlight SAR imaging [J]. IEEE geoscience and remote sensing letters, 2013, 10 (6): 1394 – 1398.

[109] 陈思, 赵惠昌, 张淑宁, 等. 基于 dechirp 弹载 SAR 的改进后向投影算法 [J]. 物理学报, 2013, 62 (21): 218405.

[110] HORVATH M S, GORHAM L A, RIGLING B D. Scene size bounds for PFA imaging with postfiltering [J]. IEEE transactions on aerospace and electronic systems, 2013, 49 (2): 1402 – 1406.

[111] WANG Y, LI J W, CHEN J, et al. A parameter – adjusting polar format algorithm for extremely high squint SAR imaging [J]. IEEE transactions

on geoscience and remote sensing, 2014, 52 (1): 640 - 650.

[112] 朱小鹏, 张群, 李宏伟. 基于双基地 ISAR 的极坐标格式算法及其改进算法 [J]. 宇航学报, 2011, 32 (2): 388 - 394.

[113] CHEN V C. Time - frequency - based ISAR image formation technique [J]. Proceedings of the SPIE - The International Society for Optical Engineering, 1997, 3070: 43 - 54.

[114] CORRETJA V, GRIVEL E, BERTHOUMIEU Y, et al. Combining time - frequency transforms to create a sequence of instantaneous range - Doppler images in ISAR processing [C]//2011 IEEE CIE International Conference on Radar, Chengdu, 2011: 537 - 540.

[115] 韩吉衢, 陈乐平. Wigner - Ville 分布及其在 FMCW 信号识别中的应用 [J]. 烟台大学学报 (自然科学与工程版), 2009, 33 (3): 185 - 188.

[116] 周万幸. ISAR 成像系统与技术发展综述 [J]. 现代雷达, 2012, 34 (9): 1 - 9.

[117] HURST M P, MITTRA R. Scattering center analysis via Prony's method [J]. IEEE transactions on antennas and propagation, 1987, 35 (8): 986 - 988.

[118] LIU Z S, WU R B, LI J. Complex ISAR imaging of maneuvering targets via the Capon estimator [J]. IEEE transactions on signal processing, 1999, 47 (5): 1262 - 1271.

[119] ODENDAAL J W, BARNARD E I, PISTORIUS C W I. Two dimensional super - resolution radar imaging using MUSIC algorithm [J]. IEEE transactions on signal processing, 1994, 42 (10): 1386 - 1391.

[120] WANG Y X, LING H. A frequency - aspect extrapolation algorithm for ISAR image simulation based on two - dimensional ESPRIT [J]. IEEE transactions on geoscience and remote sensing, 2000, 38 (4): 1743 -

1748.

[121] DONOHO D L. Compressed sensing [J]. IEEE transactions on information theory, 2006, 52 (4): 5406 - 5425.

[122] ZHANG L, XING M, QIU C, et al. Achieving higher resolution ISAR imaging with limited pulses via compressed sampling [J]. IEEE geoscience and remote sensing letters, 2009, 6 (3): 567 - 571.

[123] LIN D, FAN L H, JIN L. Bistatic ISAR imaging algorithm based on compressed sensing [C]//Proceedings of the Second International Conference on Communications, Signal Processing, and Systems, 2013: 567 - 575.

[124] COMBLET F, KHENCHAF A, BAUSSARD A, et al. Bistatic synthetic aperture radar imaging: theory, simulation, and validation [J]. IEEE transactions on antennas and propagation, 2006, 54 (11): 3529 - 3540.

[125] DENG D H, ZHANG Q, LUO Y, et al. Resolution and micro - Doppler effect in Bi - ISAR system [J]. Journal of radar, 2013, 6: 152 - 167.

[126] 张剑云，张庆文. 轨道飞行目标的雷达回波模拟及成像 [J]. 电子学报，1995，23 (9): 28 - 31.

[127] 刘朝军，陈文彤，陈曾平. 轨道目标 ISAR 中频回波模拟技术研究 [J]. 计算机仿真，2006，23 (10): 296 - 300.

[128] 荣吉利，齐跃，谌相宇. SGP4 模型用于空间目标碰撞预警的准确性与有效性分析 [J]. 北京理工大学学报，2013，33 (12): 1309 - 1312.

[129] CUMMING I G, WONG F H. Digital processing of synthetic aperture radar data [M]. Norwood: Artech House, 2005.

[130] 韩宁，尚朝轩，董健. 空间目标双基地 ISAR 一维距离像速度补偿方法 [J]. 宇航学报，2012，33 (4): 507 - 513.

[131] 刘林. 航天器轨道理论 [M]. 北京：国防工业出版社，2000.
[132] 刘林. 航天动力学引论 [M]. 南京：南京大学出版社，2006.
[133] MONTENBRUCK O, GILL E. Satellite orbits: models, methods and applications [M]. 2nd ed. New York: Springer, 2001.
[134] CURITIS H D. 轨道力学 [M]. 周建华，徐波，冯全胜，译. 北京：科学出版社，2009.
[135] 陆洪涛，汤博，范江涛. 一种新的基于点目标的 SAR 成像质量评估方法 [J]. 战术导弹技术，2013 (5): 31 - 34.
[136] MARTORELLA M, BERIZZI F, HAYWOOD B. Contrast maximisation based technique for 2 - D ISAR autofocusing [J]. IEE radar, sonar and navigation, 2005, 152 (4): 253 - 262.
[137] WANG B P, GAO J J, SUN C, et al. An MTRC compensated algorithm based on keystone transform and weighted orientation [C]//International Conference on Consumer Electronics, Communications and Networks, Xianning , 2011: 85 - 89.
[138] 韩宁，尚朝轩，何强，等. 双基地 ISAR 越距离单元徙动分析与校正方法 [J]. 火力与指挥控制，2013, 38 (3): 49 - 52.
[139] ZHU X P, ZHANG Q, ZHU R F, et al. A MTRC correction algorithm in bistatic ISAR [C]//2009 the 2nd Asian - Pacific Conference on Synthetic Aperture Radar, Xi'an, 2009: 977 - 980.
[140] 朱小鹏，张群，朱仁飞，等. 双站 ISAR 越距离单元徙动分析与校正算法 [J]. 系统工程与电子技术，2010, 32 (9): 1828 - 1832.
[141] 叶春茂，许稼，左渝，等. 逆合成孔径雷达目标等效旋转中心估计 [J]. 清华大学学报（自然科学版），2009, 49 (8): 1205 - 1208.
[142] 叶春茂，许稼，彭应宁，等. 多视观测下雷达转台目标成像的关键参数估计 [J]. 中国科学：信息科学，2010, 40: 1496 - 1507.

附录 A　双基地 ISAR 距离向和方位向定标方法

假设成像时，回波数据的采样率为 f_s、成像累积转角为 $\Delta\theta$、平均双基地角为 β，ISAR 二维图像距离向插值倍数为 M_{interp}、方位向插值倍数为 N_{interp}，距离像素点数为 M、方位像素点数为 N。

1. 双基地 ISAR 距离向定标方法

两距离像素点之间的距离可表示为

$$\Delta y = \frac{c}{2f_s\cos(\beta/2)M_{\text{interp}}} \tag{A-1}$$

式中，c——光速。

令 r 为距离向定标所需的参量，则 M 为偶数时，

$$r = \left(-\frac{M}{2} : \frac{M}{2} - 1\right) \cdot \Delta y \tag{A-2}$$

M 为奇数时，

$$r = \left(-\frac{M-1}{2} : \frac{M-1}{2}\right) \cdot \Delta y \tag{A-3}$$

根据式（A-2）或式（A-3），即可完成图像的距离向定标。

2. 双基地 ISAR 方位向定标方法

根据方位分辨率公式（式（2-33）），两方位像素点之间的距离可表示为

$$\Delta x = \frac{\lambda}{2\Delta\theta\cos(\beta/2)N_{\text{interp}}} \tag{A-4}$$

式中，λ——载波波长。

令 a 为方位向定标所需的参量，则 N 为偶数时

$$a=\left(-\frac{N}{2}:\frac{N}{2}-1\right)\cdot\Delta x \tag{A-5}$$

N 为奇数时，

$$a=\left(-\frac{N-1}{2}:\frac{N-1}{2}\right)\cdot\Delta x \tag{A-6}$$

根据式（A-5）或式（A-6），即可完成图像的方位向定标。

附录B　TLE格式说明

美国空间监视网的TLE是一组用于确定空间目标位置和速度的轨道数据。TLE根数由两行69字符的数据组成，它以文本格式给出，有效字符只包含阿拉伯数字0～9、大写字母A～Z、小数点、空格和正负号，其他字符都是无效的。TLE数据格式如表B－1所示，格式说明如表B－2所示。

表B－1　TLE格式

1 AAAAAU BBCCCDDD EEEEE. EEEEEEEE +. FFFFFFFF +GGGGG－G +HHHHH－H I JJJJK
2 AAAAA LLL. LLLL MMM. MMMM NNNNNNN PPP. PPPP QQQ. QQQQ RR. RRRRRRRRSSSSST

表B－2　TLE格式说明

行	列	格式描述	单位	意义
1	01	1	—	行号
1	03～07	AAAAA	—	卫星编号
1	08	U	—	卫星密级（U：公开；C：秘密）
1	10～11	BB	—	发射年度
1	12～14	CCC	—	该年度发射序号
1	15～17	DDD	—	部件序列号
1	19～32	EEEEE. EEEEEEEE	—	历元时刻
1	34～43	+. FFFFFFFF	r/d^2	轨道平动一阶导数
1	45～52	+GGGGG－G	r/d^3	轨道平动二阶导数

续表

行	列	格式描述	单位	意义
1	54 ~ 61	+ HHHHH - H	1/Re	BSTAR 阻力系数
1	63	I	—	星历类型
1	65 ~ 68	JJJJ	—	星历号
1	69	K	—	校验数（以 10 为模，字母、空格、小数点、正号 =0，负号 =1）
2	01	2	—	行号
2	03 ~ 07	AAAAA	—	卫星编号
2	09 ~ 16	LLL. LLLL	(°)	轨道倾角（0° ~ 180°）
2	18 ~ 25	MMM. MMMM	(°)	升交点赤经（0° ~ 360°）
2	27 ~ 33	NNNNNNN	—	偏心率
2	35 ~ 42	PPP. PPPP	—	近地点角距（0° ~ 360°）
2	44 ~ 51	QQQ. QQQQ	—	平近点角（0° ~ 360°）
2	53 ~ 63	RR. RRRRRRRR	r/d	平均运动角速度
2	64 ~ 68	SSSSS	r	历元时刻旋转圈数（达到 99999 后循环）
2	69	T	—	校验数（以 10 为模，字母、空格、小数点、正号 =0，负号 =1）

附录C　空间任一点绕任意旋转轴旋转后坐标推导

本附录推导了空间任意一点 $\boldsymbol{M}(M_x, M_y, M_z)$ 绕任意单位旋转轴矢量 $\boldsymbol{A}$ (A_x, A_y, A_z) 旋转 η 角后的坐标表示，如图 C－1 所示。

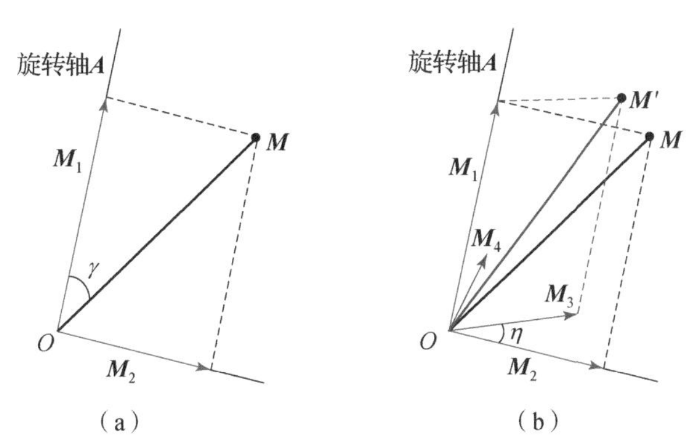

图 C－1　任意点绕旋转轴转动示意图

(a) 旋转矢量及旋转轴；(b) 矢量旋转分解示意图

将矢量 $\boldsymbol{M}$ 分解为平行于旋转轴 $\boldsymbol{A}$ 的分量 $\boldsymbol{M}_1$ 和垂直于 $\boldsymbol{A}$ 的分量 $\boldsymbol{M}_2$，如图 C－1 (a) 所示，O 为空间坐标系的原点，则

$$\boldsymbol{M} = \boldsymbol{M}_1 + \boldsymbol{M}_2 \tag{C－1}$$

$$\boldsymbol{M}_1 = (\boldsymbol{A} \cdot \boldsymbol{M})\boldsymbol{A} \tag{C－2}$$

$$\boldsymbol{M}_2 = \boldsymbol{M} - (\boldsymbol{A} \cdot \boldsymbol{M})\boldsymbol{A} \tag{C－3}$$

$\boldsymbol{M}$ 绕旋转轴 $\boldsymbol{A}$ 转动角度 η 后得到 $\boldsymbol{M}'$，并规定 η 逆时针旋转为正，顺时针旋转为负，平行分量 $\boldsymbol{M}_1$ 在转动过程中保持不变，垂直分量由 $\boldsymbol{M}_2$ 转动角度 η 变为 $\boldsymbol{M}_3$，如图 C－1 (b) 所示，则

$$\boldsymbol{M}' = \boldsymbol{M}_1 + \boldsymbol{M}_3 \tag{C－4}$$

由于 $\boldsymbol{M}_2$ 到 $\boldsymbol{M}_3$ 的旋转是在垂直于旋转轴 $\boldsymbol{A}$ 的平面内进行的，因此 $\boldsymbol{M}_3$

可分解为 $\boldsymbol{M}_2$ 与 $\boldsymbol{M}_2$ 逆时针旋转 90°的向量 $\boldsymbol{M}_4$ 的两个分量的形式。设$\overline{OM}$与旋转轴 $\boldsymbol{A}$ 的夹角为 γ，则 $\boldsymbol{M}_2$ 的长度为

$$|\boldsymbol{M}_2| = |\boldsymbol{M}|\sin\gamma \tag{C-5}$$

并且

$$\boldsymbol{M}_4 = \boldsymbol{A} \times \boldsymbol{M} \tag{C-6}$$

$$|\boldsymbol{M}_4| = |\boldsymbol{A}||\boldsymbol{M}|\sin\gamma \tag{C-7}$$

由于 $\boldsymbol{A}$ 为单位向量，因此$|\boldsymbol{M}_4| = |\boldsymbol{M}_2|$，即 $\boldsymbol{M}_4$ 与 $\boldsymbol{M}_2$ 的长度相等，且 $\boldsymbol{M}_4$ 同时垂直于 $\boldsymbol{M}_1$、$\boldsymbol{M}_2$。

设 $\boldsymbol{M}_2'$、$\boldsymbol{M}_4'$ 分别为 $\boldsymbol{M}_3$ 在 $\boldsymbol{M}_2$、$\boldsymbol{M}_4$ 方向的分量，则

$$\boldsymbol{M}_3 = \boldsymbol{M}_2' + \boldsymbol{M}_4' \tag{C-8}$$

并且

$$\boldsymbol{M}_2' = |\boldsymbol{M}_3| \cdot \cos\eta \cdot \frac{\boldsymbol{M}_2}{|\boldsymbol{M}_2|} \tag{C-9}$$

$$\boldsymbol{M}_4' = |\boldsymbol{M}_3| \cdot \sin\eta \cdot \frac{\boldsymbol{M}_4}{|\boldsymbol{M}_4|} \tag{C-10}$$

由于矢量 $\boldsymbol{M}_2$ 和 $\boldsymbol{M}_3$ 长度相等，则 $\boldsymbol{M}_2$、$\boldsymbol{M}_3$、$\boldsymbol{M}_4$ 长度都相等，所以

$$\boldsymbol{M}_2' = \boldsymbol{M}_2\cos\eta \tag{C-11}$$

$$\boldsymbol{M}_4' = \boldsymbol{M}_4\sin\eta \tag{C-12}$$

则

$$\begin{aligned}\boldsymbol{M}' &= \boldsymbol{M}_1 + \boldsymbol{M}_3 \\ &= \boldsymbol{M}_1 + \boldsymbol{M}_2\cos\eta + \boldsymbol{M}_4\sin\eta \\ &= (\boldsymbol{A} \cdot \boldsymbol{M})\boldsymbol{A} + (\boldsymbol{M} - (\boldsymbol{A} \cdot \boldsymbol{M})\boldsymbol{A})\cos\eta + (\boldsymbol{A} \times \boldsymbol{M})\sin\eta\end{aligned} \tag{C-13}$$

整理可得

$$\boldsymbol{M}' = \boldsymbol{M}\cos\eta + (\boldsymbol{A} \cdot \boldsymbol{M})\boldsymbol{A}(1 - \cos\eta) + (\boldsymbol{A} \times \boldsymbol{M})\sin\eta \tag{C-14}$$

由于

$$\boldsymbol{M}\cos\eta = [M_x \quad M_y \quad M_z]\begin{bmatrix}\cos\eta & 0 & 0 \\ 0 & \cos\eta & 0 \\ 0 & 0 & \cos\eta\end{bmatrix} \tag{C-15}$$

$$\begin{aligned}(\boldsymbol{A}\cdot\boldsymbol{M})\boldsymbol{A}(1-\cos\eta) &= (1-\cos\eta)(A_xM_x + A_yM_y + A_zM_z)(A_x, A_y, A_z) \\ &= [M_x \quad M_y \quad M_z]\cdot\begin{bmatrix}A_x^2 & A_xA_y & A_xA_z \\ A_xA_y & A_y^2 & A_yA_z \\ A_xA_z & A_yA_z & A_z^2\end{bmatrix}(1-\cos\eta)\end{aligned} \tag{C-16}$$

$$\begin{aligned}(\boldsymbol{A}\times\boldsymbol{M})\sin\eta &= (A_yM_z - A_zM_y, A_zM_x - A_xM_z, A_xM_y - A_yM_x)\sin\eta \\ &= [M_x \quad M_y \quad M_z]\begin{bmatrix}0 & A_z\sin\eta & -A_y\sin\eta \\ -A_z\sin\eta & 0 & A_x\sin\eta \\ A_y\sin\eta & -A_x\sin\eta & 0\end{bmatrix}\end{aligned} \tag{C-17}$$

将式（C－15）～（C－17）代入式（C－14），得

$$\boldsymbol{M}' = [M_x' \quad M_y' \quad M_z'] = [M_x \quad M_y \quad M_z]\cdot\boldsymbol{R}_S(\eta) \tag{C-18}$$

式中，$\boldsymbol{R}_S(\eta)$ ——任意点沿任意旋转轴旋转的坐标转换矩阵，

$$\boldsymbol{R}_S(\eta) = \begin{bmatrix}A_x^2(1-\cos\eta)+\cos\eta & A_xA_y(1-\cos\eta)+A_z\sin\eta & A_xA_z(1-\cos\eta)-A_y\sin\eta \\ A_xA_y(1-\cos\eta)-A_z\sin\eta & A_y^2(1-\cos\eta)+\cos\eta & A_yA_z(1-\cos\eta)+A_x\sin\eta \\ A_xA_z(1-\cos\eta)+A_y\sin\eta & A_yA_z(1-\cos\eta)-A_x\sin\eta & A_z^2(1-\cos\eta)+\cos\eta\end{bmatrix} \tag{C-19}$$

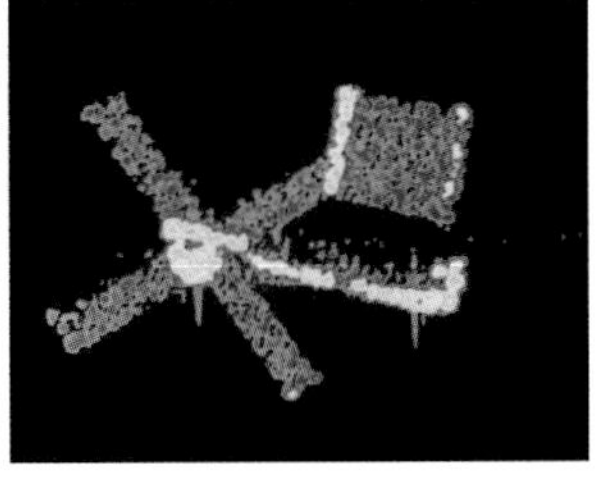

（a）　　　　（b）　　　　（c）

图 1-1　ALCOR 雷达实物照片及 ISAR 图像

（a）ALCOR 雷达；（b）Skylab 的光学图像；（c）Skylab 的 ISAR 图像

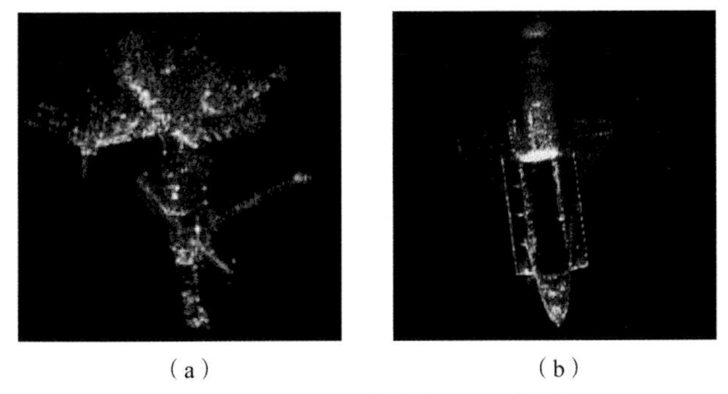

（a）　　　　（b）

图 1-2　TIRA 获得的 ISAR 图像

（a）“和平号”空间站的 ISAR 图像；（b）航天飞机的 ISAR 图像

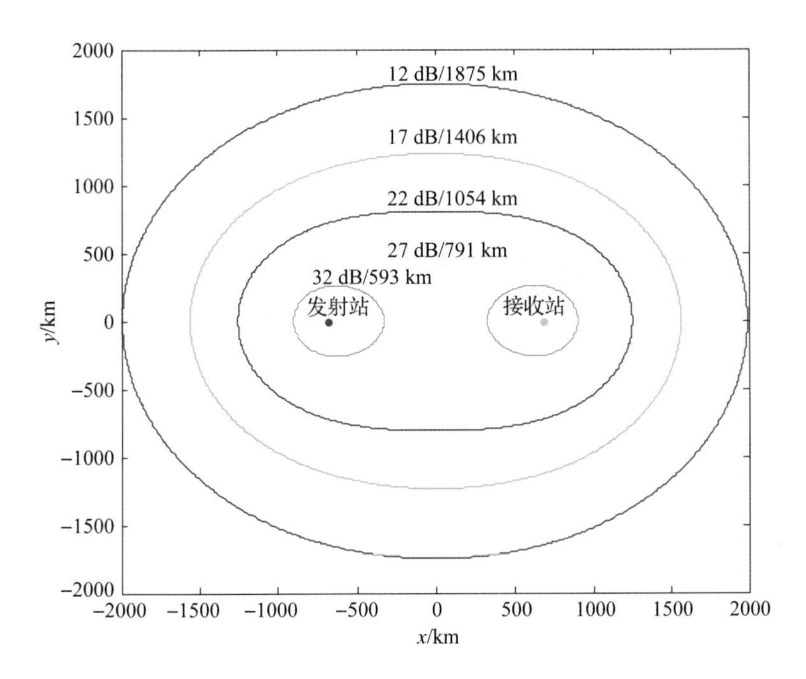

图 2-2　城市 A-城市 B 空间目标探测双基地雷达等信噪比曲线

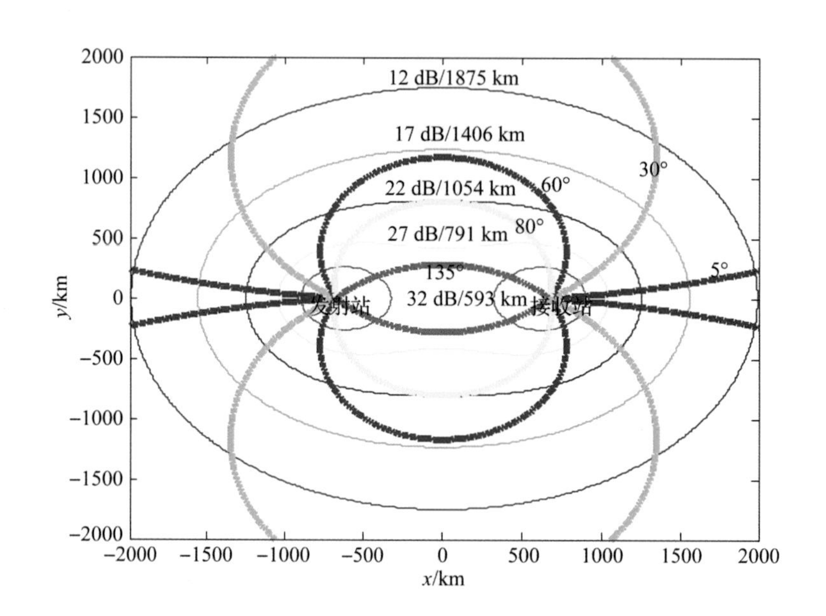

图 2-3　城市 A-城市 B 空间目标探测双基地雷达双基地角分布

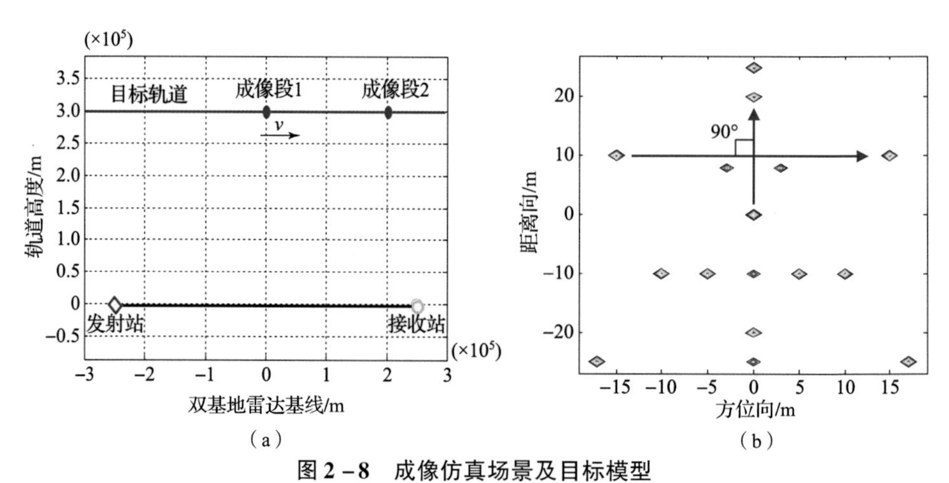

（a）　　　　　　　　　　　　　　（b）

图 2-8　成像仿真场景及目标模型

（a）仿真场景；（b）散射点模型

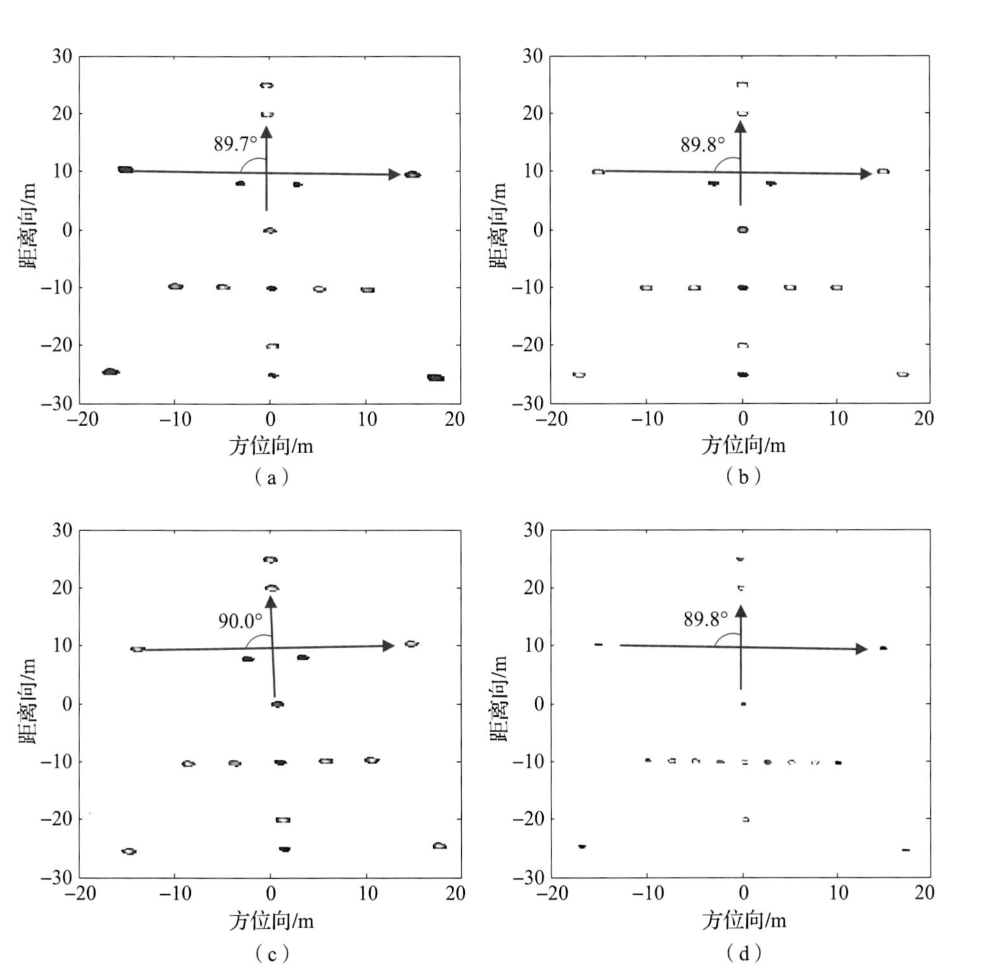

图 2-9　成像段 1 双基地 ISAR 成像仿真结果

(a) RD 成像结果；(b) BP 成像结果；

(c) PFA 成像结果；(d) RID 成像结果（$t=4$ s）

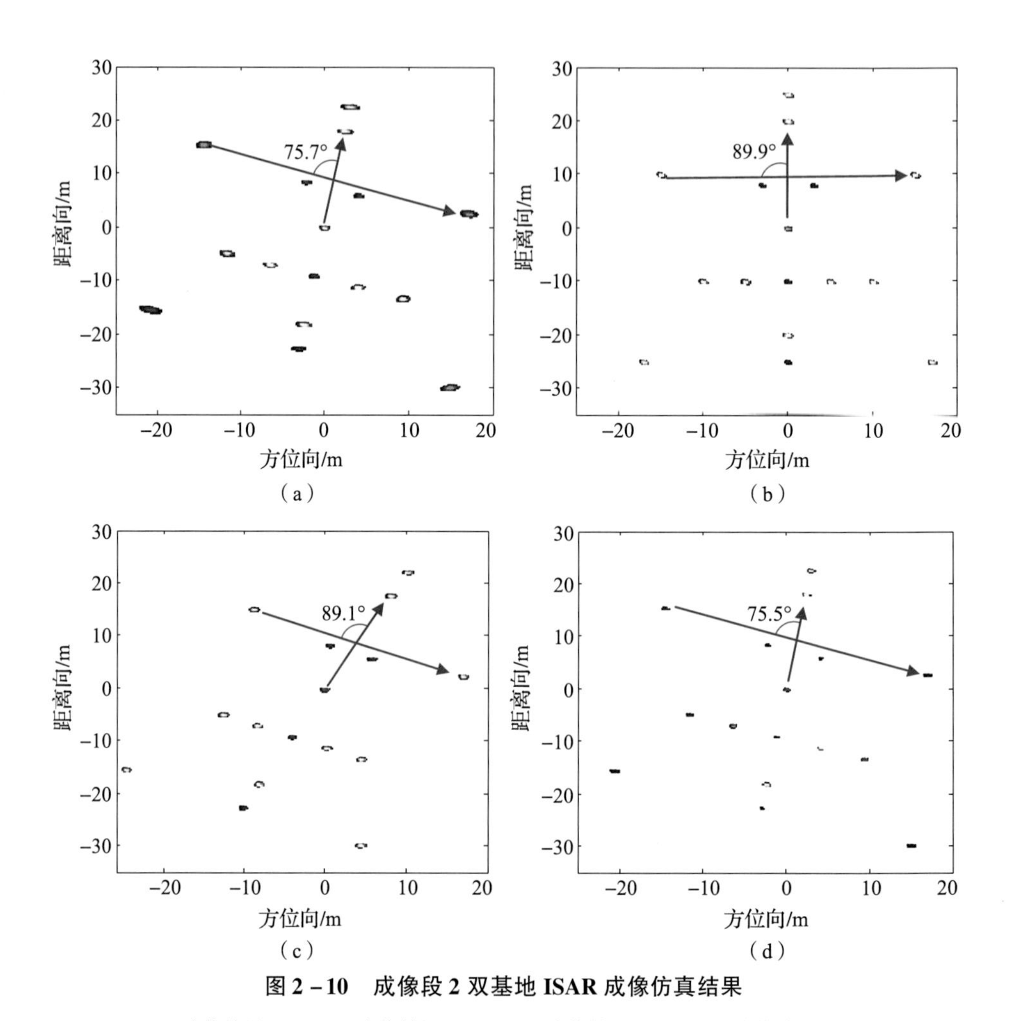

图 2-10　成像段 2 双基地 ISAR 成像仿真结果

(a) RD 成像结果；(b) BP 成像结果；(c) PFA 成像结果；(d) RID 成像结果（$t=4$ s）

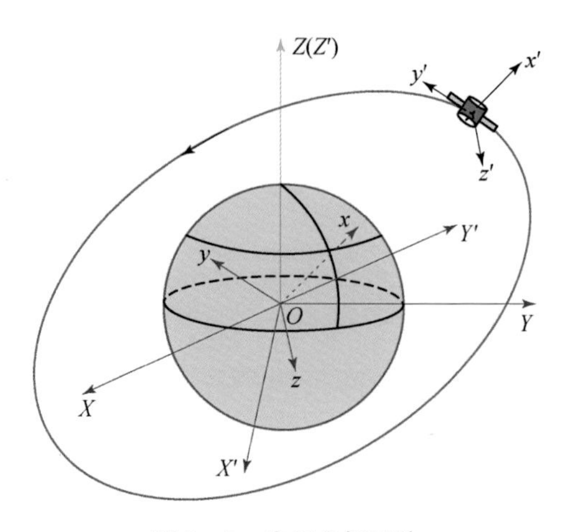

图 3-2　空间坐标系统

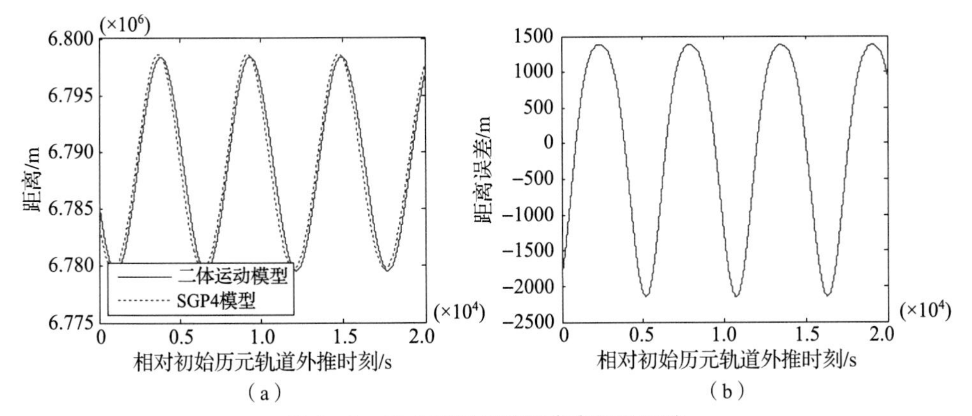

图 3－9　地心到卫星的距离变化及误差

(a) 地心到卫星距离；(b) 二体模型与 SGP4 模型误差

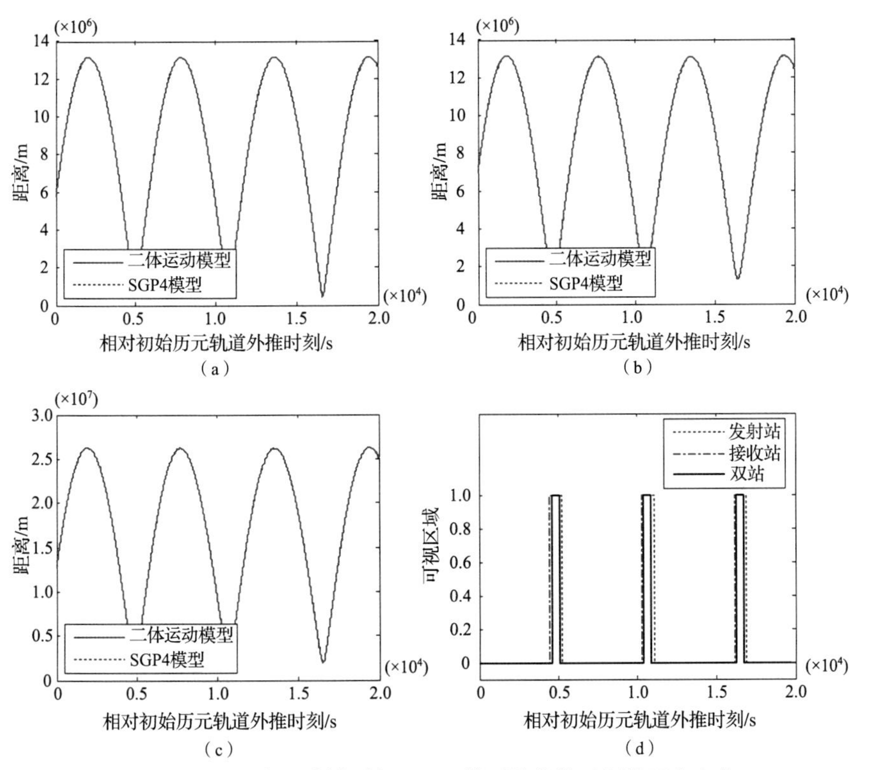

图 3－10　二体运动模型与 SGP4 模型随外推时刻的距离变化

(a) 发射站到卫星的距离；(b) 接收站到卫星的距离；

(c) 收发双站到卫星的距离和；(d) 目标对收发站雷达的可视区域

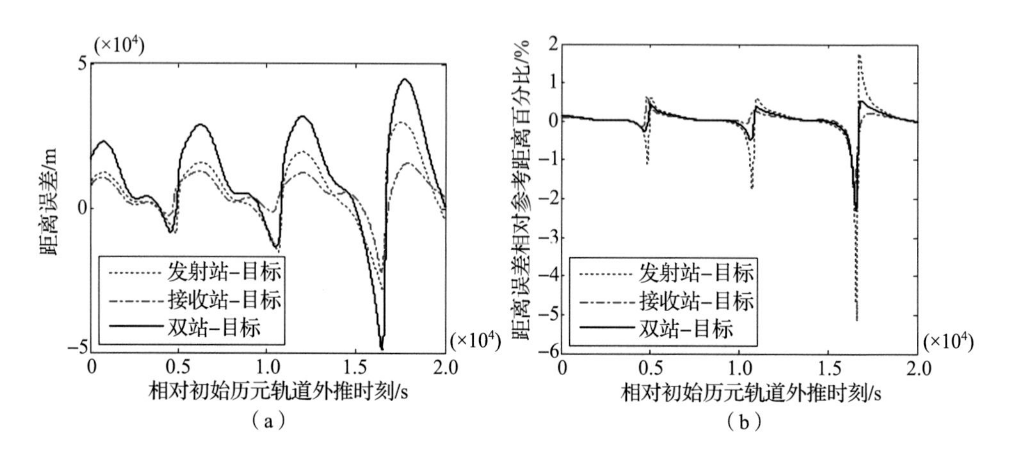

图 3－11　二体运动模型与 SGP4 模型距离误差及其相对参考距离百分比

（a）二体运动模型与 SGP4 模型距离误差；（b）距离误差相对参考距离百分比

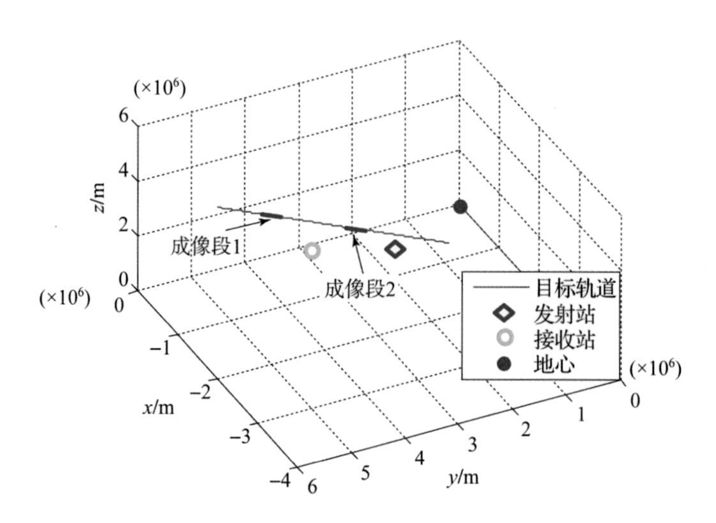

图 3－12　仿真场景及成像段

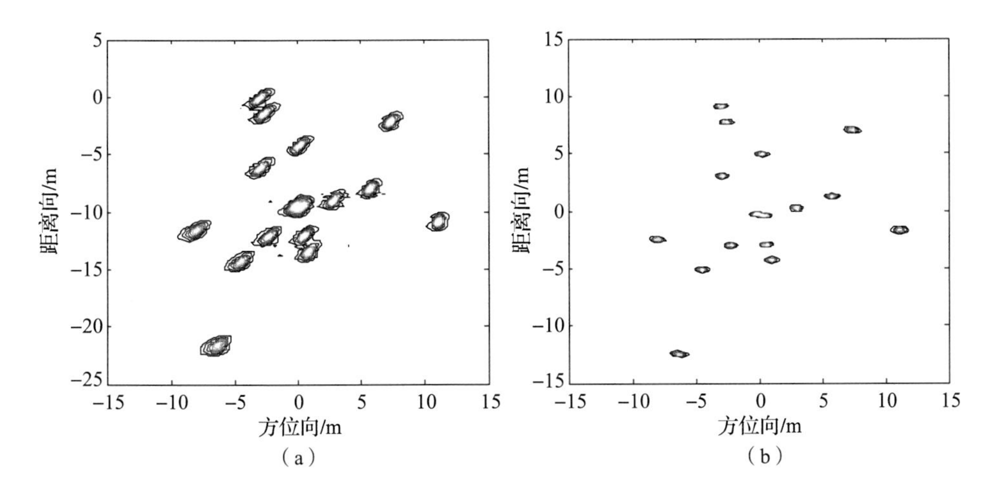

图 3－17　成像段 1 速度补偿前后 ISAR 成像结果对比

（a）成像段 1 速度补偿前 ISAR 成像结果；（b）成像段 1 速度补偿后 ISAR 成像结果

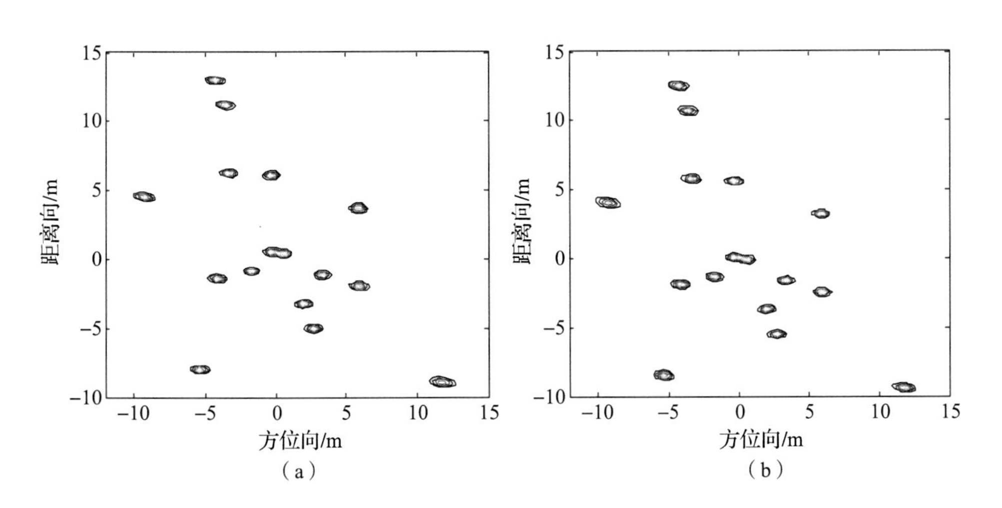

图 3－18　成像段 2 速度补偿前后 ISAR 成像结果对比

（a）成像段 2 速度补偿前 ISAR 成像结果；（b）成像段 2 速度补偿后 ISAR 成像结果

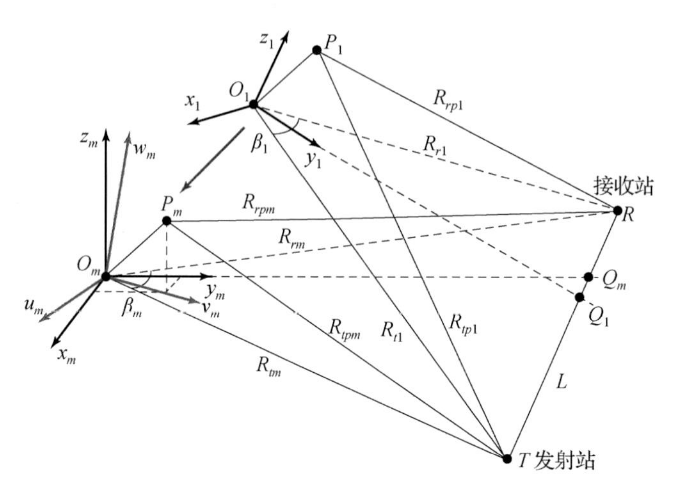

图 4－2　成像平面空变下的双基地 ISAR 几何模型

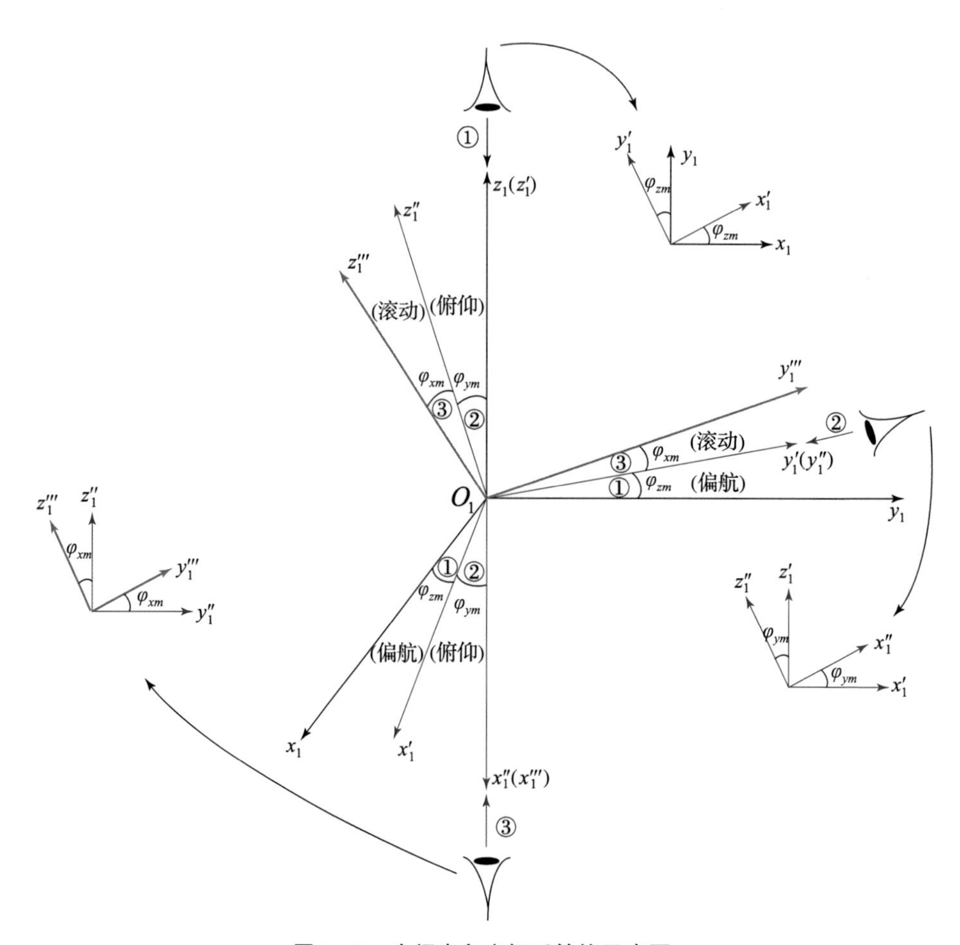

图 4－3　空间直角坐标系转换示意图

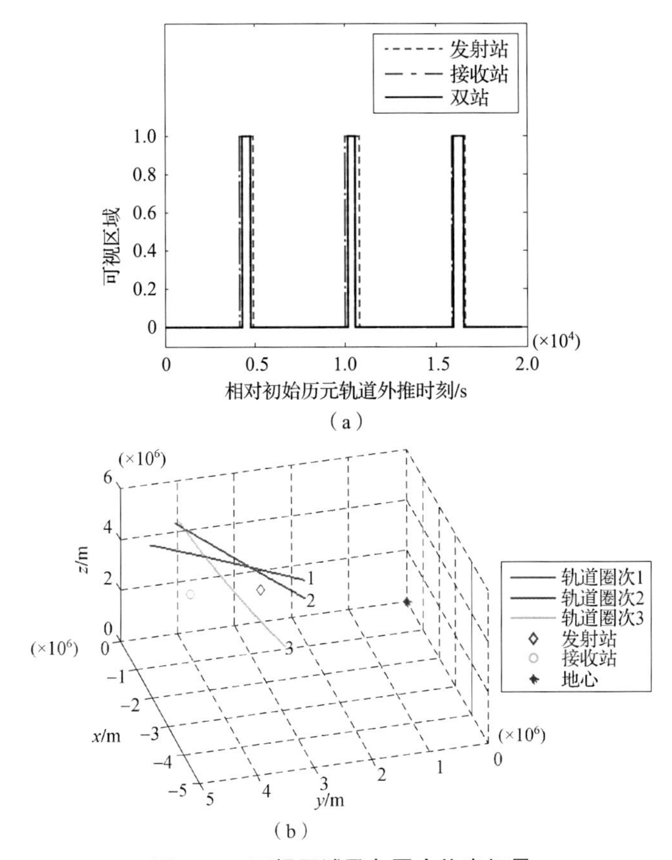

（a）

（b）

图 4-4　可视区域及各圈次仿真场景

（a）双基地雷达对目标的可视区域；（b）仿真场景

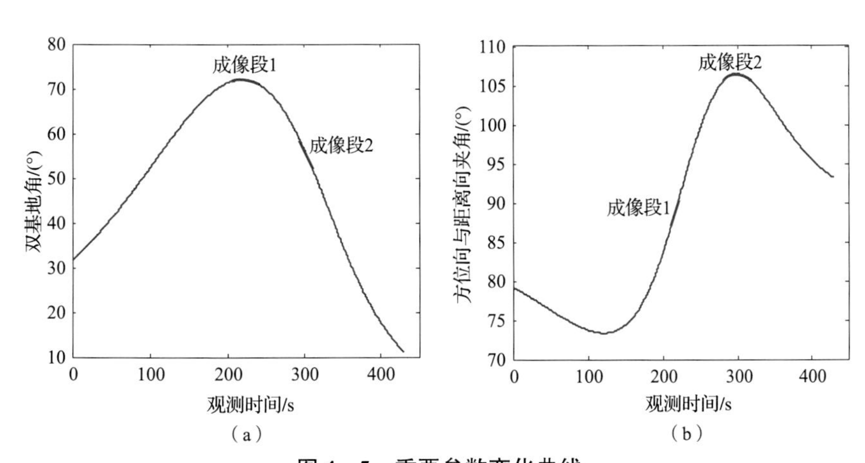

（a）　　　　（b）

图 4-5　重要参数变化曲线

（a）双基地角；（b）方位向与距离向夹角

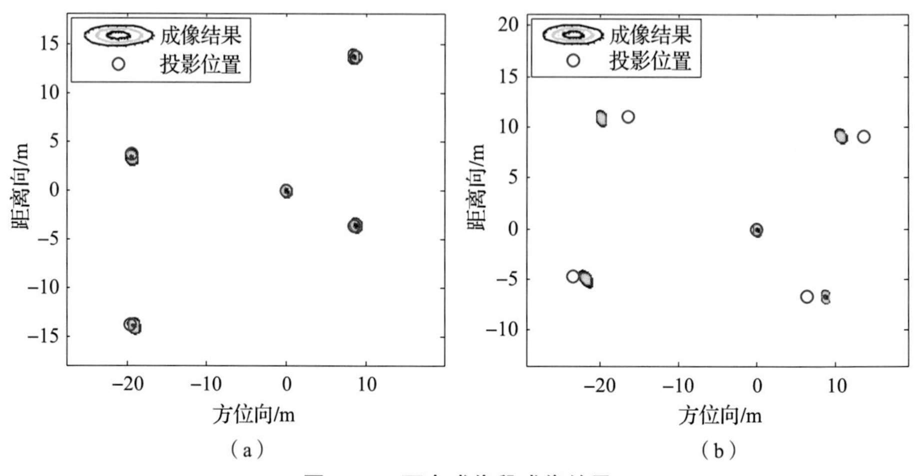

图 4－6　两个成像段成像结果

（a）成像段 1 成像结果；（b）成像段 2 成像结果

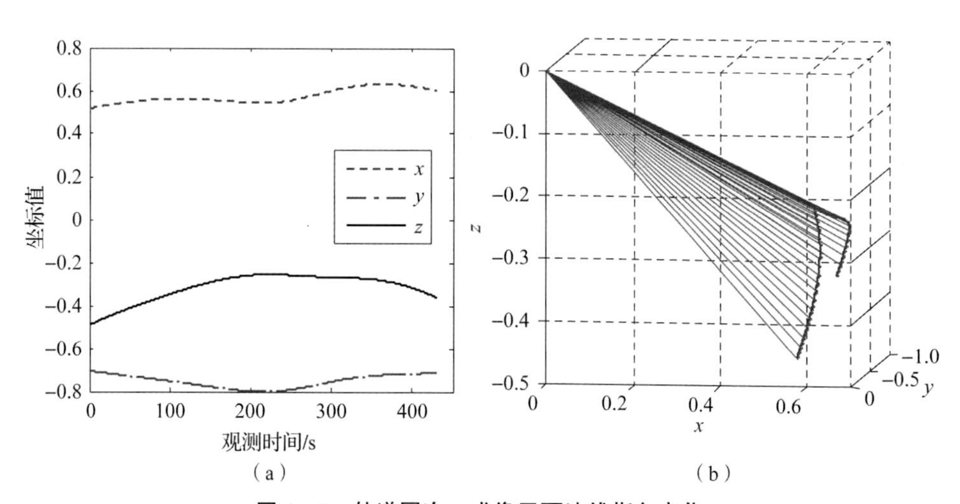

图 4－7　轨道圈次 1 成像平面法线指向变化

（a）法线指向坐标变化；（b）法线指向变化

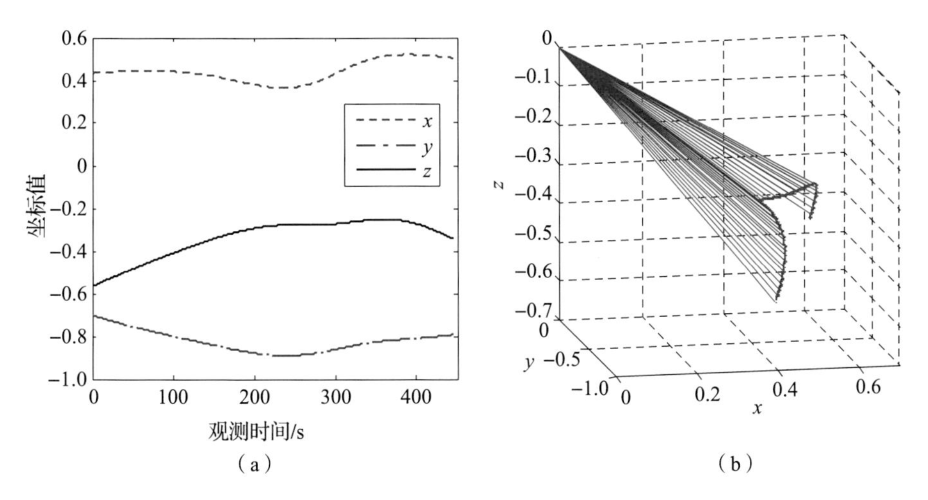

（a）　　　　　　　　　　　　（b）

图 4-8　轨道圈次 2 成像平面法线指向变化

（a）法线指向坐标变化；（b）法线指向变化

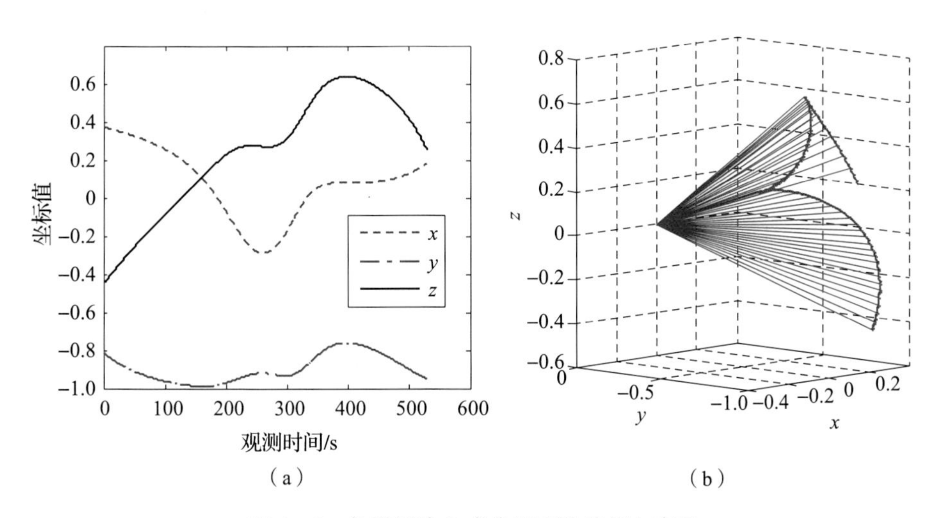

（a）　　　　　　　　　　　　（b）

图 4-9　轨道圈次 3 成像平面法线指向变化

（a）法线指向坐标变化；（b）法线指向变化

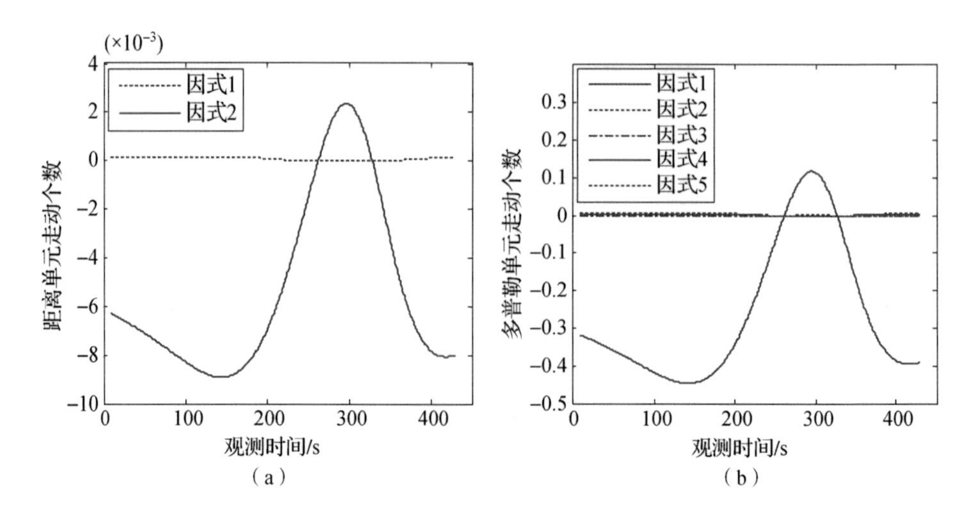

图 4－11　轨道圈次 1 成像平面空变引起的分辨单元走动个数

（a）越距离单元走动个数（每 10 s）；（b）越多普勒单元走动个数（每 10 s）

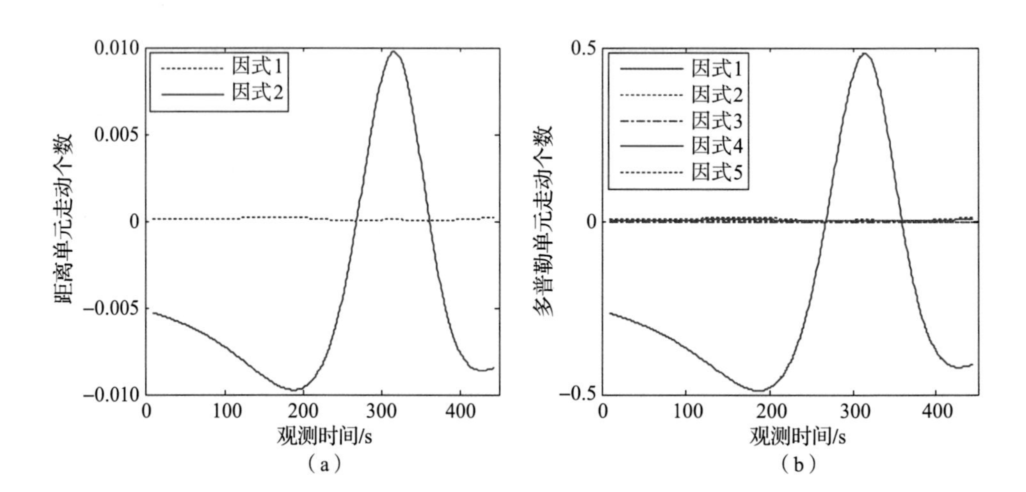

图 4－13　轨道圈次 2 成像平面空变引起的分辨单元走动个数

（a）越距离单元走动个数（每 10 s）；（b）越多普勒单元走动个数（每 10 s）

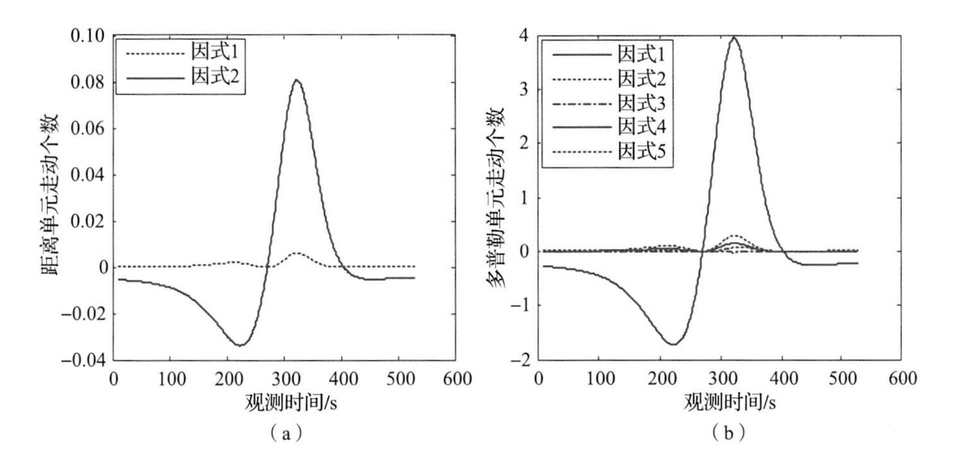

图 4-15　轨道圈次 3 成像平面空变引起的分辨单元走动个数

(a) 越距离单元走动个数 (每 10 s); (b) 越多普勒单元走动个数 (每 10 s)

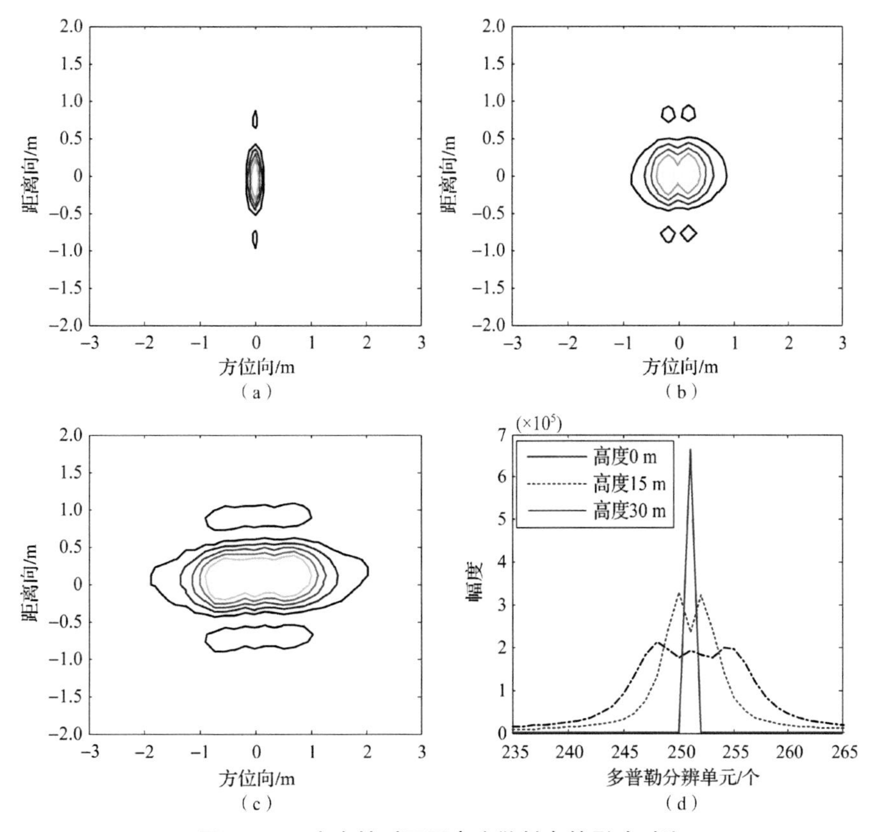

图 4-17　空变性对不同高度散射点的影响对比

(a) 散射点高度为 0 m; (b) 散射点高度为 15 m; (c) 散射点高度为 30 m; (d) 方位压缩结果对比

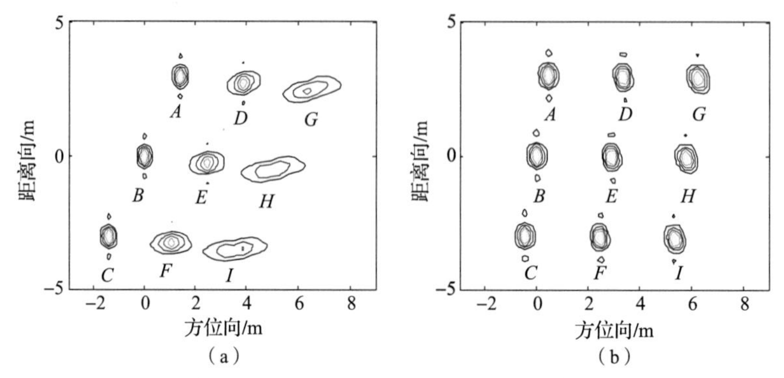

图 4－19　两个成像段的 ISAR 成像结果

(a) 成像段 1 得到的 ISAR 二维图像；(b) 成像段 2 得到的 ISAR 二维图像

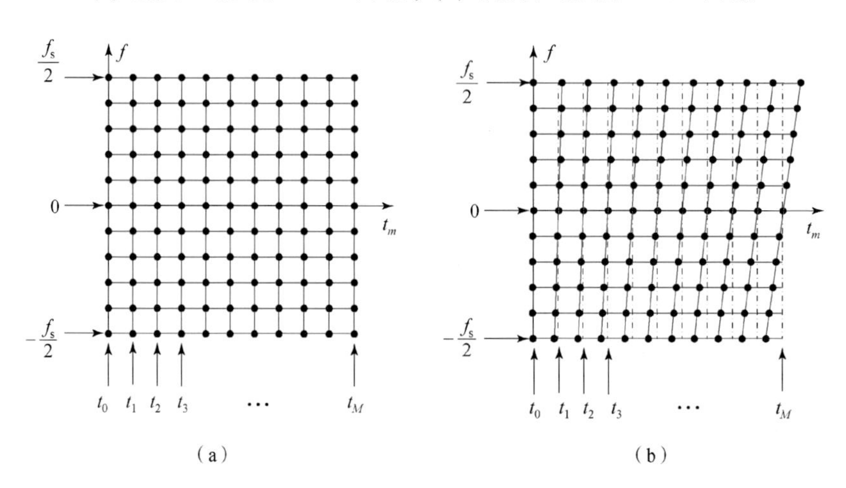

图 5－3　Keystone 变换采样平面转换

(a) 重采样前平面；(b) 重采样后平面

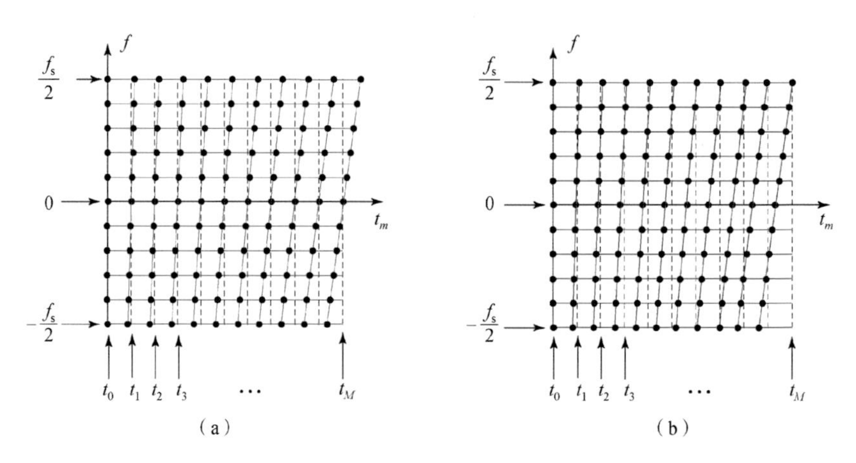

图 5－4　基本 Keystone 变换与广义 Keystone 变换采样点对比

(a) 基本 Keystone 变换采样平面；(b) 广义 Keystone 变换采样平面

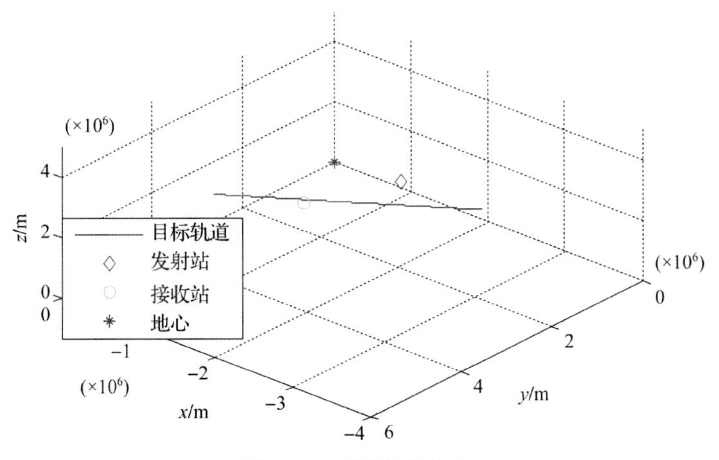

图 5－9　成像仿真场景

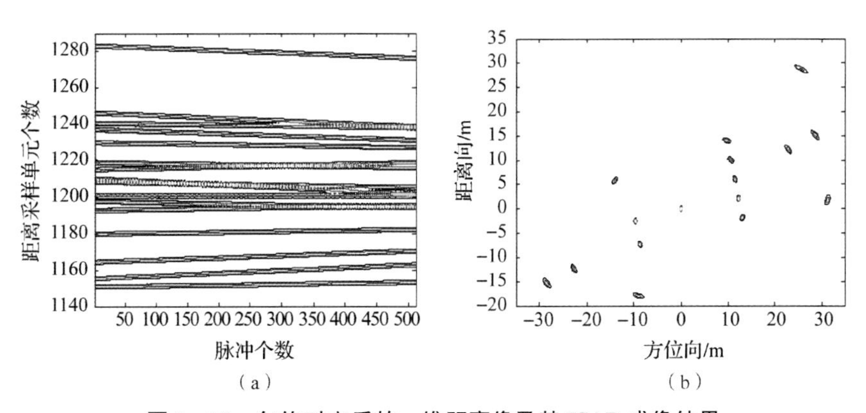

图 5－12　包络对齐后的一维距离像及其 ISAR 成像结果

（a）一维距离像；（b）ISAR 二维图像

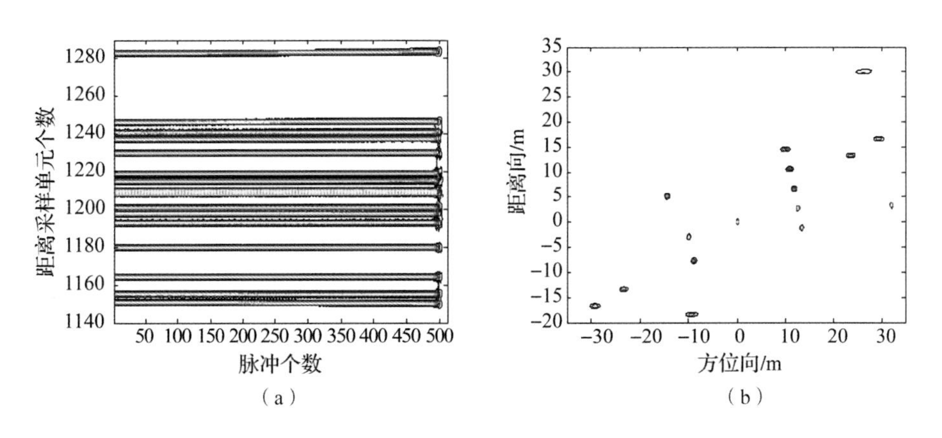

图 5－13　越距离单元徙动校正后的一维距离像及其 ISAR 成像结果

（a）一维距离像；（b）ISAR 二维图像

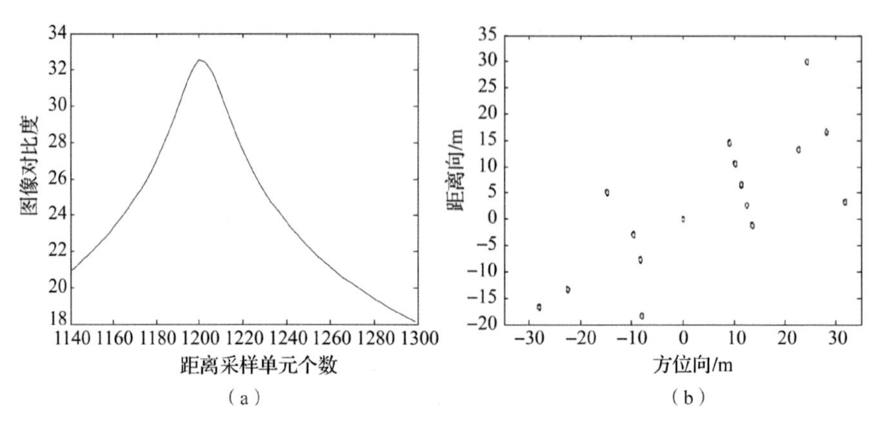

图 5-14　等效旋转中心估计曲线及越多普勒徙动校正后的 ISAR 成像结果

(a) 等效旋转中心估计曲线；(b) ISAR 二维图像

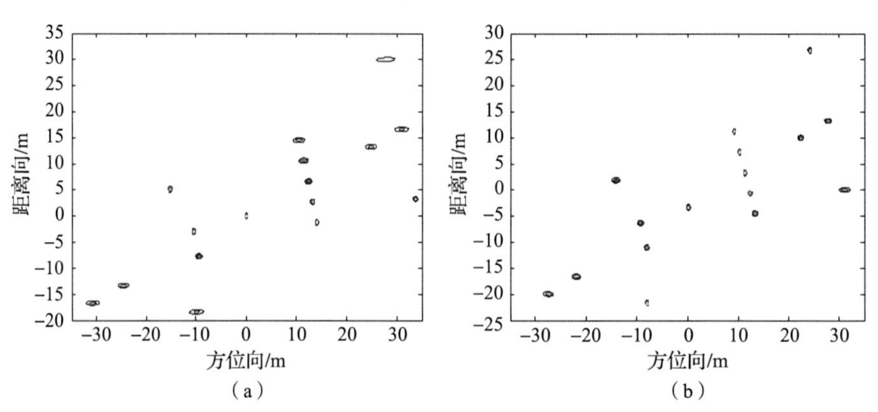

图 5-15　文献［138］越分辨单元徙动校正后的 ISAR 成像结果

(a) 越距离单元徙动校正后二维图像；(b) 越多普勒单元徙动校正后二维图像

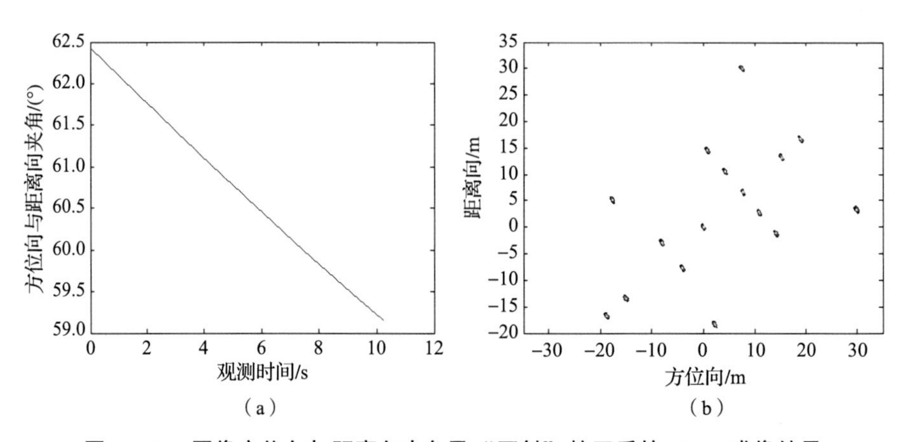

图 5-16　图像方位向与距离向夹角及"歪斜"校正后的 ISAR 成像结果

(a) 方位向与距离向夹角；(b)"歪斜"校正后的 ISAR 图像

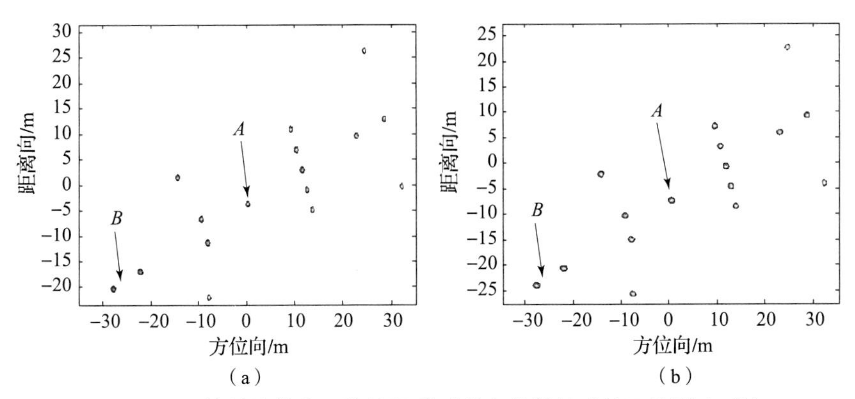

图 5-17　等效旋转中心估计误差对越多普勒徙动校正的影响对比

(a) 估计误差为 10 个距离采样单元；(b) 估计误差为 20 个距离采样单元

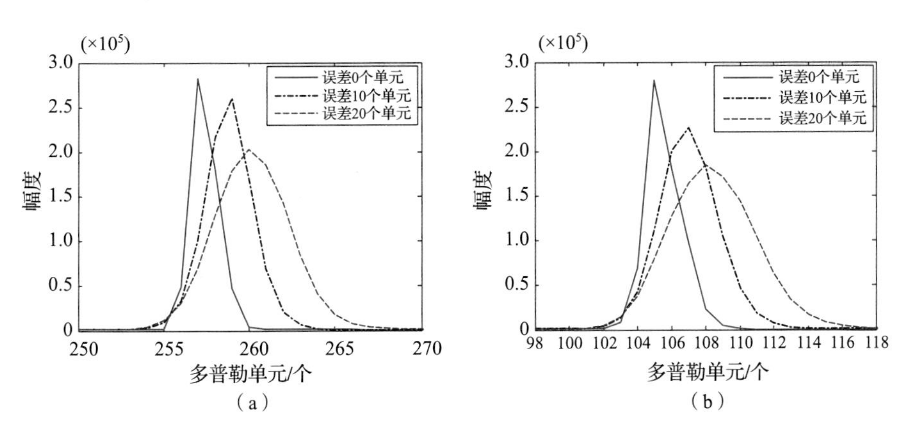

图 5-18　散射点 *A* 和 *B* 在旋转中心估计有误差时对应的方位压缩结果

(a) 散射点 *A*；(b) 散射点 *B*

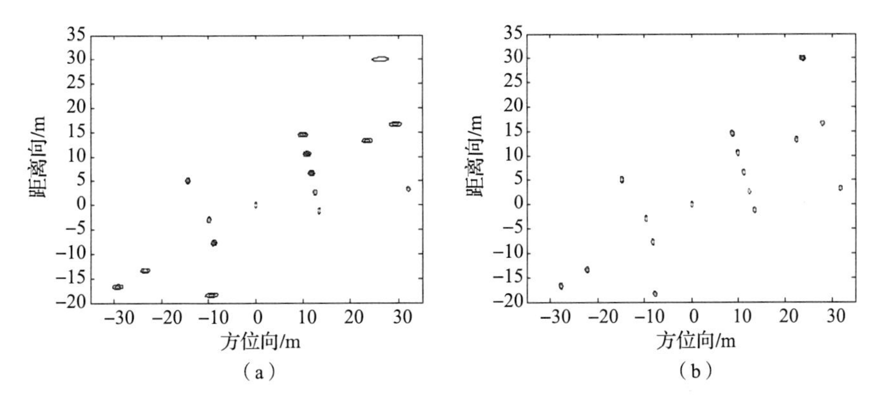

图 5-19　不同幅度的角度线性误差对越分辨单元徙动校正效果的影响对比

(a) 越距离徙动校正后（线性误差为 1°）；(b) 越多普勒徙动校正后（线性误差为 1°）

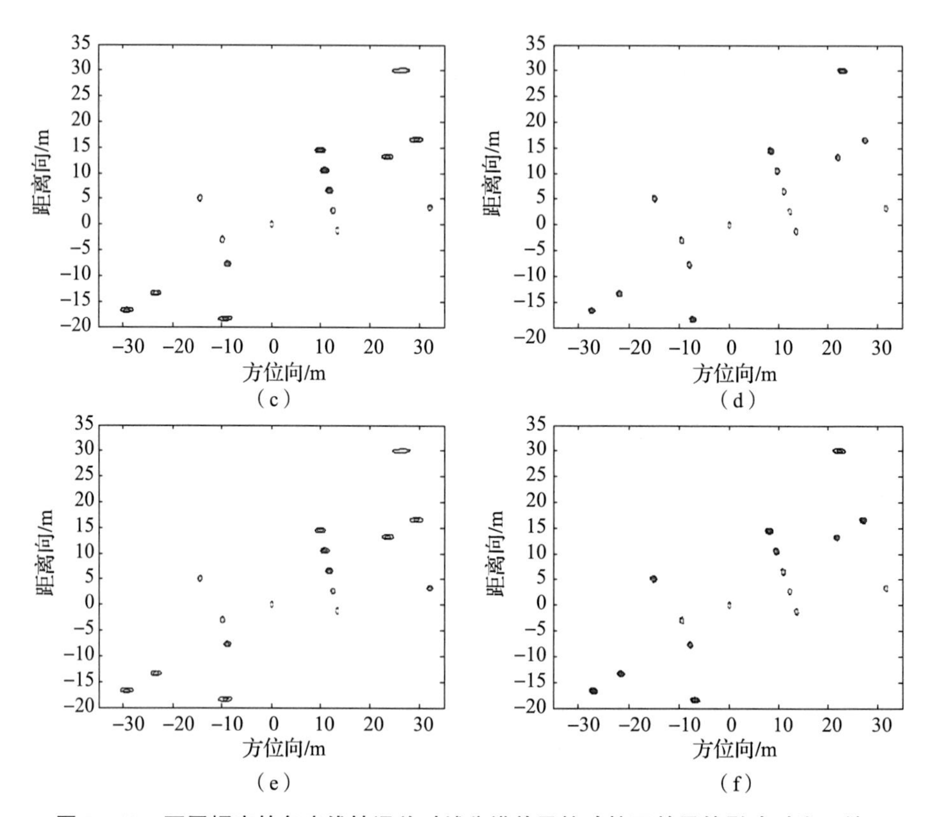

图 5-19　不同幅度的角度线性误差对越分辨单元徙动校正效果的影响对比（续）

（c）越距离徙动校正后（线性误差为 2°）；（d）越多普勒徙动校正后（线性误差为 2°）；
（e）越距离徙动校正后（线性误差为 3°）；（f）越多普勒徙动校正后（线性误差为 3°）

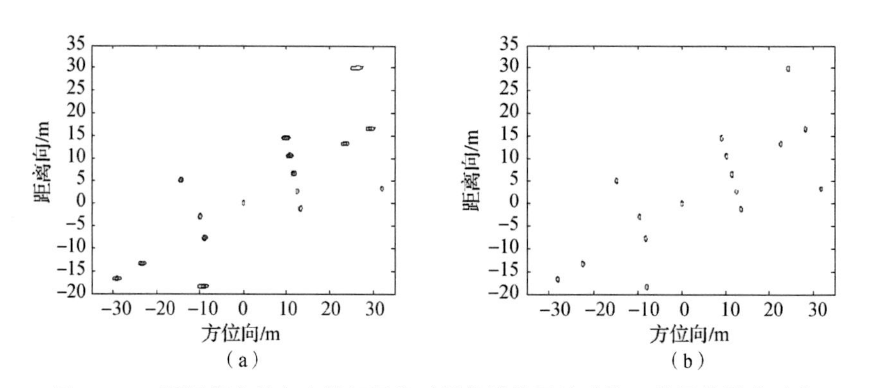

图 5-20　不同幅度的角度随机误差对越分辨单元徙动校正效果的影响对比

（a）越距离徙动校正后（随机误差为 0.005°）；（b）越多普勒徙动校正后（随机误差为 0.005°）

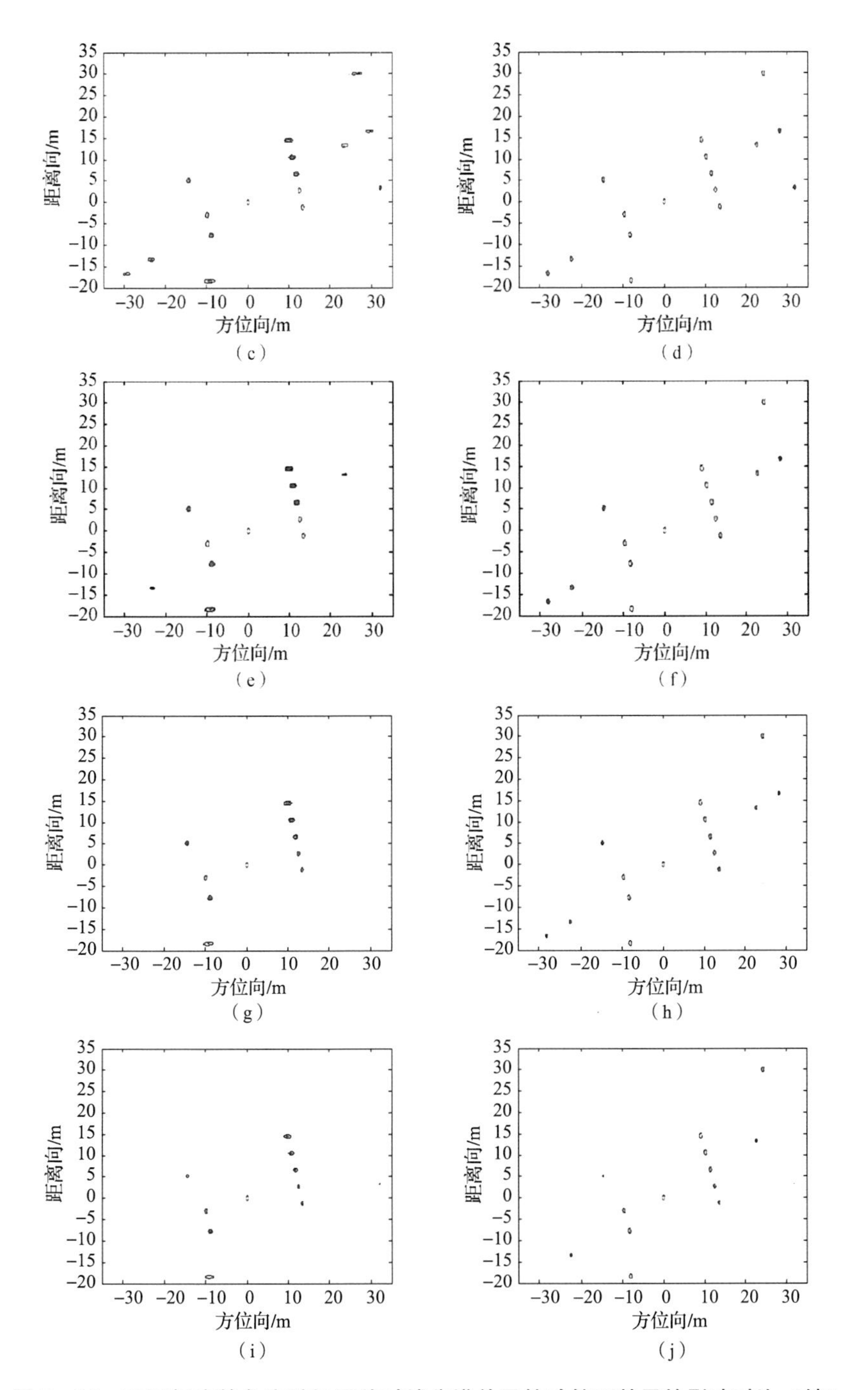

图 5－20　不同幅度的角度随机误差对越分辨单元徙动校正效果的影响对比（续）

（c）越距离徙动校正后（随机误差为 0.01°）；（d）越多普勒徙动校正后（随机误差为 0.01°）；

（e）越距离徙动校正后（随机误差为 0.015°）；（f）越多普勒徙动校正后（随机误差为 0.015°）

（g）越距离徙动校正后（随机误差为 0.02°）；（h）越多普勒徙动校正后（随机误差为 0.02°）；

（i）越距离徙动校正后（随机误差为 0.025°）；（j）越多普勒徙动校正后（随机误差为 0.025°）

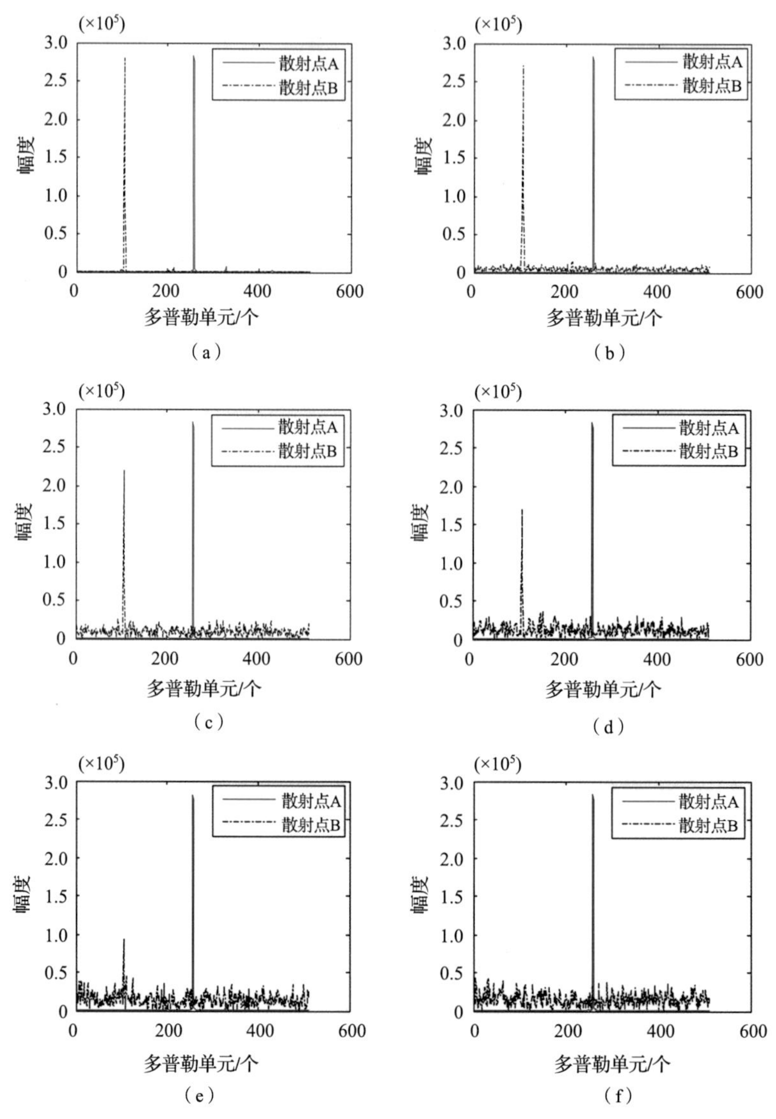

图 5－21　不同角度随机误差越多普勒徙动校正后散射点 *A* 和 *B* 的方位压缩结果

（a）方位压缩结果（随机误差为0°）；（b）方位压缩结果（随机误差为0.005°）；（c）方位压缩结果（随机误差为0.01°）；（d）方位压缩结果（随机误差为0.015°）；（e）方位压缩结果（随机误差为0.02°）；（f）方位压缩结果（随机误差为0.025°）